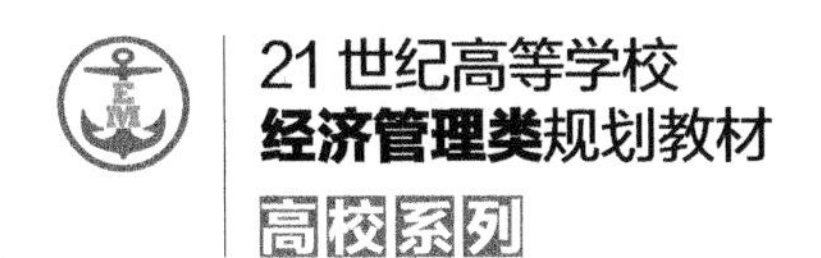

"十三五"江苏省高等学校重点教材
（编号：2017-1-049）

系统工程

原理与实务

微课版 第2版

System Engineering
Theories and Practices

卢子芳 朱卫未 巩永华 张冲 ◎ 编著

人民邮电出版社
北京

图书在版编目（CIP）数据

系统工程 : 原理与实务 : 微课版 / 卢子芳等编著
. -- 2版. -- 北京 : 人民邮电出版社, 2020.8
21世纪高等学校经济管理类规划教材. 高校系列
ISBN 978-7-115-53576-4

Ⅰ. ①系… Ⅱ. ①卢… Ⅲ. ①系统工程－高等学校－
教材 Ⅳ. ①N945

中国版本图书馆CIP数据核字(2020)第043321号

内 容 提 要

本书共 7 章，系统地讲解了系统工程研究领域的基本知识，包括系统与系统工程概述、系统工程方法论、系统结构模型、分析模型、系统仿真、系统评价和系统工程应用综合案例等内容。本书中的主要章节通过具体的应用案例将理论和实务相结合，并在系统仿真部分安排了实验环节。

本书既可作为经济与管理类专业本科生相关课程的基础教材，也可供从事系统工程相关研究的硕士研究生学习参考。

◆ 编　　著　卢子芳　朱卫未　巩永华　张　冲
责任编辑　孙燕燕
责任印制　周昇亮

◆ 人民邮电出版社出版发行　　北京市丰台区成寿寺路 11 号
邮编　100164　　电子邮件　315@ptpress.com.cn
网址　https://www.ptpress.com.cn
北京九州迅驰传媒文化有限公司印刷

◆ 开本：787×1092　1/16
印张：11.5　　　　2020 年 8 月第 2 版
字数：225 千字　　2025 年 1 月北京第 3 次印刷

定价：39.80 元

前言 FOREWORD

课程简介

系统工程是以系统为研究对象，利用系统的科学思想和方法合理开发、运行和控制系统的一大类工程技术的总称，是一门高度综合的、新兴的交叉学科。

随着系统工程应用领域的不断扩展，应用系统工程的理论与方法解决复杂管理问题的成果不断涌现，也促使我国高等院校管理类专业相继开设与系统工程相关的课程，以培养高等院校管理类学生运用系统的思想、系统工程的理论和方法去解决现实复杂管理问题的能力。

本书为修订版，删除了与其他经济管理类课程重复的动态规划、蛛网模型和背包模型等经典模型，增加了区域传销模型、捕食者一被捕食者模型、连锁信模型、新产品扩散模型等动态系统模型以及多个案例，以利于学生理解和掌握系统工程相关知识。

本书既强调系统工程的理论和方法，又力求体现与现实管理问题的结合。本书在编写体例上尽可能采用新的形式，通过简约的文字、图表进行表述。全书图文并茂、直观明了，并通过案例和习题强化学生的实践技能。

本课程的教学课时为 32 学时，各章的参考教学课时可参考以下的课时分配表。

章	课程内容	课时分配	
		讲授	实验
第 1 章	系统与系统工程概述	4	
第 2 章	系统工程方法论	3	
第 3 章	系统结构模型	6	
第 4 章	分析模型	6	
第 5 章	系统仿真	3	4
第 6 章	系统评价	4	
第 7 章	系统工程应用综合案例	2	
课时总计		28	4

本书由卢子芳、朱卫未、巩永华、张冲编著，其中卢子芳编写第 1 章、第 2 章、第 7 章，朱卫未编写第 5 章、第 6 章，巩永华编写第 3 章，张冲和卢子芳共同编写第 4 章。

由于编者水平有限，书中难免存在错误和不妥之处，恳切希望广大读者批评指正。

编　者

2019 年 10 月 10 日于南京

目录 CONTENTS

目录 CONTENTS

目录 CONTENTS

CHAPTER1

第1章 系统与系统工程概述

系统概述

系统是多要素有机结合的整体，系统工程是以系统为研究对象的一门交叉学科，是人们认识世界、改造世界的结果。

1.1 系统概述

本节主要涉及系统思想、系统的内涵、系统的结构、系统的分类等内容，为了解系统思想的产生与发展状况做准备。

1.1.1 系统思想

1．系统概念的产生

系统（System）一词来源于古代希腊文（Systεmα），最早出现在古希腊哲学家德谟克利特的著作《世界大系统》中，意为部分组成的整体。德谟克利特认为，世界是由原子和虚空组成的，并在《论自然界》一书中指出："世界是包括一切的整体。"古希腊哲学家亚里士多德提出整体大于部分之和的观点，中国古代著作《易经》《尚书》中也提出了蕴含有系统思维的阴阳、五行、八卦等学说。中国古代经典医著《黄帝内经》把人体看作是由各种器官有机地联系在一起的整体，主张从整体上研究人体的病因。春秋末期思想家老子强调自然界的统一性。南宋朱熹提出“理一分殊”思想，称理一为天地万物的理的整体，分殊是指这个整体中每一事物的功能。

2．系统思想的产生

随着近代自然科学的兴起和发展，古代难以从整体上对复杂事物进行周密考查和精确研究的局面有了改观，产生了形而上学的思维方式和科学系统观。形而上学的思维方式强调利用近代自然科学独特的分析方法，把自然界的细节从总的自然联系中剥离出来，进而研究每个较简单的组成部分。这种思维方式虽能够精确研究自然界的细节，但“只见树木，不见森林”，阻碍了人们从了解部分到了解整体、从分析具体细节到洞察普遍联系的道路。面对复杂的自然界现象，科学系统观强调既要看到事物的整体，又要注意到构成整体的各部分之间的相互联系。

科学系统观的产生具有必然性。20 世纪 30 年代，生物学界提出了生命有机体论，把生命看成是一个有机整体，用于解释复杂的生命现象。1925 年，美国学者 A.J.洛特卡的《物理生物学原理》和 1927 年德国学者 W.克勒的《论调节问题》先后提出了一般系统论的思想。1924—1928 年，奥地利理论生物学家贝塔朗菲用协调、有序、目的性等概念来研究生命有机体，并把系统定义为相互作用的诸要素的复合体，强调必须把有机体当作一个整体或系统来研究，才能发现不同层次上的组织原理，并于 1932 年在《理论生物学》和 1934 年在《现代发展理论》中提出了用数学模型来研究生物学的方法和机体系统论的概念。1958 年，Parry J.B.提出了系统心理学（System Psychology）概念，并用系统的观点研究心理现象。1968 年，贝塔朗菲在《一般系统论——基础、发展和应用》中总结了一般系统论的概念、方法和应用，并于 1972 年在其发表的《一般系统论的历史和现状》中重新定义了一般系统论。

3．系统思想的本质

系统思想从辩证唯物主义中取得了哲学的表达形式，从自然科学中获得了定量的表述形式，从工程实践中汲取了丰富的系统思维内容，其本质是进行分析综合的辩证思维工具。

1.1.2　系统的内涵

1．系统的概念

系统一词虽在古希腊时期就早已使用，但由于其涉及面广、内涵丰富，目前人类对系统还没有权威的统一定义。

系统论的创始人贝塔朗菲把系统定义为“相互作用的诸要素的综合体”。

在日本工业标准中，系统被定义为许多组成要素保持有机的秩序，向同一目的行动的集合体。

在美国的《韦氏大词典》中，系统的含义是有组织的或被组织化的整体；是结合整体所形成的各种概念和原理的综合；是由规则的互相作用、互相依存形式组成的诸多要素集合。

美国著名学者阿柯夫认为，系统是由两个或两个以上相互联系的要素构成的集合。

我国科学家钱学森等认为，系统是由相互作用和相互依赖的若干组成部分结合而成的、具有特定功能的有机整体。

维基百科认为，系统是一个动态和复杂的整体，是相互作用结构和功能的单位；系统是由能量、物质、信息流等不同要素构成的；系统往往由寻求平衡的实体构成，并显示出震荡、混沌或指数行为；一个整体系统是任何相互依存的集或群暂时的互动部分。

显然，系统是由若干要素以一定结构形式联结构成的具有某种功能的有机整体，反映了要素与要素、要素与系统、系统与环境 3 方面之间的关系。

2．构成系统的 3 个条件

（1）系统必须由两个以上的要素组成。要素是构成系统的最基本单位，也是系统存在的基础和实际载体。若离开了要素，则相关主体就不能被称为系统。

（2）要素与要素之间存在一定的有机联系。各要素在系统的内部与外部形成一定的结构或秩序，任一系统又是它所从属的一个更大系统的组成部分。

（3）任何系统都有特定的功能。整体具有不同于各个组成要素的新功能。这种新功能是由系统内部的有机联系和结构决定的。

3．系统的特征

（1）整体性。整体性是系统最本质的属性，源于系统的有机性和系统的组合效应。构成系统的各个部分可以具有不同的功能,不同功能的有机组合形成系统的统一性和整体性。任何一个要素不能脱离整体去研究，要素间的联系和作用以及层次分布也不能离开整体的协调与平衡去考虑；系统各个组成要素只有服从于整体的功能和要求，在整体的基础上展开活动，才能形成系统整体的有机运动。

（2）目的性。系统的目的决定系统的基本作用和功能，系统的功能一般是通过同时或顺序完成一系列任务来实现的，这样的任务可能有若干个，所有这些任务完成的结果就达到了系统的中间或最终的目的。系统的目的性是区别一个系统和另外一个系统的重要标志。大多数系统的活动或行为可以完成一定的功能，但不是所有系统都有目的，如太阳系或某些生物系统。

（3）相关性。系统相关性说明这些联系之间的特定关系和演变规律，系统的某一要素发生变化会影响其他要素的状态变化。系统中相互关联的要素形成系统“要素集”，“集”中各部分的特性和行为相互制约和相互影响，确定了系统的性质和形态。系统相关性是系统各要素之间全部关系的总和。

（4）动态性。系统和运动是密不可分的，各种系统的特性、形态、结构、功能及其规律性都是通过运动表现出来的。要认识系统，首先要研究系统的运动。通常，系统与外界环境有物质、能量和信息的交换，系统内部结构也会随时间变化，系统的发展是一个有方向性的动态过程。系统的动态性使其具有生命周期。

（5）有序性。由于系统的结构、功能和层次的动态演变有某种方向性，所以系统具有有序性的特点。系统的有序性描述了不同层次子系统之间的相互作用和从属关系，各层次的子系统相互作用、相互联系，以特定的功能为同一目标而相互协调运行。系统结构中存在的动态信息流与系统本身共同构成了系统的整体动态特性和有序性，并为深入研究复杂系统的功能与结构提供了条件。

（6）环境适应性。一个系统和包围该系统的环境之间通常都有物质、能量和信息的交换，外界环境的变化会引起系统特性的改变，相应地引起系统内各部分相互关系和功能的变化。没有系统与外部环境之间的正常交换，系统就变成了一个封闭的结构；只有能够与外界保持最优适应状态的系统，才是具有不断发展特性的理想系统。

1.1.3 系统结构概述

1．系统结构的概念

系统具有有限的边界，并以一定的结构形式存在。系统结构就是指系统内部各组成要素之间相互联系、相互作用的方式或秩序，即各要素在时间或空间上排列和组合的具体形式。系统结构具有稳定性、层次性、开放性和相对性的基本特点，其普遍形式决定了系统的基本特征。

2．系统结构分析

系统结构分析就是寻求构筑系统合理结构的规律和途径。系统合理结构是指在对应系统总目标和环境因素的约束条件下，系统的组成要素集、要素间的相互关系集以及它们在阶层分布上的最优结合。系统结构分析的主要对象有构成系统的要素集、要素间的相互关系、要素在系统中的排列方式，以及系统的整体性等。

3．系统结构的主要类型

（1）因果关系结构。系统是由相互联系、相互影响的元素组成的，其元素之间的联系或关系可以概括为因果关系，正是这种因果关系的相互作用，最终形成了系统的功能和行为。因果关系分析是系统建模的基础，也是对系统内部结构关系的一种定性描述。因果关系通常可分为负因果关系和正因果关系。当两相关元素变化方向相同时，为正因果关系，反之为负因果关系。

（2）反馈关系结构。系统中某个因素的变化导致其他因素的变化，又引起自身的变化现象，称为反馈。通常，反馈可分为负反馈和正反馈。负反馈使系统输出的指令起到与系统输入相反的作用，以使系统输出与系统目标的误差减小，系统趋于稳定；正反馈使系统输出的指令起到与系统输入相似的作用，促使系统偏差不断增大，甚至导致系统震荡或崩溃。正反馈与负反馈系统变化趋势如图 1-1 所示。

（3）S 型关系结构。系统是由多个因素构成的，多个因素之间不仅存在因果关系，也存在反馈关系，若反馈回路包含偶数个负的因果链，则其极性为正，称为正反馈回路；若反馈回路包含奇数个负的因果链，则其极性为负，称为负反馈回路。具有单一正反馈和负反馈的系统形成 S 型关系结构，其变化趋势如图 1-2 所示。

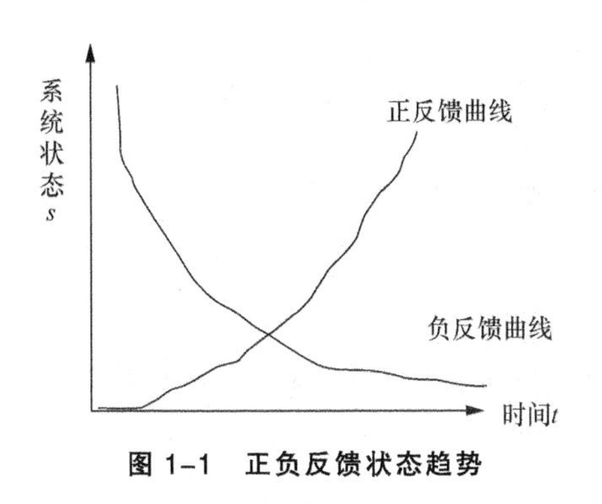

图 1-1　正负反馈状态趋势

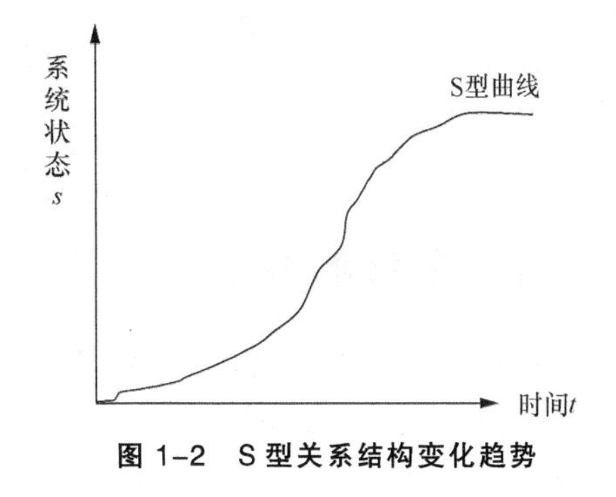

图 1-2　S 型关系结构变化趋势

（4）多重耦合关系结构。耦合是指两个或两个以上回路的输入与输出之间存在的紧密配合、相互影响、相互依赖的一个量度。复杂的系统会存在多个正反馈和负反馈回路，从而体现了系统多重耦合关系结构。例如，加拿大草原上野兔与山猫之间的关系，就属于多重耦合关系结构。

在加拿大哈得孙湾草原地带生长着许多野兔和山猫。野兔依靠草原生存，山猫以捕食野兔为生，草原、野兔与山猫构成了食物链，野兔和山猫之间的关系为捕食关系。由于草原资源有限，当野兔数量小时，相对个体野兔而言，生存的空间较大，因此其数量增长得较快；而当野兔数量较大时，相对个体野兔的生存空间较小，野兔数量增长得较慢。当野兔数量大时，山猫捕获野兔的概率大，山猫数量增长较快；反之，山猫数量减小较快。野兔和山猫之间存在的多重耦合关系结构及其生长情况变化趋势如图 1-3、图 1-4 所示。

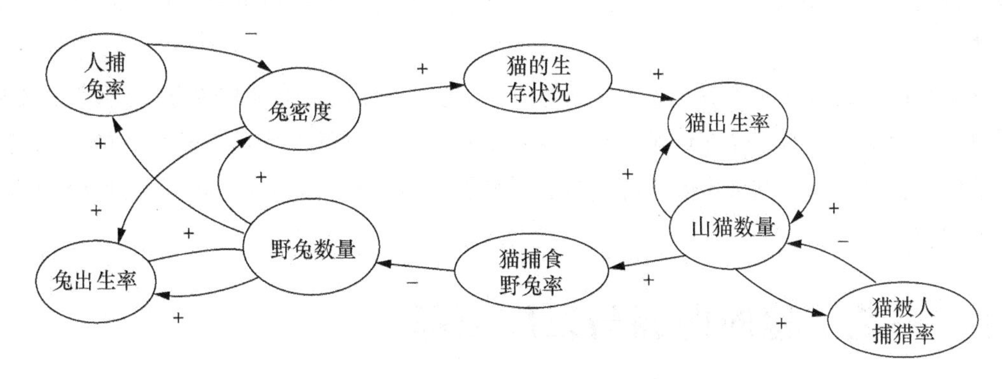

图 1-3　野兔和山猫之间存在的多重耦合关系结构

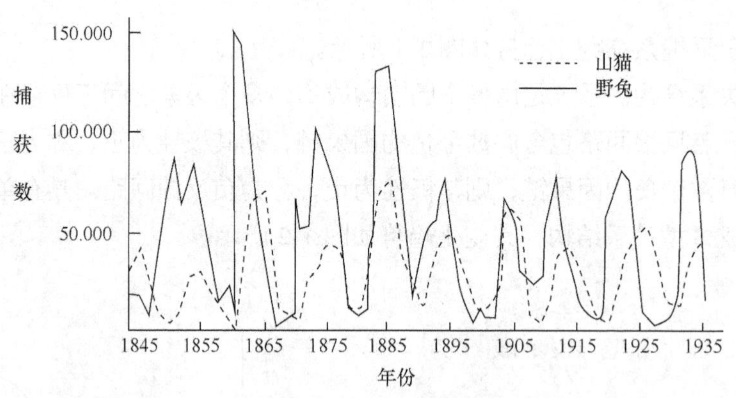

图 1-4 野兔和山猫生长情况变化趋势

1.1.4 系统的分类

了解系统的分类，有助于人们在实际工作中进一步了解并分析系统工程对象的性质。

（1）自然系统和人造系统。原始的系统都是自然系统，如天体、海洋、生态系统等。人造系统都存在于自然系统之中，如人造卫星、海运船只、埃及阿斯旺水坝等。

埃及阿斯旺水坝是一个典型的人造系统。该水坝虽然解决了埃及尼罗河洪水泛滥问题，但也带来一些不良影响，如埃及东部区域的食物链受到了破坏，一方面导致尼罗河流域土质盐碱化加快，产生周期性干旱，影响了农业；另一方面，河水污染使附近居民的健康受到了影响。人造系统如何与自然系统和谐，是系统思想的体现。

（2）实体系统和抽象（概念）系统。实体系统是指以物理状态存在并作为组成要素的系统。实体系统占有一定空间，如自然界的矿物、生物，生产部门的机械设备、原始材料等。与实体系统相对应的是抽象（概念）系统，它是由概念、原理、假说、方法、计划、制度和程序等非物质实体构成的系统，如管理系统及法制、教育、文化系统等。实体系统是抽象（概念）系统的基础，而抽象（概念）系统又往往为实体系统提供指导和服务。

（3）静态系统和动态系统。静态系统为宏观上没有活动部分的结构系统或相对静止的结构系统的总称，如大桥、公路、房屋等。动态系统指的是既有静态实体，又有活动部分的系统。

（4）封闭系统和开放系统。封闭系统是一个与外界无明显联系的系统，环境仅仅为系统提供了一个边界。不管外部环境有什么变化，封闭系统仍表现为其内部稳定的均衡特性。开放系统是指在系统边界上与环境有信息、物质和能量交互作用的系统。开放系统通常具有自调整或自适应功能。

1.2 系统工程的内涵与发展历程

系统工程涉及“系统”与“工程”两个方面，是以系统为研究对象的工程技术，是运用系统思想直接改造客观世界的一大类工程技术的总称。在系统工程学中，“工程”的概念不仅包含“硬件”的设计与制造，还包含与设计和制造“硬件”紧密相关的“软件”，诸如预测、规划、决策、评价等社会经济活动的过程。系统工程在系统科学结构体系中属于工程技术类，是一门新兴的学科，是多学科的高度综合。因此，了解和掌握系统工程的内涵、发展历程，有助于应用系统工程解决实际问题。

1.2.1 系统工程的内涵

1. 系统工程的定义

系统工程的思想和方法不仅来自各个行业与领域，而且综合吸收了邻近学科的理论与工具。这使得国内外对系统工程的理解不尽相同，至今仍无统一的定义。

美国切斯纳（1967）认为，虽然每个系统都是由许多不同的特殊功能部分组成的，而这些功能部分之间又存在相互联系，但是每一个系统都是完整的整体，每一个系统都有一定数量的目标。系统工程则是按照各个目标进行权衡，全面求得最优解的方法，并使各组成部分能够最大限度地相互协调。

日本工业标准 JIS（1967）认为，系统工程是为了更好地达到系统目的，对系统的构成要素、组织结构、信息流动和控制机构等进行分析与设计的技术。

美国莫顿（1967）认为，系统工程是用来研究具有自动调整能力的生产机械，以及像通信机械那样的信息传输装置、服务性机械和计算机械等的方法，是研究、设计、制造和运用这些机械的综合方案。

美国质量管理学会系统委员会（1969）指出，系统工程是应用科学知识设计和制造系统的一门特殊工程学。

日本学者寺野寿郎（1971）指出，系统工程是为了合理进行开发、设计和运用系统而采用的思想、步骤、组织和方法等的总称。

《大英百科全书》（1974）指出，系统工程是一门把已有学科分支中的知识有效地组合起来用于解决综合化问题的工程技术。

美国《科学技术辞典》（1975）指出，系统工程是研究复杂系统设计的科学，该系统由许多密切联系的元素组成；设计该复杂系统时，应有明确的预定功能及目标，并协调各个元素之间及元素和整体之间的有机联系，以使系统能从总体上达到最优目标；在设计系统时，要同时考虑到参与系统活动的人的因素及其作用。

《苏联大百科全书》（1976）指出，系统工程是一门研究复杂系统的设计、建立、实验和运行的科学技术。

日本学者三浦武雄（1977）指出，系统工程与其他工程学的不同之处在于它是跨越许多学科的科学，而且是填补这些学科边界空白的一种边缘学科。因为系统工程的目的是研究系统，而系统不仅涉及工程学领域，还涉及社会、经济和政治等领域，故为了适当地解决这些领域的问题，除了需要某些纵向技术，还需要有一种技术从横的方向把它们组织起来，这种横向技术就是系统工程。

美国学者恰斯诺特（1977）在《系统工程方法》一书中指出，系统工程是为了研究由多数子系统构成的整体系统所具有的多种不同目标的相互协调,使系统的功能达到最优化，最大限度地发挥系统组成部分的能力而发展起来的一门科学。

我国著名科学家钱学森（1978）指出，系统工程是组织管理的技术，是组织管理这种系统的规划、研究、设计、制造、实验和使用的科学方法，是一种对所有系统都具有普遍意义的科学方法。

2．系统工程的特征

（1）系统工程是横跨自然科学与社会科学的综合性新学科。系统工程不仅涉及数、理、化、生物等自然科学，还涉及社会学、心理学、经济学、医学等与人的思想、行为、能力等有关的学科，是自然科学和社会科学的交叉。系统工程从各门学科中吸取有用的东西，形成自己的思想和方法，不以某一专门的技术领域为研究对象，其思想与方法适用于许多领域。

（2）系统工程的目标是实现系统的整体最优。系统工程要运用各学科的最新成果，采用定性与定量分析相结合的方法，研究系统的整体与部分、系统与环境之间的关系与协调，并提出最优方案，力争实现系统整体最优之效果。

（3）系统工程的研究问题途径一般是先决定整体框架，后进入详细设计，通过对系统的综合、分析，构造系统模型来调整改善系统的结构，使之达到系统整体最优。

（4）在系统工程的观点和方法中，观点、概念、原则是本质的，是第一位的，一些数学方法是手段，是从属于观点和原则的。

3．系统工程与传统工程的区别

系统工程与传统工程，如“机械工程”“化学工程”“电力工程”等是有很大差异的。传统工程侧重于对能量、物质进行变换，完成各种“硬件”生产任务，称为“硬技术”。系统工程侧重于信息聚集、加工、处理和变换，完成各种“软件”生产任务，生产出各种无形产品，如“规划”“设计”“决策”“制度”“程序”等，因此系统工程又被称为“软技术”。传统工程面对内容明确的问题，解决的方法一清二楚，目标具体化，评价方法具体化、评价方法层次化。系统工程面对内容不明确的问题，解决的方法不明确，目标与评价方法抽象，且具有多层次性。

4．系统工程的总体思想

（1）最优思想。因为系统工程的目标和约束往往是多方面、多层次的，且随社会、经济、科技、市场等多种因素不断变化，所以要追求系统的总体最优，而非局部最优，就需要开发整体（综合）最优系统，包括最优设计、最优管理、最优性能、最优控制等，并为达到系统整体最优，建立目标体系和评价体系，而且要注重定量和定性方法相结合。

（2）组合思想。系统是由具有一定功能的要素组合而成的。系统工程组合思想体现在合理选择要素方面，要求既能满足系统目标，又没有不必要的要素；尽可能选已有要素，尽可能选标准化、规格化、通用化的要素，并按照系统目标，综合应用多学科方法和技术解决。例如，建设大厦，要素同为砖、水泥、钢筋、木材等，但不同水平的建筑师可以建出不同水平的大厦来，原因在于组合思想的水平不同。

（3）分解和协调思想。系统工程面对的大系统具有结构复杂的特点，要解决这一大系统问题，一方面需要将大系统分解为结构相对简单的若干子系统，简化处理；另一方面需要分析同一级子系统的相互关联性，促进其相互之间密切配合，协调完成大系统的任务。一般来说，系统分解与协调体现在系统目标分解、系统功能协调上。

1.2.2 系统工程的发展历程

1．系统工程的萌芽时期

系统工程的萌芽可追溯到 20 世纪初出现的泰勒系统。美国管理学家泰勒通过实践发现，减轻劳动强度能使生产量成倍增长，由此从系统的角度研究了合理工序和工人活动的关系，以及对劳动生产率提高的影响问题，并于 1911 年出版了《科学管理的原理》一书，创立了著名的泰勒制，工业界也出现了"泰勒系统"。

1939 年，苏联数学家康托罗维奇在《生产组织与计划的数学方法》一书中认为，提高工业生产率的途径除了改进技术（即改进设备、工艺和寻找优质原料等），还需要在生产组织计划方面寻求改进，即正确分配设备、订货、原料和燃料等，并提出了与经典数学分析求解极值迥然不同的解乘数法。

在第二次世界大战时期，一些科学工作者以大规模军事行动为对象，提出了解决战争问题的一些对策和工程手段。例如，英国为防御德国的突然空袭，研究了雷达报警系统和飞机降落排队系统，由此形成了运筹学科，为系统工程的形成创造了条件。

公元前 500 年的春秋时期，中国著名的军事家孙武写出了《孙子兵法》13 篇，指出战争中的战略和策略问题，如进攻与防御、速决和持久、分散和集中等之间的相互依存和相互制约关系，并依此筹划战争的对策，取得了战争的胜利。战国时期，著名的军事家孙膑继承和发展了孙武的学说，著有《孙膑兵法》。在齐王与田忌赛马中，孙膑提出的以下、上、中对上、中、下对策，使处于劣势的田忌战胜齐王。这是从总体出发制定对抗策略的著名事例。在水利建设方面，战国时期的秦国蜀郡太守李冰主持修建了四川都江堰工程，巧妙地将分洪、供水和排沙结合起来，使各部分组成一个整体，实现了防洪、灌溉、行舟、漂木等多种功能；至今，该工程仍在发挥着重大的作用，这也是系统工程思想应用的杰出典范。

2．系统工程概念产生时期

系统工程一词首先是由美国电话电报公司贝尔电话实验室于 1940 年提出的。美国电话电报公司于1925年成立贝尔电话实验室时，为了及时研发埃尔朗电话系统模型，提出了系统工程的概念，并将研制任务分为规划、研究、开发、应用和通用工程等5个阶段，创造了一套电话系统分级复联的科学方法，并利用概率模拟装置求出了最佳通话服务方式。

3．系统工程应用时期

1940—1945年，美国陆军部研制原子弹的计划——“曼哈顿计划”应用了系统工程方法进行协调，在较短的时间内就取得了成功。1945年，美国兰德公司（RAND Corp.）成立，并相继应用运筹学等理论方法研制出了多种应用系统，在美国国家发展战略、国防系统开发、宇宙空间技术和经济建设领域的重大决策中，发挥了重要作用。

1957年，美国的H.H.古德和R.E.麦克霍尔合作发表了第一本完整的系统工程教科书——《系统工程》。麦克霍尔又于1965年发表了《系统工程手册》一书。这两本书以丰富的军事素材论述了系统工程的原理和方法。1962年，A.D.霍尔的《系统工程方法论》反映了作者长期从事通信系统工程的成果，内容涉及系统环境、系统要素、系统理论、系统技术、系统数学等方面，而且作者在其基础上于1969年又提出了著名的霍尔三维结构。

1958年，美国海军特别计划局在执行“北极星”导弹核潜艇计划中发展了控制工程进度的新方法——计划协调技术，使“北极星”导弹提前两年研制成功。该计划用网络技术来管理系统，在不增加人力、物力和财力的情况下，使工程进度提前、成本降低。

1961年，美国开始阿波罗登月工程计划。该工程持续了11年，涉及300多万个部件，耗资244亿美元，参加者包括2万多家企业和120所大学与研究机构。整个工程在计划进度、质量检验、可靠性评价和管理过程等方面都采用了系统工程方法，并创造了“计划评审技术（Program Evaluation and Review Technique，PERT）”和“随机网络技术（Graphical Evaluation Review Technique，GERT）”，实现了时间进度、质量技术与经费管理三者的统一等。

1956年，中国科学院在钱学森、许国志教授的创导下，建立了第一个运筹学小组。著名数学家华罗庚大力推广了统筹法、优选法。在钱学森的领导下，国防尖端科研的“总体设计部”取得了一些成果，使我国在导弹等现代化武器的总体设计组织方面积累了丰富经验。1980年，中国系统工程学会成立，与国际系统工程界进行了广泛的学术交流，促进了系统工程在各个领域的应用。

4．系统工程发展时期

随着科学技术迅猛进步、社会经济空前发展、生态环境恶化，人们面临越来越复杂的大系统的组织、管理、协调、规划、计划、预测和控制等问题。这些问题的特点是空间活动规模越来越大，时间变化越来越快，层次结构越来越复杂，结果和影响越来越深远和广泛。要解决这样高度复杂的问题，单靠传统的经验已无能为力，需要采用科学的方法。信息科学和计算机的发展又大大提高了信息的收集、存储、传递和处理的能力，为实现科学的组织和管理提供了强有力的手段：特别是软件工程的发展促进了系统工程的发展；专家系统和决策支持系统的出现为系统工程的定性和定量研究提供了有力的工具；分级分布控制系统和分散信号处理系统的出现，扩展了系统工程理论方法的应用范围。随着社会、经济与环境综合性的大系统问题日益增多，如环境污染、人口增长、交通事故、军备竞赛等，许多技术性问题也带有政治、经济的因素，这为系统工程提供了新的研究领域。

20 世纪 70 年代以来，系统工程已广泛应用于交通运输、通信、企业生产经营等部门，已出现许多高效率的系统工程算法和软件，如线性规划、非线性规划、动态规划、排队排序、库存管理、计划协调技术／关键路线法等，还有实时仿真、作战模拟、决策支持系统、决策室等成套应用软件和完整的系统作为商品出售。系统工程采用网络技术并配以大屏幕图形显示和实时控制系统，可以显示全部或局部网络，还可以实时地用光笔修改，经计算机网络把修改过的计划传送给各个执行单位。系统工程已成为上级部门进行决策和指挥协调的有力工具。

1972 年，经一些国家科学院倡议，在维也纳成立了国际应用系统分析研究所——一个用系统工程方法研究复杂社会、经济、生态等问题的国际性研究机构。该研究所先后选择了能源、环境、生态、城市建设、资源开发、医疗、工业生产等研究课题，在推动系统工程的发展和应用方面发挥了重要作用。

1979 年，中国科学家钱学森提出建立系统科学体系的完整思想，将系统科学划分为 3 个层次：系统工程层次是系统科学的下层；技术科学层次是用系统思想直接改造客观世界的技术，包括运筹学、控制论、信息论等；系统学层次是系统科学的基础科学，是研究系统一般演化规律的学科。系统科学与哲学之间的桥梁则称为系统论或系统观。系统科学体系的形成标志着系统工程已经逐步成熟。

1.3　系统工程的理论基础

通常，系统工程相关理论包括一般系统理论、耗散结构理论、大系统理论、信息论、突变论、协同论等，这些关于自然科学的新概念、新方法、新理论既适用于讨论自然现象（它们本身是从对自然现象的研究中发现并总结出来的），又适用于讨论某些社会现象，可以作为讨论自然与社会两类完全不同的客观现象的统一理论。虽然这些理论与方法并不是系统工程本身的理论，但是它们可以作为构建系统工程基本理论的基础。

1.3.1　一般系统理论

1．一般系统理论的基本内容

一般系统理论（General System Theory）是研究复杂系统的一般规律的学科，又称普通系统论，由贝塔朗菲提出。贝塔朗菲认为，把一般系统理论局限于技术方面当作一种数学理论来看是不适宜的，因为有许多系统问题不能用现代数学概念表达。一般系统论认为，整体性、关联性、等级结构性、动态平衡性、时序性等是所有系统共同的基本特征，应把所研究和处理的对象当作一个系统，分析系统的结构和功能，研究系统、要素、环境三者的相互关系和变动的规律性，从优化系统的角度解决问题。系统是普遍存在的，大至渺茫的宇宙，小至微观的原子都是系统，整个世界就是系统的集合。

2．一般系统理论的发展趋势

贝塔朗菲创立的一般系统理论，从理论生物学的角度总结了人类的系统思想，运用类比和同构的方法，建立了开放系统的一般系统理论。但贝塔朗菲用系统论的机体来对抗机械论的粒子，过分强调了整体性、有序性和统一性的观念，完全否定了局部性、无序性和分散性的观念，以致系统论与机械论的对立几乎变成了有序性观念与无序性观念的对立，对系统的有序性和目的性并没有做出满意的解答。为此，苏联学者乌耶莫夫提出参量型一般系统论。他认为贝塔朗菲的一般系统理论是用同构和同态等类比形式创立的，在实际运用中受到一定的限制。人们已经发现 50 多种独立的类比形式，其中许多可以用于发展类比型一般系统论，但对不同的系统进行类比，不是建立一般系统论的唯一途径。参量型一般系统论可用系统参量来表达系统的原始信息，再用电子计算机建立系统参量之间的联系，从而确定系统的一般规律。

一般系统理论发展中出现的另一个重要领域是数学系统论或一般系统的数学理论，其代表人物有梅萨罗维茨、怀莫尔和克利尔。中国学者林福永教授 1988 年提出一般系统结构理论。一般系统结构理论在数学上提出了一个新的一般系统概念体系，特别是揭示了系统组成部分之间关联的新概念，如关系、关系环、系统结构等；并在此基础上，抓住了系统环境、系统结构和系统行为以及它们之间的关系及规律这些一切系统都具有的共性问题，在数学上证明了系统环境、系统结构和系统行为之间存在固有的关系及规律。研究结果表明，在给定的系统环境中，系统行为由系统基层次上的系统结构决定和支配，从而为系统研究提供了精确的理论基础。

1.3.2 耗散结构理论

1．耗散结构理论的基本内容

耗散结构理论是研究远离平衡态的开放系统从无序到有序演化规律的一种理论，是普利高津（I.Prigogine）在 1969 年提出的。“耗散”一词起源于拉丁文，原意为消散。耗散结构是指处在远离平衡态的复杂系统在外界能量流或物质流的维持下，通过自组织形成的一种新的有序结构。自组织是指一个系统的要素按彼此的协同性、相干性或某种默契形成特定结构与功能的过程。只要系统具有开放性、远离平衡态、系统内存在非线性反馈的动力学机制和随机涨落现象，就可能形成自组织系统。

普利高津认为，开放系统在远离平衡态时，由于同外界进行物质、能量、信息交换，所以可以形成某种有序结构。远离平衡的开放系统可以通过负熵流来减少总熵，自发地达到一种新的稳定的有序状态，即耗散结构状态。远离平衡态的开放系统和系统内非线性机制是耗散系统形成的条件。涨落是建立在非平衡态基础上的耗散结构稳定性的杠杆。在近平衡态的线性非平衡区，涨落只会使系统状态发生暂时的偏离。这种偏离将不断衰减直至消失。在远平衡的非线性区，任何一个微小的涨落都会通过相干作用得到放大，成为宏观的、整体的“巨涨落”，使系统进入不稳定状态，从而又跃迁到新的稳定态。耗散结构理论可概括为一个远离平衡态的非线性的开放系统（不管是物理的、化学的、生物的还是社会的、经济的系统）通过不断地与外界交换物质和能量，在系统内部某个参量的变化达到一定的阈值时，通过涨落，可能发生突变即非平衡相变，由原来的混沌无序状态转变为一种在时间上、空间上或功能上的有序状态。

（1）开放系统是产生耗散结构的前提。耗散结构理论强调系统的开放性，然而，只是一个开放系统并不能充分保证实现这种结构。只有在系统保持“远离平衡”和在系统内的不同元素之间存在“非线性”机制的条件下，耗散结构才能实现。远离平衡态的开放系统，通过与外界交换物质和能量，可能在一定的条件下形成一种新的、稳定的有序结构。

（2）非平衡态是有序之源。在外界条件变化达到一定阈值时，经“涨落”的触发，量变可能引起质变，就可能从原来的无序状态转变为一种时间、空间或功能的有序状态。当系统离开平衡态的参数达到一定阈值时，系统将会出现“行为临界点”，在越过这种临界点后，系统将发生突变而进入一个全新的、稳定、有序状态；若将系统推向离平衡态更远的地方，则系统可能演化出更多新的、稳定的、有序的结构。

（3）涨落导致有序。在正常情况下，由于系统相对于其子系统来说非常大，这时涨落相对于平均值是很小的，即使偶尔有大的涨落，也会立即耗散掉，系统总要回到平均值附近。然而，在临界点（即阈值）附近，涨落可能不自生自灭，而是被不稳定的系统放大，最后促使系统达到新的宏观态。在非平衡系统具有形成有序结构的宏观条件后，涨落对实现有序起决定作用。

2．耗散结构理论的发展趋势

耗散结构的研究揭示了一种重要的自然现象，并对复杂系统的研究提出了新的方向。在系统科学方面，耗散结构理论利用数学、物理学的概念和方法研究复杂系统的自组织问题，成为系统学的一个重要组成部分。

1.3.3 大系统理论

1．大系统理论基本内容

随着生产的发展和科学技术的进步，出现了许多大系统，如电力系统、城市交通网、数字通信网、柔性制造系统、生态系统、水源系统和社会经济系统等。这类系统都具有规模庞大、结构复杂（环节较多、层次较多或关系复杂）、目标多样、影响因素众多，常带有随机性等特征。这类系统不能采用常规的建模方法、控制方法和优化方法来分析和设计，需要用大系统的方式进行分析与设计。通常大系统有两种常见的结构形式：一种是多层结构，多层结构是把一个大系统按功能分为多个层次，其中最低层为调节器，它直接对被控对象施加控制作用；另一种是多级结构，多级结构是在对分散的子系统实行局部控制的基础上，再加一个协调级去解决子系统之间的控制作用不协调问题。

（1）多级递阶控制。按受控对象或过程的结构特征将大系统划分为各小系统，按决策权力划分为各等级，同一级的各控制中心相互独立地工作，下一级接受上一级的指令信息，控制过程中的信息主要在上下级之间传送。图 1-5 展示了一个三级递阶控制系统的层次结构。该控制方框图呈塔形，有的为嵌套式结构。

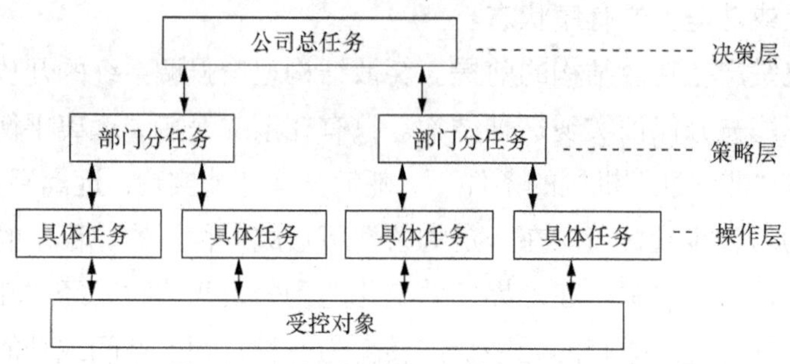

图 1–5 三级递阶控制系统的层次结构

（2）多层递阶控制。按任务或功能将系统分为各层次，较高层次的任务或功能更综合，须对付不经常的或快速变化的扰动；较低层次的任务或功能较单纯，需对付经常性的或缓慢变化的扰动。例如，公司一级控制月生产目标，需应付较长期的市场变化；部门或车间一级控制日生产率，须对付短期扰动。图 1-6 所示为一个二层递阶控制系统的层次结构。显然，各层次之间既有“分工”负责，又隐含有领导与被领导关系。低层控制作用取决于高层下达的信息或受控对象的信息，高层依据受控对象的反馈信息进行控制。

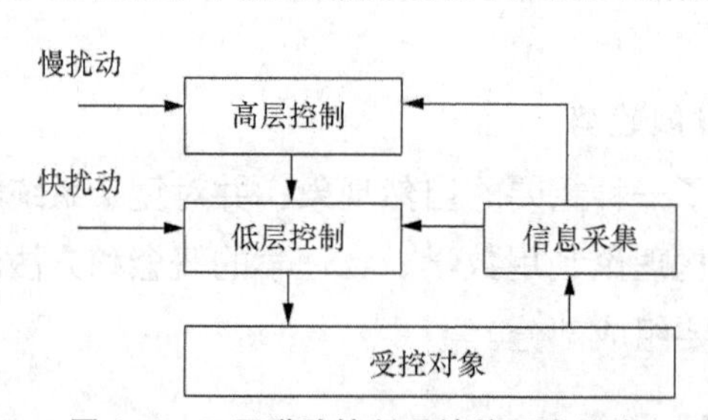

图 1–6 二层递阶控制系统的层次结构

在上述递阶控制系统层次结构中，既有较低层次级上多个平行的控制中心的分散控制，又有较高层级上的集中控制。有些受控过程或受控对象，根据其本身的特性，可按控制任务分为几个，分别由几个控制器相互独立的“分片包干”式地加以控制，彼此没有上下级关系，没有专设的上一层次的协调机构，如城市的交通系统即由各个交叉路口的交警分别独立指挥，这是一种完全（技术意义上）的分散控制方式。各个分散控制器只能获得全系统的部分信息，只能对大系统的一部分施加直接影响，彼此间可能有部分通信关系，也可能全无通信关系。图 1-7 所示为一个纯分散控制系统结构。

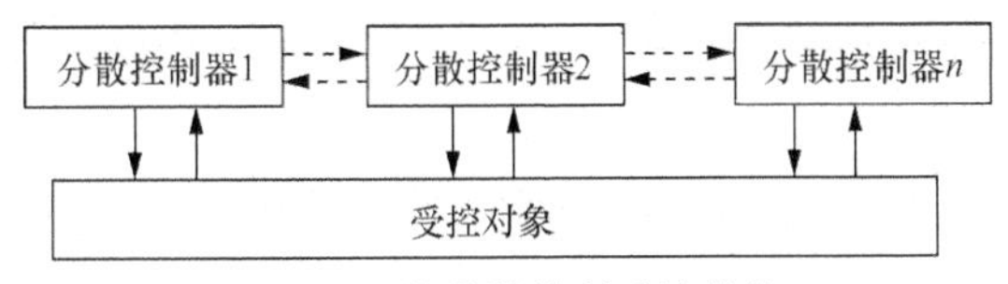

图 1-7 纯分散控制系统结构

纯分散控制的大系统不是不需要协调，而是不通过专设的协调级来协调，因而如何协调仍是一个很重要的问题。信息分散化、控制分散化是大系统中的一个重要类型，需要提出新的概念和方法，建立适应这种类型大系统特点的控制理论。

2．大系统理论的方法

大系统理论最常见的算法有目标协调法、混合法和模型协调法等。目标协调法是以非线性规划中的拉格朗日乘子作为协调变量；而混合法的协调变量中不仅有拉格朗日乘子，还有各子系统之间的关联变量。这两种算法各有优缺点，其计算过程中的每一次迭代并不满足系统的约束条件，只有达到最优值，才满足约束条件。模型协调法是一种可行法。每次迭代都能满足约束条件，例如，以各子系统的输出变量作为协调变量的直接法就是这样一种方法。但这种方法的输出变量若设置不当，则有可能使子系统的最优化问题无解。

3．大系统理论的发展

科技和生产实践活动的规模日益庞大，涉及的范围也越来越广，人们在研究实际系统时，不断发现新问题、带进新思想观点、创造新方法，由此在现代控制理论、运筹规划理论技术的基础上形成了跨学科的大系统理论。1959 年，我国的秦元勋教授在研究飞机自动驾驶仪的设计时，从工程技术处理方法方面提出了大系统稳定性分解的概念。随后刘永清教授把这种概念应用在三门峡水电站闸门提升的电力拖动非线性控制系统中，用标量和李亚普诺夫函数分解法，成功地分析了这个大系统的稳定性。由法国国家科学研究中心的铁特里教授领导、著名学者塔穆勒教授和辛格博士等参加的递阶最优化研究小组，把大系统递阶最优化理论用于建造炼锌工厂和硫黄工厂的递阶控制、太阳能电站的递阶控制、石化复杂过程精炼工段的递阶控制、长途电信网络管理、英国剑河河水污染控制、热轧钢厂粗轧过程钢带出口温度和厚度的控制等问题，都取得了明显的效益。

1.3.4 信息论

1．信息论的基本内容

信息论起源于通信理论，是美国科学家香农（Shannon）在 1948 年《贝尔系统技术学报》上的论文 *A Mathematical Theory of Communication* 中提出的。信息论是运用概率论与数理统计的方法研究信息、信息熵、通信系统、数据传输、密码学和数据压缩等问题的应用数学学科，是从长期通信实践中总结出来的一门学科，是专门研究信息的有效处理和可靠传输的一般规律的科学。信息论的基本思想和方法完全撇开了物质、能量等各种具体客观形态，把任何通信和控制系统都看作是一个信息的传输和加工处理系统，把系统有目的的运动抽象为信息变换过程，通过系统内部的信息交流使系统维持正常的有目的的运动。

信息是系统的一种重要特征。不存在与系统无关的信息，也不存在没有信息的系统；有系统内部、系统与环境之间的相互作用，就有信息的产生和交换；系统的形成、发展与运行都离不开信息的活动。

在信息论的框架中，系统是一个进行信息变换和信息处理的机构，信息是客观事物状态和运动特征的一种普遍形式，客观世界中大量地存在、产生和传递着以这些方式表示出来的各种各样的信息。

假设描述某一事件的消息源可能发出的消息为 $X=(X_1,X_2,\cdots,X_n)$，而各种可能消息是否会发出的概率为 $p=(p_1,p_2,\cdots,p_n)$，并满足归一性条件 $p_1+p_2+\cdots+p_n=1$。按 $p=(p_1,p_2,\cdots,p_n)$ 概率从消息源中随机地发送消息，形成一个消息序列。设该消息序列包含的消息总数为 N（N 非常大），在统计意义上包含消息的数目为 p_{iN}，由此，香农定义信息熵（以下简称为“熵”）为

$$H(X)=\sum p(X_i)h(X_i)=\sum p(X_i)\log p(X_i)$$

熵度量的是消息中所含的信息量，不包括由消息的固有结构决定的部分。$h(X_i)=-\log p(X_i)$，$H(X)$ 表示信息熵，为状态 X_i 的不定性数量或所含的信息量。若 $p(X_i)=1$，则 $h(X_i)=0$；若 $p(X_i)=0$，则 $h(X_i)=\infty$。

2．信息论的发展

香农最初提出的信息论只对信息做了定量的描述，而没有考虑信息的其他方面，如信息的语义和信息的效用等问题。随着信息论从原来的通信领域广泛地渗入自动控制、信息处理、系统工程、人工智能等领域，要求对信息的本质、信息的语义和效用等问题进行更深入的研究，需要建立更一般的理论——信息科学。

1.3.5 突变论

1．突变论的基本内容

“突变”一词在法文中原意是“灾变”，是强调变化过程的间断或突然转换的意思。突变论是研究客观世界非连续性突然变化现象的一门新兴学科，由法国数学家托姆（Rene Thom）在1972年发表的《结构稳定性和形态发生学》中提出。

通常，一种自然现象或一个技术过程，在发展变化过程中常常会从一个状态跳跃式地变到另一个状态，或者说经过一段时间缓慢的、连续的变化之后，在一定的外界条件下，会产生一种不连续的变化，这就是所谓的突变现象。这类突变现象在大自然里以及在技术过程中都是普遍存在的。突变论是从量的角度研究各种事物的不连续变化，并试图用统一

的数学模型来描述它们，通过提出一系列数学模型，用于解释自然界和社会现象中发生的不连续的变化过程，描述各种现象为何从形态的一种形式突然地飞跃到根本不同的另一种形式。突变论以结构稳定性为基础，通过对系统稳定性的研究，说明系统的稳态与非稳态、渐变与突变的特征及其相互关系，揭示系统状态演变的内部因素与外界条件，把系统的形成、结构和发展联系起来，成为推动系统科学发展的重要学科之一。

2．突变论的发展趋势

突变论作为一门注重应用的科学，既可以用在“硬”科学方面，又可以用于“软”科学方面，特别是对洞察系统发展的演化过程、把握系统发展的规律、指导企业的经营实践，具有重要的方法论意义和启示作用。尽管突变论是一门数学理论，但它的核心思想有助于人们理解系统变化和系统中断。如果系统处于休止状态（也就是说，没有发生变化），则系统就会趋于获得一种理想的稳定状态，或者说至少处在某种定义的状态范围内；如果系统受到外界变化力量的作用，则系统起初将试图通过反作用来吸收外界压力，也可能随之恢复原先的理想状态。如果变化力量过于强大，而不可能被完全吸收的话，突变就会发生，系统随之进入另一种新的稳定状态或另一种状态范围。在这一过程中，系统不可能通过连续性的方式回到原来的稳定状态。

突变论在许多领域已经取得了重要的应用成果。随着研究的深入，它的应用范围在不断扩大。但突变论的应用在某些方面还有待进一步验证，在将社会现象全部归结为数学模型来模拟时，还有许多技术细节要解决，在参量的选择和设计模型方面还有大量工作要做。

1.3.6 协同论

1．协同论的基本内容

协同论（Synergetics）也称“协同学”或“协和学”，是20世纪70年代以来在多学科研究基础上逐渐形成和发展起来的一门新兴学科，是系统科学的重要分支理论，由德国斯图加特大学教授、著名物理学家赫尔曼·哈肯（Hermann Haken）于1976年在《协同学导论》中提出。

协同论主要研究远离平衡态的开放系统在与外界有物质或能量交换的情况下，如何通过自己内部协同作用，自发地出现时间、空间和功能上的有序结构。协同论以现代科学的最新成果——系统论、信息论、控制论、突变论等为基础，吸取了耗散结构理论的大量营养，采用统计学和动力学相结合的方法，通过对不同领域的分析，提出了多维相空间理论，建立了一整套数学模型和处理方案，在从微观到宏观的过渡上，描述了各种系统和现象中从无序到有序转变的共同规律。

（1）子系统间的非线性协同性是产生有序结构的直接原因。协同论认为，系统开放性只是产生有序结构的必要条件，系统的非线性是产生有序结构的基础，而只有子系统间的协同性，才是产生有序结构的直接原因；系统是由大量子系统组成的，子系统间既相互独立，又有关联。当子系统间的关联足以束缚子系统的状态时，系统的总体则在宏观上显示出一定的有序结构。

（2）系统演化过程中，序参量发生变化。当系统无序时，描述状态有序程度的序参量为零；当系统达到临界点时，序参量急剧增长，从而形成有序结构。

（3）协同效应体现了系统自组织现象。协同效应是指由于协同作用而产生的结果，是指复杂开放系统中大量子系统相互作用产生的整体效应或集体效应。协同作用是由系统有序结构形成的内驱力。任何复杂系统，当在外来能量的作用下或物质的聚集态达到某种临界值时，子系统之间会产生协同作用。这种协同作用能使系统在临界点发生质变，产生协同效应，使系统从无序变为有序，从混沌中产生某种稳定结构。

2．协同论的发展趋势

协同论将自己的研究领域扩展到许多学科，并且试图促使似乎完全不同的学科之间增进“相互了解”和“相互促进”。这就使协同论成为软科学研究的重要工具和方法。协同论具有广阔的应用范围，它在物理学、化学、生物学、天文学、经济学、社会学以及管理科学等许多方面都取得了重要的应用成果。从协同论的应用范围来看，它正广泛应用于各种不同系统的自组织现象的分析、建模、预测以及决策等过程中，比如，物理学领域中，流体动力学模型的形成、大气湍流等问题；化学领域中，各种化学波和螺线的形成、化学震荡及其他化学宏观模式；经济学领域中，如城市发展、经济繁荣与衰退、技术革新和经济事态发展等方面的各种协同效应问题；社会学领域中，舆论形成模型、大众传媒的作用、社会体制以及社会革命等问题。

1.4　系统工程的应用领域

系统工程是实现系统最优化的科学，是一门高度综合性的管理工程技术，其主要任务是根据总体协调的需要，把自然科学和社会科学中的基础思想、理论、策略、方法等横向联系起来，应用现代数学和电子计算机等工具，对系统的构成要素、组织结构、信息交换和自动控制等功能进行分析研究，借以达到最优化设计、最优控制和最优管理的目标。由此，系统工程的应用领域日趋广泛。

1.4.1　航天与海洋领域

1．阿波罗登月计划项目

阿波罗登月计划是一项巨大的工程，从1961—1969年实现登月，持续了8年。该项目的实施分为以下几个阶段。

（1）工程计划阶段。阿波罗登月工程由地面、空间和登月3部分组成，包含众多的分系统，如飞船系统、通信系统和测试系统等，这些分系统下面又包含无数小系统。为了完成这项庞大又复杂的计划，美国国家航空航天局（National Aeronautics and Space Administration，NASA）成立了总体设计部以及系统和分系统的型号办公室，对整个计划进行组织、协调和管理。

（2）技术探索阶段。完成阿波罗工程不仅需要火箭技术，还需要了解宇宙空间和月球本身的环境。为此，NASA 专门制订了“水星”计划和“双子星座”计划，拨款 14 000 万美元，研制发射登月飞船的大型运载火箭“土星 5 号”；同时转变“水星”和“双子星座”两个载人飞行计划的内容，使其为载人登月服务，弄清楚人能否在太空长期生活和工作。

（3）方案选择阶段。NASA 首先实施“徘徊者”“勘测者”和“月球轨道飞行器”3 个无人探测计划，摸清楚月球表面状况和飞船能否在月面降落、在什么地方降落等问题；随后专家研制登月飞船，制定登月方案，如“直接登月法”“地球轨道会合法”“加油飞机法”“月球表面会合法”“月球轨道会合法”5 种方案。经过艰难的取舍，最后确定采用“月球轨道会合法”，就是用火箭将载 3 人的飞船送入绕月球飞行的轨道，然后释放载 2 人的登月舱降落到月面上。待两名航天员完成在月面的考察任务后，乘登月舱的上半段上升，与绕月飞行的指挥舱对接，3 人会合后，抛掉登月舱上半段，返回地球。

为实现该工程总体最优，整个工程在计划进度、质量检验、可靠性评价和管理过程等方面都采用了系统工程方法，并创造了“计划评审技术（Program Evaluation and Review Technique，PERT）”和“随机网络技术”，实现了时间进度、质量技术与经费管理三者的统一，并在实施过程中，及时向各层决策机构提供信息和方案，供各层决策者使用，保证了各个领域的相互平衡和总体目标的如期完成。

2．普惠公司发动机研制工程

普惠公司（Pratt & Whitney）是世界领先的商用、通用和军用航空发动机供应商。普惠公司采用系统工程方法来设计集成产品开发流程（Integrated Product Development，IPD），使装配线上的工人和飞机生产线上的机械师们都能参与 F119 战斗机的最初设计，从而把装配、维护和维修简易性融入发动机的设计中。利用该集成产品开发流程，普惠公司率先研制出 F119 战斗机的发动机及相关配套系统，其研制的发动机比当时战斗机上的发动机主要部件少 40%，每个部件更耐用、效率更高，而且 F119 战斗机缩减了约一半的支持设备和维护人员，在日常维护方面，比上一代发动机的返场维修率降低了 75%。

3．美国电子船舶公司潜艇研制工程

美国电子船舶公司（Electric Boat）是为美国海军设计、建造潜艇并提供技术支持的领先制造商。Electric Boat 公司采用一种基于系统工程和质量方法学的集成产品和流程研制方法，保证了海军人员、卖货商、供应商，以及 Electric Boat 公司的工程师、设计人员、码头建造监理们可以协同地进行潜艇设计和生产，实时查看各部件、系统和整个潜艇在各阶段的三维数字化图纸，简化了整个流程。在建造阶段，数字化设计数据转换为配有各部件、子系统和整体系统的船体，从而组成精密的潜艇。Electric Boat 公司的方法实现了从潜艇概念设计研制到工程、设计和生产的无缝成本效益过渡，其最终结果体现在具有最佳可负载能力和军事能力的潜艇上。

1.4.2 工程建设领域

1．美国阿拉斯加石油输送问题

美国阿拉斯加大陆处于北极圈内，常年处于冰冻状态，最低温度零下 50℃，石油是阿拉斯加的一大重要资源。为了将阿拉斯加北海岸普拉德霍湾（Prudhoe Bay）的石油输送到美国本土，工程建设部门依据当地的地理和环境条件，提出了超级油轮海上运输、管道+超级海轮运输两个方案。超级油轮海上运输方案须经过北冰洋，绕过白令海峡，再经太平洋到达美国大陆；管道+超级海轮运输方案需要从普拉德霍湾起穿过 3 条山脉、300 多条大小河流和将近 640km 长的冻土地带到达阿拉斯加中南部的瓦尔迪兹（Valdez），转载超级海轮后，经太平洋到达美国大陆。

为了实现每天安全输送近 8 000 万加仑石油的任务，工程建设部门经过分析，选择了管道+超级海轮运输方案，但面临着输油管道加热和冻土地带管道高架问题。为解决这些问题，工程建设部门抽调人员成立了系统工程部进行研究。系统工程部基于汽车防冻液的原理，提出了将含有 10%氯化钠的海水加入原油中，以促进原油流动性的改进方案，但由于海水的加入，管道输送量加大，管道直径要更大。

美国地质学家库克教授等从石油原有的地下构造及状态出发，提出了利用加压设备将天然气与石油融为一体，恢复为地下原始流动状态的方案。该方案不仅不需要加入海水，而且节省了建设天然气管道的费用，最终被应用于阿拉斯加石油管道建设。

石油给阿拉斯加带来了巨大效益，该州内 90%的财源都来自石油产品、原油及天然气的出口业务。每天有将近 8 000 万加仑的石油经由阿拉斯加油管输出。

2．北宋皇宫复建工程

在建设施工方面，北宋皇宫复建工程是系统工程的应用典范。北宋真宗年间，皇城失火，宫殿烧毁，大臣丁谓受命主持了皇宫修复工程。他采用了一套综合施工方案，先在需要重建的通衢大道上就近取土烧砖，在取土后的通衢深沟中引入汴水，形成人工河，再由此水路运入建筑材料，从而加快了工程进度。皇宫修复后，又将碎砖废土填入沟中，重修通衢大道。该修复工程计划使烧砖、运输建筑材料和处理废墟三项繁重的工程任务协调起来，从而在总体上得到了最佳解决方案，一举三得，节省了大量劳力、费用和时间。

1.4.3 电力系统领域

北欧包括挪威、瑞典、丹麦、芬兰和冰岛，其中，冰岛电网独立运行；挪威电网绝大部分为水电机组，水电装机占全网总装机的 98.9%；瑞典电网水电装机占全网总装机的一半，核电占 31%，火电占 17%；芬兰大部分是燃烧泥煤的火电厂，占装机容量的 66%，其余为水电和核电。由于环保组织的抵制，芬兰短期内不会发展核电；丹麦绝大部分为火电，占总装机的 88%。北欧四国间的电力构成具有很大的互补性，使得北欧四国的国际电力交易非常频繁。

北欧电力交易市场建于 1993 年 1 月，是目前世界上唯一一个开展多国间电力交易的市场。北欧跨国电网有水、火、核等多种能源形式，规模庞大。电网调度本身在技术上已相当复杂，而且要受到各国经济利益、地理条件、环境保护政策和人口迁移状况的影响，导致该市场负荷调度的目标和最佳运行方式的评价标准十分复杂，是个典型的系统工程问题。

为了对 4 500 万 kW 的电力做出合理的并能被接受的调度方案，该电力市场将电力交易分为期货交易、现货交易和实时交易 3 种形式，不同形式的电价不同。这一方案被提交各国讨论、协调和决策，最终确保了电力市场正常持续运行。

思考与练习题

1. 以美国阿拉斯加石油输送工程、北宋皇宫复建工程为背景，说明系统思想是如何体现的。

2. 战国时期，魏惠王派大将庞涓进攻赵国，围住赵都城邯郸。赵成侯知道难以抵挡，就把中山献给齐国。齐王派大将田忌、军师孙膑兴兵救赵。孙膑扬言要进攻魏国襄陵，庞涓中计回兵救襄陵中了孙膑的伏击，解了赵国之危。试论述围魏救赵体现的系统思想。

3. 3 个和尚的故事。从前，山上有座小庙，庙里有个小和尚。他每天挑水、念经、敲木鱼，给观音菩萨案桌上的净水瓶添水，夜里不让老鼠来偷东西，生活过得安稳自在。不久，来了个高和尚。他一到庙里，就把半缸水喝光了。小和尚叫他去挑水，高和尚心想一个人去挑水太吃亏了，便要小和尚和他一起去抬水，两个人只能抬一只水桶，而且水桶必须放在扁担的中央，两人才心安理得。这样总算还有水喝。后来，又来了个胖和尚。他也想喝水，但缸里没水。小和尚和高和尚叫他自己去挑，胖和尚挑来一担水，立刻独自喝光了。从此谁也不挑水，3 个和尚就没水喝。大家各念各的经，各敲各的木鱼，观音菩萨面前的净水瓶也没人添水，花草枯萎了。夜里老鼠出来偷东西，谁也不管。结果老鼠猖獗，打翻烛台，燃起大火。3 个和尚这才一起奋力救火，大火扑灭了，他们也觉醒了。从此 3 个和尚齐心协力，水自然就更多了。试论述该故事蕴含的道理。

4. 论述系统管理与管理系统的区别与联系。

5. 分析管理系统工程的作用及应用前景。

6. 论述系统工程理论基础对系统工程发展的影响。

7. 为什么说系统工程是新兴的、不断发展的边缘学科？

8. 结合现实列举一些系统工程的例子。

CHAPTER2

第2章 系统工程方法论

系统工程方法论是在系统工程的实践中不断形成和发展起来的理论。系统工程方法论就是分析和解决系统开发、运作及管理实践问题所遵循的基本方法、逻辑步骤和工作程序，是思考问题和处理问题的一般方法和总体框架，是在综合应用运筹学、控制论、信息论、管理科学、心理学、经济学以及计算机科学等有关学科的理论和方法的基础上形成的科学思想和方法。

2.1 系统工程基本方法

系统工程基本方法是一种现代的科学决策方法，是系统工程方法论的简明体现。它把要处理的问题加以分门别类、确定边界，强调把握各门类之间和各门类内部诸因素之间的联系和完整性、整体性，有区别地针对主要问题、主要情况和全过程，运用有效工具进行全面分析和处理，否定用片面和静止的方式去分析和处理问题。

2.1.1 系统工程基本方法的主要内容

系统工程基本方法的主要内容包括系统分析、系统综合和系统评价 3 个方面：系统分析的内容包括探讨系统的构成和行为的最佳方式、根据系统的要求与功能明确系统的特性、研究系统构成的信息等；系统综合的内容主要是结合系统分析结果确定系统的构成和行为方式；系统评价的内容包括确定系统评价基准、从多个备选方案中选出最优设计等。

系统工程基本方法中的系统分析、系统综合与系统评价之间存在有机的联系。通过系统分析把系统整体分解为各个部分、方面、因素来认识，并从中揭示系统的本质和内部联系。但系统分析提供的结果只能反映系统的一个侧面或一种联系，而不能获得全面的认识。通过系统综合，把系统分析得到的各部分连成一个整体，暴露出系统发展过程中的矛盾及其在总体上、相互连接上的特殊性。因此，系统分析是系统综合的前提或基础，没有系统分析就没有系统综合，系统分析又要系统综合做指导。任何分析总要从某种性质出发，不能脱离关于对象的整体性认识做指导，否则，分析会有很大的盲目性。系统评价可以辨析综合的结果，辨别系统研究的途径与系统目的之间的差异性，为进一步分析与综合奠定基础。图 2-1 所示为系统工程基本方法框架。

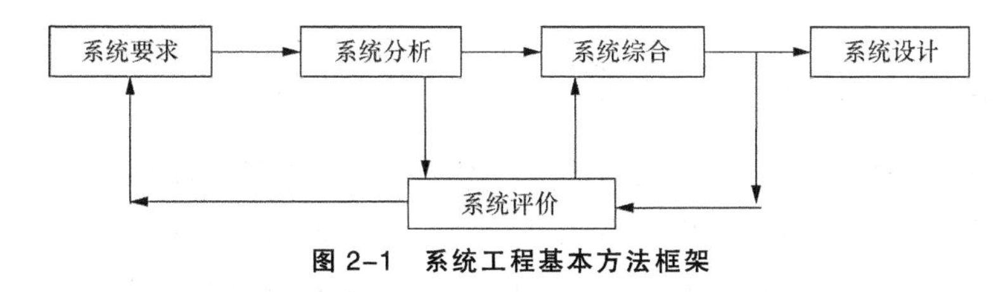

图 2-1　系统工程基本方法框架

2.1.2　系统工程基本方法的应用步骤

1．明确系统

了解与掌握系统工程的研究对象，明确系统工程的概念及其合理性等内容。

2．系统分析

分析建立系统的目的和目标、范围、约束条件、技术条件和系统功能；探讨系统成功的可能性，提出系统成功的保证措施。

3．系统综合

系统综合是在给定条件下，找出达到预期目标的手段或系统结构。一般来讲，按给定目标设计和规划的系统，在具体实施时总与原来的设想有些差异，需要深入理解问题的本质，制定出具体解决问题的替代方案，或通过研究典型实例，构想出系统结构和简单易行的能实现目标的实施方案。系统综合的过程常常需要人的参与。计算机辅助设计（Computer Aided Design，CAD）和系统仿真可用于系统综合，通过人—机的交互作用，借助人的经验知识，使系统具有推理和联想的功能。

4．系统评价

确定系统评价基准和评价指标体系，选择评价方法进行系统评价，并收集信息进行系统反馈。

2.2 系统工程方法论的三大体系

系统工程方法论是系统工程的基本组成，是指导人们正确应用系统工程思想、方法和各种准则去处理、解决通常靠直觉判断处理的复杂问题的方法框架，或者是解决处理复杂系统问题的逻辑程序。系统工程方法论分为思想体系、步骤体系和方法体系 3 个部分。

2.2.1 系统工程的思想体系

系统工程的思想体系是指基于系统概念、系统理论的一系列分析问题与处理问题的指导原则或基本观念。系统工程将对象视为特定环境中存在与发展的系统，旨在使对象系统具有合理的功能并有良好的发展特性，尽量融合有关行为主体的需求并使之明确化、具体化；实行定性与定量相结合的方法，尽量优化问题处理的物理过程和事理过程（包含满意性、合理性等），充分利用各种资源、照顾到多方利益、调动各方面的积极性、保证决策的科学化与民主化等。

2.2.2 系统工程的步骤体系

系统工程的步骤体系是基于思想体系制定的处理问题的步骤与逻辑程序。它分为两个层次：第一个层次是按照逐步深化解决问题的时间进行划分，称为时间开发程序；第二个层次是按照从发现问题、问题明确到形成解决方案并实施的逻辑进行划分，称为逻辑程序。解决系统问题的每一阶段、逻辑程序的每一步，都要运用许多具体方法解决实际问题，从而形成系统工程的方法体系。

1．系统工程时间开发程序

系统工程步骤体系将解决系统问题的时间划分为几个阶段，形成系统工程的时间开发程序，并因系统问题的种类而异。系统工程时间开发程序将系统时间划分为系统开发、系统研究、系统运行与维护 3 个阶段。

（1）系统开发阶段。系统开发阶段可分为开发计划阶段和开发实施阶段。在开发计划阶段，以充分调研为基础，审查系统开发对象及其必要性，拟订开发方针和开发计划书，明确系统开发目的、目标和基本要求，发布系统要求的说明书和开发计划书。

在系统开发实施阶段，分析系统的功能要求、约束条件、费用、效果及实现可能性，制定出系统设计说明书和实施计划书。

（2）系统研究阶段。系统研究阶段可分为实施设计阶段和制作实施阶段。在实施设计阶段，对系统进行概略设计，建立多个替代方案，并进行分析。分析的项目包括目的、替代方案、费用与效益、模型及评价基准，在此基础上制定出制造说明书和制造实施计划书。此外，需要重点研究系统不确定性因素。

在制作实施阶段，实验和试制系统设计中一些与系统相关的项目，并研究工艺设计，制作系统，制定、审查和决定系统运行的方式、方法和注意事项，以及制定出系统运行说明书。

（3）系统运行与维护阶段。按照系统运行说明书工作，保证系统合理高效地运行，并研究如何改善与更新系统，并注意收集和反馈系统运行的信息。

2．系统工程逻辑开发程序

在系统工程步骤体系中，划分解决系统问题的逻辑顺序可形成系统工程的逻辑开发程序，该程序包括系统概念开发、系统技术探索研究、系统开发、工程开发研究 4 个阶段。

（1）系统概念开发阶段（也称为基础阶段或论证阶段）。这一阶段的任务是从科学、技术原理和前景构思工程系统的概念，即寻找运用什么样的科学原理和工程技术，能把相关资源结合起来达到预定目标。同时要充分研究系统开发的整个环境，包括研究系统产生效能的环境、可能遭遇的环境和系统本身所处的环境等，并把系统与环境结合起来，创造性地提出有实际价值的工程系统。

（2）系统技术探索研究阶段（也称为预先研究阶段）。这一阶段的任务是把概念设计阶段提出的系统概念框架具体化为系统的结构，给出包括一级、二级子系统的系统结构，并对涉及的关键性技术进行研究和实验检验，保证提出的方案建立在关键技术已取得突破的基础上。

（3）系统开发阶段（也称为高级研究阶段）。这一阶段的任务是研究系统产生效能的过程和各个子系统之间的关系机理，包括信息、物质、时间及空间上的联系；研究系统协调的技术和协调方式等，并从资源分配的角度完善各项重大关键的技术等。

（4）工程开发研究阶段。这一阶段的任务是对有关工程实施中的重要因素进行研究和评估，从而做出是否转入工程发展阶段的决定。

系统工程方法论的逻辑程序提供了这样一种解决非程序化问题的途径：将许多程序化决策环节（子问题）组装起来构成解决总体问题的操作规程，或者反过来说，将总体为非程序化的决策问题分解为一系列程序化决策子问题，从而大大化解分析与解决问题的难度。从系统工程逻辑开发程序的 4 个阶段可知，系统工程解决复杂系统问题的核心就是寻找系统输出和系统输入的最佳关系，其系统逻辑开发程序拓扑如图 2-2 所示。

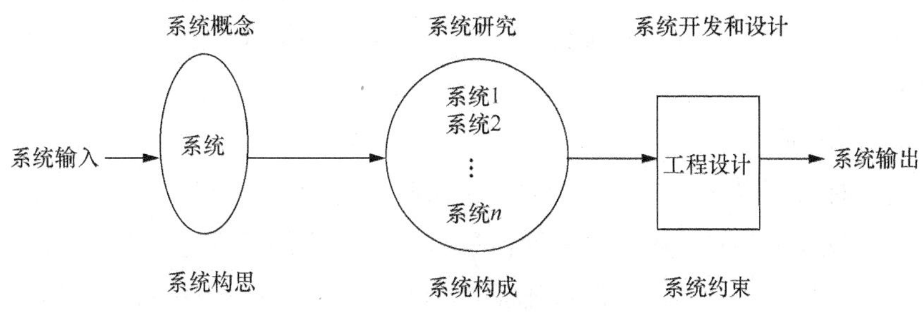

图 2-2　系统逻辑开发程序拓扑

由系统逻辑开发程序拓扑可知，系统构思、系统构成与系统约束的分析是系统工程应用的重要环节。不论是组建新系统还是改进现有系统，都必须认真分析系统的目标和功能、环境以及系统内部关系，做出正确的决策，使系统和环境相适应，系统内部相互协调，以保证实现系统整体功能和目标。系统分析就是完成此项任务的中心环节，在系统工程中的作用最重要。

系统工程依其逻辑开发程序展开的过程，既要结合实际问题以相应的思想原则做指导，又要选择运用恰当的科学方法、技术和手段。

2.2.3 系统工程的方法体系

系统工程的方法体系是在系统工程方法论展开过程中，将其思想体系的指导原则具体化，以便进行操作的各种方法。这些方法依其针对的问题可以分为若干类，如信息获取与处理方法、预测方法、问题发现与明确方法、计划与目标管理方法、评价方法、建模与仿真方法、系统综合方法、系统分析方法、最优化方法、人-机交互方法、成果（结果）表达方法等。每一类方法通常又包括几种、数十种甚至上百种子方法。

2.3 系统分析的基本内容

系统分析是从系统长远和总体最优出发，在选定系统目标和准则的基础上，分析构成系统的各个层次子系统的功能和相互关系，以及与系统外部环境之间的关系。系统分析从系统总体出发，使用科学的方法和工具，调查和研究要改进的现系统或准备创建的新系统的目标、功能、环境、费用效益等，并收集、分析和处理有关资料和数据，据此建立若干备用方案和必要的模型，进行模拟、仿真实验，比较和评价实验、分析、计算的各种结果，并预测系统的环境和发展，在若干选定的目标和准则下，为使系统整体效益最佳的决策提供理论和实验依据。系统分析的基本内容包括阐明问题、谋划方案、建立模型、评价与决策等。

2.3.1 阐明问题

阐明问题即系统工程的需求分析，或明确系统工程问题的性质，划定涉及范围。阐明问题包括系统目标分析、系统要素集分析、系统相关性和层次性分析、系统整体性分析和系统环境分析等。

1．系统目标分析

（1）系统目标分析的作用。系统的目标关系到系统的全局或全过程，其正确、合理与否将影响系统的发展方向和成败。在阐明问题阶段，无论是问题的提出者、决策者，还是系统分析人员，对目标的认识和理解多出于主观愿望，而少有客观依据。只有充分了解和明确系统应达到的目标，提出的主观目标更合理，才能避免盲目性，防止造成各种可能的错误、损失和浪费。因此，必须详细、周密地分析系统的目标，充分了解系统的要求，明确要达到的目标。

（2）系统目标的分类。通常，系统目标分为总体目标和分目标、战略目标和战术目标、近期目标和远期目标、单目标和多目标、主要目标和次要目标等。

总体目标集中反映整个系统的要求，通常是高度抽象和概括的，具有全局性和总体性特征。系统的全部活动都应围绕总体目标展开，系统的各组成部分都应服从于总目标的要求。分目标是总目标的具体分解，包括各子系统的子目标和系统在不同时间阶段的目标。战略目标是关系到系统全局性、长期性发展方向的目标，它规定系统发展变化要达到的总预期成果，指明了系统较长期的发展方向，使系统能够协调一致地朝着既定的目标展开活动。战术目标是战略目标的具体化和定量化，是实现战略目标的手段。战术目标的达成有利于实现战略目标，否则将制约和阻碍战略目标的实现。系统在不同发展时期有不同的情况和任务，应根据总目标制定不同发展阶段的目标，包括短期内要实现的近期目标和未来要达到的远期目标。

单目标是指系统要达到和实现的目标只有一个，具有目标明确单一、制约因素少、重点突出等特点。但在实际中，追求单一的目标往往具有很大的局限性和危害性。多目标是指系统同时存在两个或以上的目标，符合人的利益多面性的要求。考虑系统多目标要求是现代社会实践活动相互间联系日益密切的客观要求以及人的利益要求全面化、综合化的体现。在系统的多个目标中，有些目标相对重要，是具有重要地位和作用的主要目标；而另一些目标则相对次要，是对系统整体影响相对较小的次要目标。将系统目标区分为主要目标和次要目标，既是因为不可能同时有效地追求和实现所有的目标，也是为了避免出现由于过分重视次要目标，而忽视系统的主要目标及其实现等问题。

（3）确定系统目标的步骤。

① 明确系统的总体目标和总体要求是确定系统整体功能和任务的依据。在制定系统的总体目标时，要有全局、发展、战略的眼光，要考虑社会、经济、科学技术的发展给总体目标提出的新要求，要注意目标的合理性、现实性、可能性和经济性，不能脱离系统自身的状况和能力，不顾环境条件的制约而提出不切实际的目标，同时还应根据系统在不同时期的实际需要，分别制定近期目标和远期目标，充分估计可能产生的消极作用，考虑内部条件、外部环境的限制和约束。

② 建立系统的目标集。目标集是各级分目标和目标单元的集合，是逐级逐项落实总目标的结果。总目标一般是高度抽象或概括性的，缺乏具体与直观性，可操作性差，为此需要将总目标分解成各级分目标，直到具体直观为止，由此形成了目标树。目标树可以把系统的各级目标及其相互间的关系清晰直观地表示出来，从而可以根据目标树了解系统目标的体系结构，掌握系统问题的全貌，便于进一步明确问题和分析问题，有利于在总体目标下统一组织、规划和协调各分目标，优化系统的整体功能。

③ 分析目标手段。目标和手段是相对而言的。心理学的研究表明，人类解决问题的过程就是目标与手段的变换、分解与组合，以及从记忆中调用解决问题、实现子目标的手段的过程。目标与手段的关系结构如图 2-3 所示。

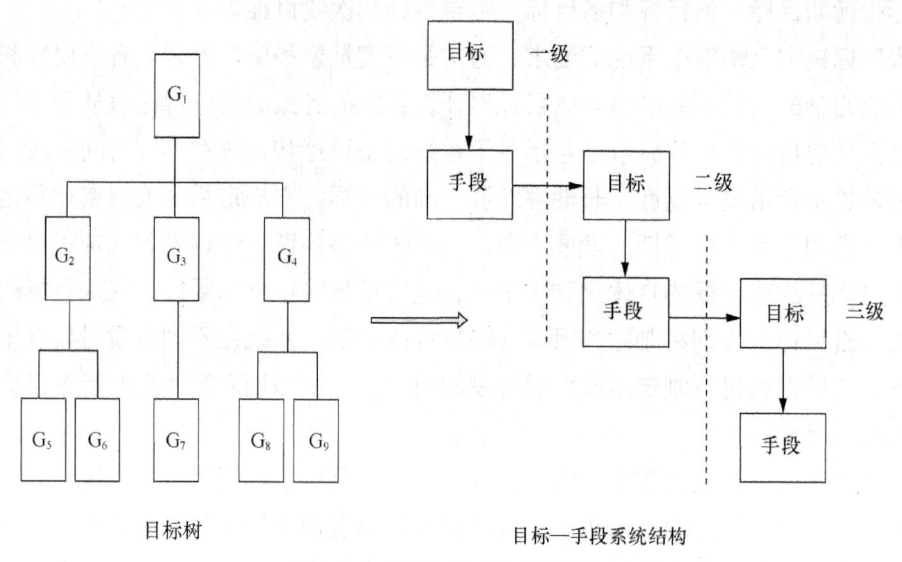

图 2-3 目标与手段的关系结构

（4）分析系统目标冲突。通常，系统目标冲突分为技术领域的目标冲突和社会性质的目标冲突两大类。技术领域的目标冲突无碍于社会，影响范围也是有限的。此时，对于两个相互冲突的目标，往往可以去掉一个目标，也可以设置或改变约束条件，或按实际情况限制某一目标，而使另一目标充分实现，由此来协调目标间的冲突关系。社会性质的目标冲突由于涉及了一些集团的利益，通常称为利益冲突。这类目标冲突不像技术领域目标冲突容易协调，在处理时应持慎重态度。

系统目标冲突还常常表现在不同层次的决策目标上，即基本目标、战略目标和管理目标之间的不协调。基本目标是系统存在的理由，战略目标是指导系统达到基本目标的长期方向，而管理目标则是把系统的战略目标变成具体的、可操作的形式，以便形成短期决策，其目标冲突反映了长期利益与短期利益之间的矛盾。因此，要有效实现系统的基本目标，就必须协调不同层次的目标冲突。

在实际的管理和决策问题中，产生目标冲突的原因往往是多个主体对系统的期望和利益要求不同。目标协调的根本任务是有效疏通和化解有关各方由于价值观、道德观、知识层次、经验和所依据的信息等方面存在的差别而造成的矛盾和冲突。经过调解得到的目标是有关各方均能接受的满意结果，并非绝对意义上的最优目标。协调目标常采用利益分配法和评定等级法。

2．系统要素集分析

为了实现系统目标，要求系统必须具备实现系统目标的特定功能，而系统的特定功能则由系统的一定结构来保证，而系统要素是构筑系统结构的基本单元。因此，系统必须有相应的要素集。系统要素集分析包括确定要素集和分析要素价值两项工作。确定要素集是在已定的目标树基础上，对照目标树采用“搜索”的方法，集思广益，找出对应的能够实现目标的实体部分（即为要素集）。分析要素价值是因为实现某一目标可能有多种要素，所以存在择优问题。要素择优的标准是在满足给定目标的前提下，使所选要素的构成成本最低，其方法主要为价值分析技术。

3．系统相关性和层次性分析

系统的属性不仅取决于它的组成要素的质量和水平，还取决于要素间应保持的关系，而这些关系因系统属性的不同而多种多样，并由此形成系统的相关关系集。确定系统要素，不能保证系统一定能达到目标要求，还需要进一步明确要素间的相关关系，即需要分析要素的相关性。

系统的层次性分析主要是针对大多数系统都具有层次性而进行的。系统层次的产生主要是由于为实现系统目标，系统必须使其功能具有“功能团”，以及功能团间的相互联合，从而形成某种层次结构形式。系统的层次性在一般技术系统、管理系统中表现得非常明显。系统层次性分析主要解决系统分层数目和各层规模的合理性问题，即解决层次的纵向和横向规模的合理性问题。合理性的判别标准是传递物质、能量和信息的效率、质量和费用，同时要便于控制。一般对技术系统应主要注意能量和信息传递的效率、质量和费用；对组织管理系统应主要看信息传递的效率和质量；对任何系统都应以便于控制为标准。

4．系统整体性分析

系统整体性分析是系统结构分析的核心，更是解决系统整体协调和优化的基础。系统要素集、关系集、层次性分析只是在某种程度上研究了系统的一个侧面，它们各自的合理性或优化还不足以说明整体的性质。整体性分析是综合要素集、关系集、层次性分析结果，以整体最优为目的的协调，也就是使要素集、关系集、层次分布达到最优结合，并取得系统整体的最优输出。构成系统结构的要素集、关系集、层次分布都有允许的变动范围，在对应于给定目标的要求下，它们都将有多种结合方案，可通过系统整体优化取得整体的最优输出。

系统整体性分析主要有两项内容：一是为了衡量和分析系统的整体结合效果，建立一个评价指标体系，规定其评价指标的最低标准；二是尽量建立反映系统整体性的要素集、关系集、层次分布的结合模型，以定量分析系统整体结构的合理性和最优输出，如调整和改善系统结构中的不合理部分或薄弱环节，使系统整体协调运行，获得满意的输出效果。

5．系统环境分析

系统环境分析包括系统环境的概念、系统环境因素的分类、环境因素的确定与评价等内容。

（1）系统环境的概念。系统与环境相互依存，相互作用。系统要素是有限的，作为一个有限的存在，都有其外界或环境。系统环境通常是指存在于系统外的物质的、能量的、信息的相关因素的总称。对所研究的系统能产生作用或影响，但不属于系统因素的，可划归为系统环境因素。系统环境因素的属性和状态变化一般通过输入使系统发生变化；反之，系统本身的活动通过输出也会影响环境相关因素的属性或状态的变化。因为系统与环境是依据时间、空间、所研究问题的范围和目标划分的，故系统与环境是个相对的概念。

（2）系统环境因素的分类。从系统论的观点出发，环境因素划分为自然环境、科学技术环境、社会经济环境和人的因素四大类：自然环境包括地理位置、地形地貌、水文、地质、地震、气象、矿产资源、河流、湖泊、山脉、动植物、生态环境等；科学技术环境包括科研水平与成果、教育水平、机构及设施、现存系统、技术标准、科技进步与发展等；社会经济环境包括外部有关的组织机构、政策、政府作用、法规、人口、市场、价格、税收、资金等；人的因素包括人的主观偏好、文化素质、道德水准、社会经验、能力、生理和心理上的局限性等。

（3）环境因素的确定与评价。确定环境因素就是根据实际系统的特点，考察环境与系统之间的相互影响和作用，找出对系统有重要影响的环境要素的集合，即划定系统与环境的边界。评价环境因素，就是通过分析有关的环境因素，区分有利和不利的环境因素，弄清环境因素对系统的影响、作用方向和后果等。

在现实中，为了确定环境因素，必须分析系统，按系统构成要素或子系统的种类和特征，寻找与之关联的环境要素。也可先凭直观判断和经验，确定一个边界，通常这一边界位于研究者或管理者认为对系统不再有影响的地方。随着对问题的逐步深入认识和了解，再修正前面划定的边界。不存在理论上的边界判别准则，边界也不能用自然的、组织的等类似的界线来代替。

确定与评价环境因素，一方面，应注意适当取舍，将与系统联系密切、影响较大的因素列入系统的环境范围，确定的环境因素既不能太多，又不能过少，太多会使分析研究过于复杂，且容易掩盖主要环境因素的影响，太少则客观性差；另一方面，对所考虑的环境因素，要分清主次，分析要有重点，不能孤立地、静止地考察环境因素，必须明确地认识到环境是一个动态发展变化的有机整体，应以动态的观点来探讨环境对系统的影响与后果。此外，尤其要重视某些间接、隐蔽、不易察觉的，但可能对系统有重要影响的环境因素。对于环境中的人，其行为特征、主观偏好以及各类随机因素都应有所考察。

2.3.2 谋划方案

当实现系统目标有多种方案时，应汇总方案，评价决策，选出最佳方案。通常，制定方案的原则包括以下几个方面。

（1）目的性。方案应服从于目标。

（2）可行性。方案应满足客观约束条件。

（3）详尽性。方案应是多样的，应把所有备选方案列举出来。

（4）排斥性。方案之间应该是相互排斥的，不允许某一方案包含在另一方案之中。

（5）可比性。方案之间应是可以比较的，并有明确的比较指标。

制定方案的常用方法包括目标—手段考察法、形态结构分析法、会议法等。

2.3.3 建立模型

通常，系统模型是采用某种特定的形式（如文字、符号、图表、实物、数学公式等）描述系统某一方面的本质属性，提供有关系统的知识。系统模型一般不是系统对象本身，而是现实系统的描述、模仿或抽象。系统模型只是系统某一方面本质特性的描述，本质属性的选取完全取决于系统工程研究目的。

1．使用系统模型的出发点

（1）系统开发的需要。在开发一个新系统时，由于尚未建立实际系统，所以只能构造系统模型来预测系统的性能，以分析、优化和评价系统。

（2）经济考虑。对大型复杂系统直接进行实验的成本是十分高的，采用系统模型就便宜多了。

（3）安全考虑。有些系统直接进行实验非常危险，而且有时根本不允许。

（4）时间考虑。社会、经济、生态等系统的惯性大，反应周期长，使用系统模型进行分析、评价，很快能得到结果，而且容易操作系统模型，易于理解分析结果。

2．系统模型的分类

（1）实体模型，其也称为现实模型。当系统较小、易得、廉价、安全时，可以把系统本身作为模型直接加以研究。

（2）物理模型。物理模型是模拟物理对象的较小或更大的复制品，包括比例模型和相似模型。相似模型是利用相似性原理，找出另一种具有相同或相似特征的系统作为所研究系统的模型。

（3）数学模型。用数学原理或方法描述系统要素或变量之间相互作用和因果关系的模型称为数学模型。按所采用的数学方法不同，可将其分为网络模型、图表模型、逻辑模型和解析模型。

（4）文字模型。文字模型界于物理模型与数学模型之间，是一种用文字、图片表述物理模型特征的模型。

不同的系统模型具有不同的属性特征，系统模型的分类与特征比较如图 2-4 所示。

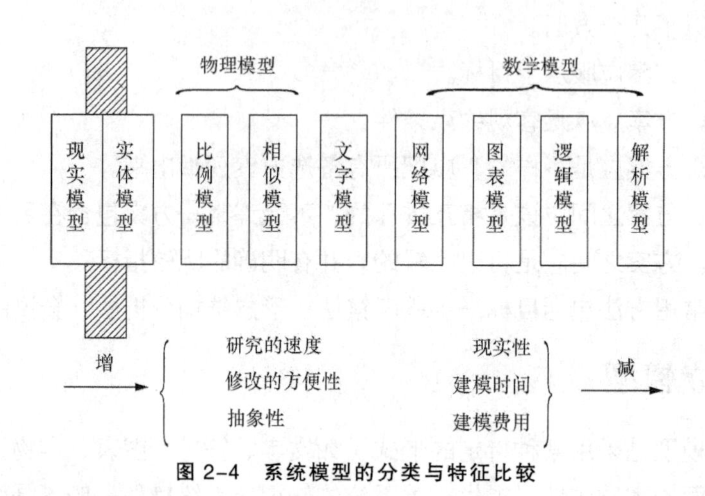

图 2-4 系统模型的分类与特征比较

2.3.4 评价与决策

评价是对各方案实现系统目标的优劣程度的判定。评价是一项技术性工作，由与系统有关的各学科、各方面的专家来完成，是决策的前提和依据。决策是根据评价结果从众多方案中选出最佳的方案。决策是由领导者完成的，决策是评价的目的。

评价的前提是目标分析，尤其是指标的数量化、统一化、有序化、一致化。例如，对于没有明确数量表示的指标，包括美观度、舒适度、方便度等给出数量表示；对于不统一量纲的指标统一量纲；对不同重要程度的指标确定各自的权重。在评价方法方面，对于能够用精确的数学表达式表达优劣的指标可直接评价，对于无法直接表述的数量化指标，可采用专家经验打分法等方法。

2.4 系统工程方法论建立的原则

系统工程的实质是新的科学方法论，是工程与思想方法的统一，也为现代科学技术发展和社会实践开辟了新思路。它打破了各门科学之间的界限，沟通了它们之间的联系，摆脱了传统方法的束缚，为解决系统协调发展找到了最佳途径。系统工程处理具体问题时应该遵循 3 个原则，即整体性、综合性和最优化原则。

1．整体性原则

整体性原则就是把被研究的系统当作一个整体看待，全面、辩证地看问题。系统各部分组成系统后形成了系统的总体功能，系统的总体功能要大于各部分功能的总和，这不仅是一种量变，而且是一种质变。此外，还要有时间上的整体观念，要看系统的生命周期，不能只顾当前，忽视长远，因此看问题要有整体、全局、长远的观点。

2．综合性原则

任何系统都可看成是多元素的有机综合体，具有多重属性。在确定系统目标时，应综合多个目标。研究任何系统，都应采用多学科高度综合的方法，从系统的成分、结构、功能、相互联系方式、历史发展和外部环境等多方面综合考察。任何措施、方案，对自然、社会都会有不同影响，故还应比较多个方案和综合多方效益。现代科学技术发展的趋势是“系统综合型”，系统工程本身也正是综合了许多学科而建立起来的。

3．最优化原则

处理系统问题时，应尽可能做到准确、严密、按科学规律办事。这就要求有严格的工作步骤和程序。处理系统问题时，还应该尽可能定量分析，以更准确地认识事物的本质。这就需要借助数学方法，建立系统优化模型，然后在计算机上进行系统仿真，分析系统的运行及结果，选择和控制系统某些方面，使系统达到总体最优。

2.5 典型的系统工程方法论

目前，系统工程学术界认可的系统工程方法论为霍尔三维结构方法论和切克兰德软系统方法论。

2.5.1 霍尔三维结构方法论

霍尔三维结构是美国系统工程专家霍尔于 1969 年提出的一种系统工程方法论。霍尔三维结构将系统工程的整个活动过程分为前后紧密衔接的 7 个阶段和 7 个步骤，还考虑了为完成这些阶段和步骤需要的各种专业知识和技能。这样就形成了由时间维、逻辑维和知识维组成的三维空间结构，即霍尔三维结构模型，如图 2-5 所示。

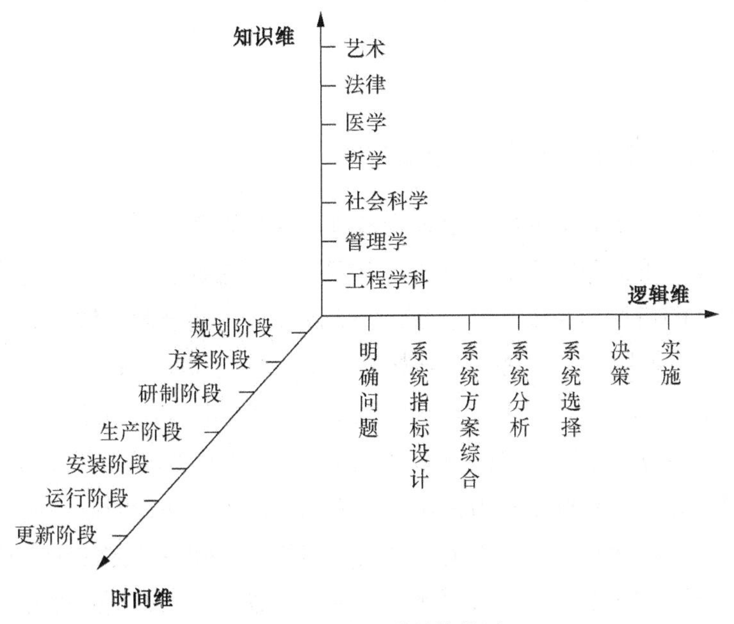

图 2-5　霍尔三维结构模型

时间维表示系统工程活动从开始到结束按时间顺序排列的全过程，分为规划阶段（调研、工作程序设计阶段）、方案阶段（具体计划阶段）、研制阶段（系统开发）、生产阶段、安装阶段、运行阶段和更新阶段 7 个阶段。逻辑维是指时间维每一个阶段确定工作内容的思维程序，包括明确问题、系统指标设计、系统方案综合、系统分析、系统选择、决策和实施 7 个逻辑步骤。

（1）明确问题。通过系统调查尽量全面地搜集有关资料和数据，把问题讲清楚。

（2）系统指标设计。选择具体的评价系统功能的指标，以利于衡量所供选择的系统方案。

（3）系统方案综合。主要是按照问题的性质和总的功能要求，形成一组可供选择的系统方案。在方案设计中，要明确系统的结构和相应参数。

（4）系统分析。分析系统方案的性能、特点，评价实现预定任务的程度，确定目标体系上的优劣次序。

（5）系统选择。在一定的约束条件下，从各入选方案中选出最佳方案。

（6）决策。在分析、评价和优化的基础上，做出裁决并选定行动方案。

（7）实施。根据最后选定的方案将系统付诸实施。

知识维列举需要运用的工程学科、管理学、社会科学、哲学、医学、法律、艺术等各方面的知识和技能。

三维结构体系形象地描述了系统工程研究的框架，其中的每一阶段和步骤又可进一步展开，形成分层次的树状体系。把 7 个时间阶段和 7 个逻辑步骤结合起来形成霍尔矩阵，矩阵中的每一个元素代表时间维的某阶段和逻辑维的某一步骤对应的一项具体活动。霍尔矩阵中的各项活动相互影响、紧密相关，要从整体上达到最优效果，必须反复执行和调整各个阶段的多个步骤。

2.5.2 切克兰德软系统方法论

扩展以大型工程技术问题的组织管理为基础产生的硬系统方法论的应用领域后，特别是在处理存在利益、价值观等方面差异的社会问题时，遇到了难以克服的障碍：人们对与要解决的问题有关的目标和决策标准（决策选择的指标），甚至对要解决的问题本身是什么都有不同的理解，因为这些问题是非结构化的。对于这类问题，或更确切地称为议题（Issue），首先需要不同观点的人们，通过相互交流，就问题本身达成共识。

1981 年，英国学者切克兰德创立了软系统方法论（Soft Systems Methodology，SSM）。软系统方法论是在霍尔的系统工程方法论（后人与软系统方法论对比，称为硬系统方法论（Hard Systems Methodology，HSM）的基础上提出的。与硬系统方法论的核心是优化过程（解决问题方案的优化）相比较，切克兰德称软系统方法论的核心是一个学习过程。切克兰德画了一个 7 步骤的流程，作为讲解软系统方法论原则的工具，如图 2-6 所示。

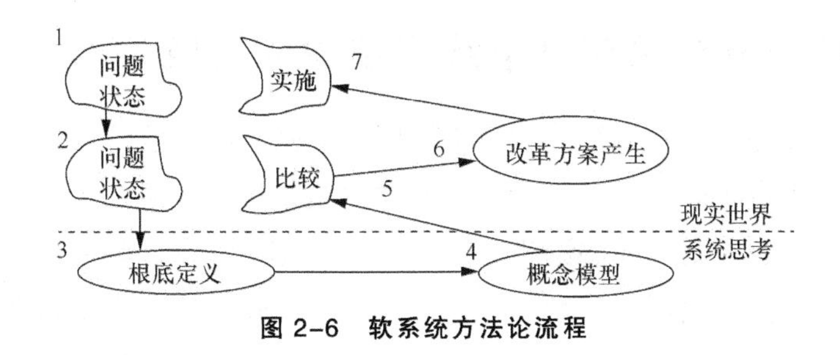

图 2-6　软系统方法论流程

该流程表现了一个连续的学习过程，行动研究者可以从其中任何位置开始，向任何方向移动。

步骤 1：等问题情景出现时，人们会感到不舒服。他们逐渐了解这种情景，并抱有一种做出改进的主观愿望。

步骤 2：对问题情景进行了表达，这个过程试图避免将问题结构化，中断原初思考，从而形成学习障碍。按照切克兰德的观点，使用系统基本模型就是为思想设定结构，使学习过程失去创造性。他提倡以详细的描述作为一种恰当的表达方式。这些都是动画类型的介绍，使人们能够表达自己的体会，而且像动画那样，强调的重点都是他们头脑中最突出的东西。步骤 2 是对现实世界进行系统思考。

步骤 3：确立相关系统的源定义。世界观说明了支撑人类活动系统的本质意义，而源定义正是围绕世界观建立起来的。然后是对变革过程的概念化。环境约束因素也被考虑在内。源定义的建立包含用户、行动者、变革过程、世界观、所有者和环境约束等因素。

从步骤 2 过渡到步骤 3，是通过指定一些可能的人类活动系统实现的。这些系统有助于了解问题情景，可引发辩论，引导采取改进问题情景的行动。人们为追求某个特定目标需要进行某些活动，人类活动系统就是关于这些活动的系统模型。

步骤 4：拟定概念模型，从而详细解释源定义。在描述人类活动系统的行为时，最低限度要用到一些动词（行动的概念），而概念模型是这样的一系列动词。这里，人类活动系统是播种于一个相关系统，然后在源定义中成长起来的。这些动词经过系统排序，以形成环路来描述人类活动系统的互动。这里可以使用系统动力学，系统思考现实世界之后得到概念模型。

步骤 5：概念模型被拿到现实世界，与步骤 2 中的问题情景比较，然后产生辩论，通过辩论可以质疑概念模型中的世界观，从而理解这些世界观的推断。概念模型还能用来提示可能的改造方案。

步骤 6：通过下述两种方式考虑改造方案。一是在系统模型中，人类活动系统的合意性被提出来讨论。二是在问题情景、各种意见的背景下，研究可行性的问题。在执行软系统方法论过程中会暴露出相对的观点和利益。

步骤 7：在对立方之间寻求可能的妥协。切克兰德软系统方法论寻求的是妥协。因为在将改造方案付诸实施后，又会产生新的问题情景，所以软系统方法论的过程还会继续下去。

2.5.3 软系统方法论与硬系统方法论的比较

硬系统方法论关注的是问题解决的决策阶段，而软系统方法论关注的是问题（议题）的认识阶段，关注重点不同。对于结构化问题的决策，虽然也可以用软系统方法论中的某些步骤考虑，但远没有硬系统方法论阐述得清楚、确切、明白、完整。鉴于人类对复杂问题的处理是一个从认识到决策逐步发展的过程，因此，软系统方法论和硬系统方法论在复杂系统问题的解决过程中具有前后相继关系。

软系统方法论虽然比硬系统方法论处理的问题更广泛、逻辑步骤更完整，但它仍未包括系统问题的发现和形成阶段；而在许多情况下，特别是复杂的社会系统中，问题的发现和形成有时比问题的解决更重要。因为前者更需要远见卓识和开拓精神，需要的是更广泛意义上的系统思考。软、硬系统方法论的应用场景如图 2-7 所示。

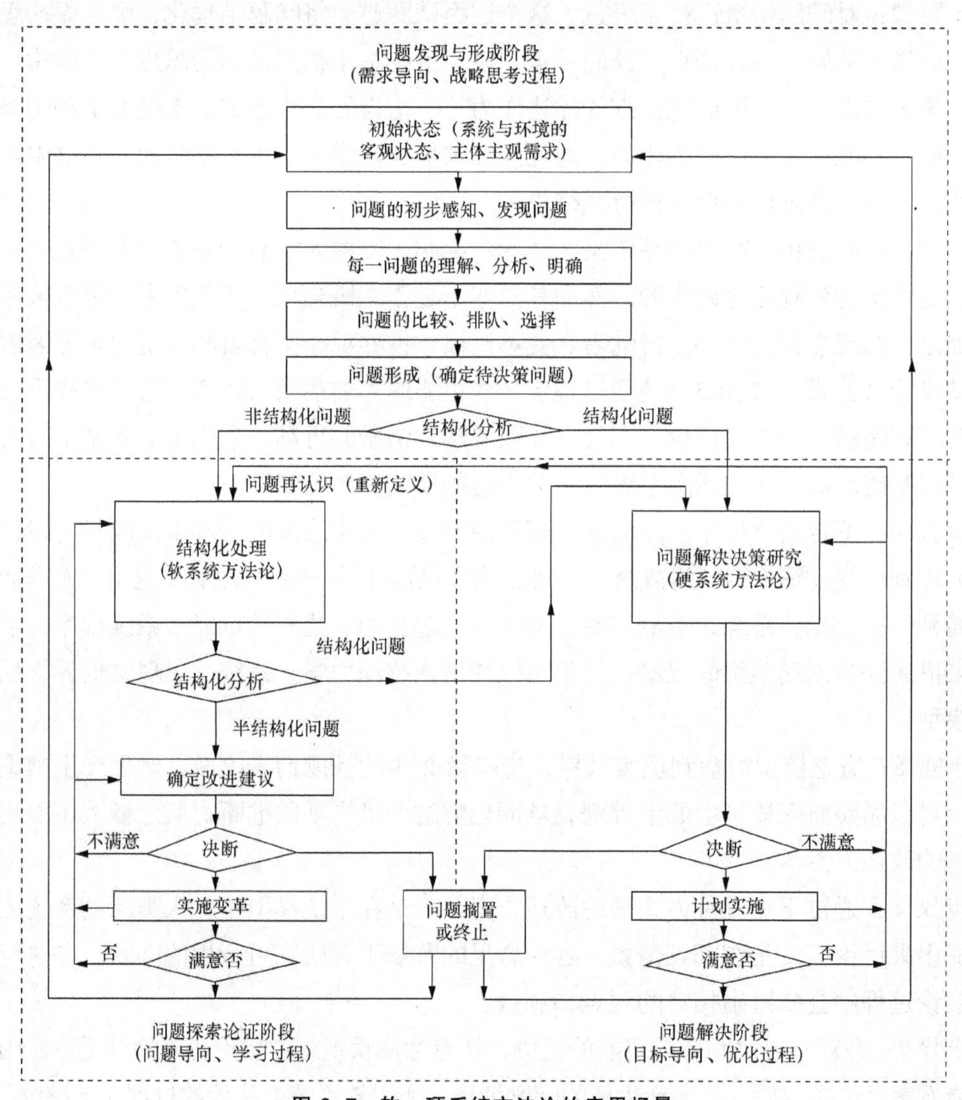

图 2-7 软、硬系统方法论的应用场景

2.6 系统工程方法论的应用案例

系统工程方法论的应用十分广泛，本节主要介绍互联网电子商务和中国保险营销系统的三维结构模型。

2.6.1 互联网电子商务三维结构模型

互联网是近年来经济发展的最大推动力，电子商务则是互联网的深化和应用。电子商务作为一种崭新的商务运作模式，将给人类带来一次史无前例的产业革命。电子商务不仅涉及技术问题，还涉及企业的信息、过程管理以及环境支持问题。这 3 个方面的内容构成了电子商务三维结构模型。电子商务三维结构模型阐述了一个成功的电子商务企业应具备的基本要素，以指导电子商务企业的建设。电子商务三维结构模型如图 2-8 所示。

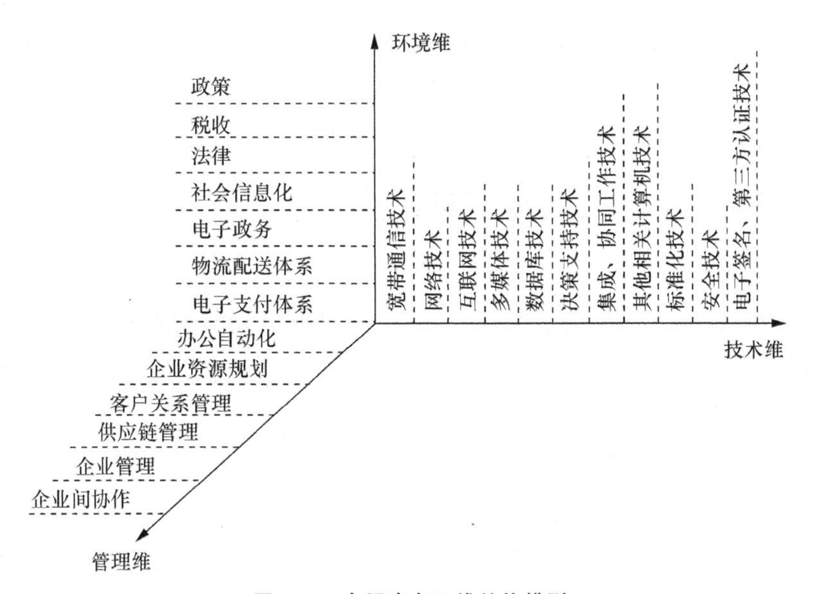

图 2–8 电子商务三维结构模型

在电子商务三维结构模型中，“技术维”构成了电子商务企业的技术基础，是实施电子商务活动的基本条件：宽带通信技术、网络技术和互联网技术使网上商务成为可能；安全技术和电子签名、第三方认证技术是保障网上交易安全的必备条件多媒体技术进一步完善了网上购物环境；数据库技术、数据仓库、数据挖掘和联机分析技术等决策支持技术使以客户为中心的电子商务企业满足客户需求，提高企业决策和快速反应能力成为可能。集成技术、协同工作技术和标准化技术的应用将进一步改善企业的工作流程，增强企业间的协作能力，保障信息流动畅通无阻。

在“技术维”的支持下实施的电子商务信息化管理功能构成了“管理维”。办公自动化、企业资源规划、客户关系管理和供应链管理构成了企业内部的信息化管理基础。通过计算机协同工作技术实现企业间信息共享和信息循环流动，并最终实现基于工作流的完整供应链管理体系。为充分利用企业的信息化管理能力，提高企业的整体水平和竞争能力，必然要求同步实施和强化企业管理能力。这就需要不断地对原有的业务流程进行根本性的思考和彻底的业务流程重组，从而使成本、质量、服务和速度这些反映企业竞争能力的要素得以明显改善和提高，适应市场竞争的需求。企业为了保证持续的竞争优势，企业管理必须重视信息管理和以此为基础的知识管理。

电子商务企业的成功仅有企业的内部信息化管理和改变管理理念是不够的，还需要外部环境的支持。电子商务不仅涉及信息技术领域，还涉及政策、税收、法律等领域，以及全社会的经济活动信息化程度等外部环境。这一切构成了“环境维”的内容。

随着企业间协作的进一步深入、企业资源的优化和共享、企业运营效率和服务质量的提高，第三方物流配送体系必将进一步发展，这也体现了社会化分工的发展趋势。安全、可靠、快速的电子支付体系在电子商务中同样起着重要的作用。物流配送体系和电子支付体系实现了电子商务交易过程中的物流和资金流在信息流控制下的自动化管理。电子政务的建立和社会信息化程度的提高，以及法律制度和税收政策的完善，将为电子商务企业的公平竞争和电子商务高效、持续、发展打下扎实的基础。

2.6.2 中国保险营销系统三维结构模型

1．问题研究的背景

随着 WTO（World Trade Organization，世界贸易组织）进程的深入，我国保险企业面临越来越多的内忧外患，不够丰富的保险产品、有限的竞争手段和创新能力，特别是比较落后的营销理念和营销战略,使我国大部分保险企业在目前的竞争大势下处于不利的地位。如何能够长久、有效地塑造和增强保险企业的竞争实力，是当务之急。纵观国外成功的保险企业，其核心的竞争力主要在于先进的“服务营销理念”和丰富的“营销手段”，更值得借鉴的是大部分国外的保险公司已经形成综合的保险营销战略系统。这与我国目前零散、有限、落后的保险营销手段形成了鲜明的对比。为了尽快提高我国保险行业的综合竞争力，在一些政策和制度层面的问题尚无法解决的情况下，磨砺营销利剑，练好我国保险企业的内功，能够迅速提高保险企业的实力。因此，从保险营销入手，根据有关保险营销理论和成果，立足于保险营销系统的综合环境，使保险营销系统化和规范化，借助霍尔三维结构的基本理念和结构，构建完整的保险营销系统尤为重要。

2．保险营销系统三维结构模型

在保险行业和市场各环境要素的影响下，保险营销必须既要兼顾环境因素，又要协调内部因素，并且使内部因素与环境因素的作用相一致。因此，本书构筑的保险营销系统旨在立足于保险营销的各种影响因素，并在厘清其关系的基础上，搭建保险营销系统的基本构架。

成功的保险营销主要依靠全面的环境分析，明确的市场细分、定位、选择策略以及各种与特定市场相关的营销手段。概括起来，保险营销的要素可以分为以下三大类。

（1）资源类，包括内外部媒介、人力资源、营销渠道、资金、信息以及综合环境因素。

（2）策略类，包括产品策略、定价策略、渠道策略、促销策略和沟通策略等。

（3）时机类，主要是指实施保险营销策略的恰当时机，根据保险产品的特点，此处的时机主要是指保险产品的生命周期。

上述 3 类要素不是各自独立的，它们之间有着密切的关系。概括来讲，任何策略都离不开特定的资源，而每种资源都需要一定的营销策略来挖掘并发挥其潜力和利用价值，而应用相应资源实施特定策略成功与否则取决于是否在适当的阶段和时机推出、推出的步骤是否科学。3 类要素之间正好构成了互相作用、互为选择依据的关系。这与霍尔三维结构的内涵虽有些区别，但从总体来看不谋而合，每个维度都由若干个子系统构成，子系统的核心是保险营销系统各维度的要素，根据要素的重要程度排列。

（1）资源维横向保险营销系统。根据系统论的划分方法，按市场营销方对保险营销系统的资源维进行横向划分，资源维的子系统包括人员子系统、广告子系统、公关子系统、激励子系统和宣传子系统。

发挥各种保险营销资源作用的实质是与客户进行信息沟通。保险公司通过各种手段将有关保险产品的各种信息传递给消费者，促使其产生投保欲望，增加投保的兴趣，并促使其做出投保决策的一系列活动，就是充分发挥媒介、人员、资金、渠道等保险营销资源的作用和潜质。信息能否按信息发送者的意图传送、能否被信息接收者正确理解和接受，关键在于对目标消费者的了解和信息沟通途径的选择。首先，对目标消费者的研究，可以推断他们较为看重的信息，从而向其传递对其具有吸引力的信息。其次，选择信息沟通的途径，可以保证信息能够传递给目标消费者，以避免浪费信息资源。人员促销、广告促销、公关促销、激励促销和宣传促销的方法就是这样一个信息沟通的过程。

（2）策略维纵向保险营销系统。按照策略维度，保险营销系统可划分为商品策略、价格策略和渠道策略等子系统。

（3）时机维保险营销系统。保险营销的时机维子系统主要是指不同营销策略实施的合理时间节点。保险产品推向市场的阶段不同，其采取的营销策略也应该相异，而把握保险产品的发展规律，最值得借鉴的是产品的生命周期理论。根据保险产品的生命周期来实施相应的营销策略是比较明智的。因此，时机维保险营销子系统也就是保险产品的不同生命周期阶段。按照保险产品的生命周期，投入期的营销策略可选择双高策略、双低策略、高促销低服务策略以及低促销高服务策略；成长期的营销策略可选择信誉致胜的策略、服务致胜的策略和形象制胜的策略；成熟期的营销策略可选择开发新的保险市场、改进保险商品、争夺竞争对手的客户 3 种。衰退期的营销策略可选择收缩策略、放弃策略等。

思考与练习题

1. 为什么说分析、评价与综合是系统工程的基本方法？
2. 举例说明应用系统工程时间开发程序和逻辑开发程序的途径。
3. 为什么说分解与协调思想是系统工程的核心？
4. 论述系统分析的作用和特点。
5. 论述外部环境分析的作用。
6. 应用霍尔三维结构方法论分析一个实际问题。
7. 应用软系统方法论解决一个实际问题。

CHAPTER3

第3章 系统结构模型

系统结构模型

系统是以一定的结构形式存在的。系统结构化模型是人们认识系统、分析系统的重要途径。

3.1　系统结构模型概述

系统结构模型（System Structure Model）是定性描述系统构成要素及其之间存在的本质上相互依赖、相互制约和关联情况的模型。系统结构模型化则是建立系统结构模型的过程，通常采用有向图和矩阵等相互对应的方式来描述。有向图的方式比较直观，易于理解；矩阵形式便于逻辑运算和对系统结构进行分析和处理，易于实现复杂系统结构的模型化。

3.1.1　系统结构的有向图表示

系统结构的有向图（Directed Graph）是指应用由节点和弧构成的有向图来描述系统各要素之间的关系，其节点表示要素，弧表示要素之间的二元关系。这种关系根据系统的不同可理解为“影响”“先于”“需要”“取决于”“导致”等含义。人口成长系统结构的有向图如图 3-1 所示。

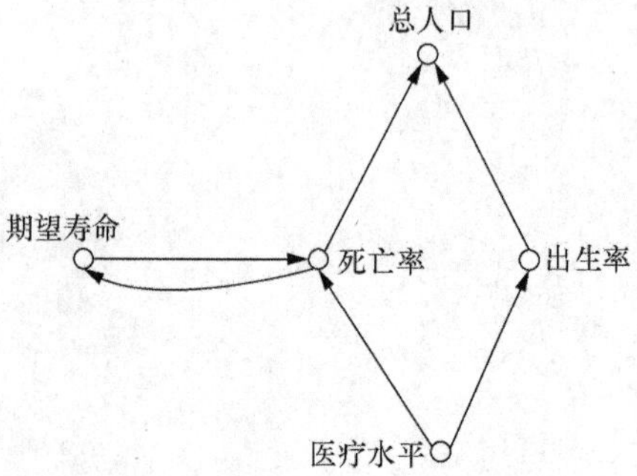

图 3-1　人口成长系统结构的有向图

3.1.2　系统结构的矩阵表示

1．邻接矩阵（Adjaecy Matrix）

对于有 n 个要素 $(P_1,P_2,\cdots,P_n)$ 的系统，定义邻接矩阵为 $A=[a_{ij}]$。

$$a_{ij}=\begin{cases}1, & p_i\text{对}\ p_j\text{有影响}\quad i,j=1,2,\cdots,n;\ i\neq j\\ 0, & \text{其他}\end{cases}$$

邻接矩阵与有向图间有一一对应的关系，即根据邻接矩阵可画出唯一的有向图；反之，根据有向图可写出唯一的邻接矩阵。例如，图 3-2 所示的有向图的邻接矩阵 A 可表示为

$$A=\begin{array}{c}\\1\\2\\3\\4\\5\end{array}\begin{array}{c}\begin{array}{ccccc}1&2&3&4&5\end{array}\\\begin{bmatrix}0&1&0&0&0\\0&0&1&0&0\\0&0&0&1&0\\0&0&0&0&0\\0&0&1&0&0\end{bmatrix}\end{array}$$

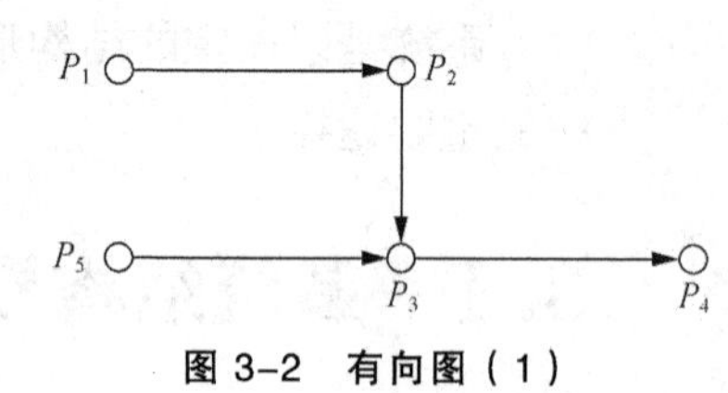

图 3-2　有向图（1）

图 3-3 所示的有向图的邻接矩阵 A 可表示为

$$A=\begin{bmatrix}0&0&0&0&0&0\\0&0&1&0&0&0\\1&1&0&0&0&0\\0&0&1&0&1&1\\1&0&0&0&0&0\\1&0&0&0&0&0\end{bmatrix}$$

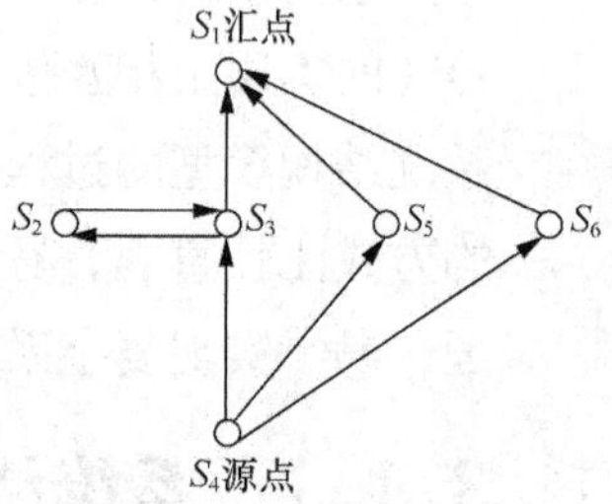

图 3-3　有向图（2）

其中，矩阵 A 中全为 0 的行对应的节点（没有线段离开该点）称作汇点，即系统的输出要素，如图 3-3 中的节点 S_1；矩阵 A 中全为 0 的列对应的节点（没有线段进入该点）称作源点，即系统的输入要素，如图 3-3 中的节点 S_4；对应于每个节点的行中，1 的数目就是离开该点的线段数，对应于每个节点的列中，1 的数目就是进入该点的线段数。

2．可达矩阵

可达矩阵（Accessibility Matrix）就是表示有向图中各节点间经长度不大于 $n-1$ 通路的可达情况的方阵。对于节点数为 n 的图，最长的通路不能超过 $n-1$。矩阵 A 和矩阵 M 的元素均为 0 或 1，是 n 阶方阵，且符合布尔运算法则，即 0+0=0，1+1=1，1+0=0+1=1，0×0=0，1×1=1，1×0=0×1=0。若在上述矩阵 A 上加一个单位矩阵 I，即得 $A+I$。它描述了各点间经长度为 0 和 1（不大于 1）的通路后的可达情况。$(A+I)^2$ 则描述了各点间经长度不大于 2 的通路的可达情况，以此类推。通过计算邻接矩阵 A，可以得到可达矩阵 M，计算公式为

$$(A+I)^{r-2} \neq (A+I)^{r-1} = (A+I)^{r} = M(r \leqslant n-1)$$

其中，I 为与 A 同阶的单位矩阵。

根据图 3-3，有

$$
\begin{aligned}
A_1 &= A+I \\
&= \begin{bmatrix} 0&0&0&0&0&0 \\ 0&0&1&0&0&0 \\ 1&1&0&0&0&0 \\ 0&0&1&0&1&1 \\ 1&0&0&0&0&0 \\ 1&0&0&0&0&0 \end{bmatrix} + \begin{bmatrix} 1&0&0&0&0&0 \\ 0&1&0&0&0&0 \\ 0&0&1&0&0&0 \\ 0&0&0&1&0&0 \\ 0&0&0&0&1&0 \\ 0&0&0&0&0&1 \end{bmatrix} = \begin{bmatrix} 1&0&0&0&0&0 \\ 0&1&1&0&0&0 \\ 1&1&1&0&0&0 \\ 0&0&1&1&1&1 \\ 1&0&0&0&1&0 \\ 1&0&0&0&0&1 \end{bmatrix}
\end{aligned}
$$

A_1 描述了各节点经过长度不大于 1 通路后的可达程度。

$$
\begin{aligned}
A_2 &= (A+I)^2 \\
&= \begin{bmatrix} 1&0&0&0&0&0 \\ 0&1&1&0&0&0 \\ 1&1&1&0&0&0 \\ 0&0&1&1&1&1 \\ 1&0&0&0&1&0 \\ 1&0&0&0&0&1 \end{bmatrix} \begin{bmatrix} 1&0&0&0&0&0 \\ 0&1&1&0&0&0 \\ 1&1&1&0&0&0 \\ 0&0&1&1&1&1 \\ 1&0&0&0&1&0 \\ 1&0&0&0&0&1 \end{bmatrix} = \begin{bmatrix} 1&0&0&0&0&0 \\ 1&1&1&0&0&0 \\ 1&1&1&0&0&0 \\ 1&1&1&1&1&1 \\ 1&0&0&0&1&0 \\ 1&0&0&0&0&1 \end{bmatrix}
\end{aligned}
$$

A_2 描述了各节点经过长度不大于 2 通路后的可达程度。

$$
\begin{aligned}
A_3 &= (A+I)^3 \\
&= \begin{bmatrix} 1&0&0&0&0&0 \\ 1&1&1&0&0&0 \\ 1&1&1&0&0&0 \\ 1&1&1&1&1&1 \\ 1&0&0&0&1&0 \\ 1&0&0&0&0&1 \end{bmatrix} \begin{bmatrix} 1&0&0&0&0&0 \\ 0&1&1&0&0&0 \\ 1&1&1&0&0&0 \\ 0&0&1&1&1&1 \\ 1&0&0&0&1&0 \\ 1&0&0&0&0&1 \end{bmatrix} = \begin{bmatrix} 1&0&0&0&0&0 \\ 1&1&1&0&0&0 \\ 1&1&1&0&0&0 \\ 1&1&1&1&1&1 \\ 1&0&0&0&1&0 \\ 1&0&0&0&0&1 \end{bmatrix}
\end{aligned}
$$

由于 $A_3=A_2$，所以得到可达矩阵为 $M=A_3$。

3．缩减矩阵（Reduced Matrix）

当可达矩阵中，两个节点对应的行、列元素值完全相同时，说明这两个节点构成回路。此时，只要保留其中一个节点即可代表回路中的其他节点，就可得到可达矩阵 M 的缩减矩

阵 M'。上述可达矩阵 M 的缩减矩阵为

$$M' = \begin{bmatrix} 1 & 0 & 0 & 0 & 0 & 0 \\ 1 & 1 & 1 & 0 & 0 & 0 \\ 1 & 1 & 1 & 1 & 1 & 1 \\ 1 & 0 & 0 & 0 & 1 & 0 \\ 1 & 0 & 0 & 0 & 0 & 1 \end{bmatrix}$$

4．骨架矩阵（Skeleton Matrix）

对于给定的系统，邻接矩阵的可达矩阵是唯一的，但实现这一可达矩阵的邻接矩阵是可以有多个的。把实现这一可达矩阵、具有最小二元关系数（元素 1 的数量最少）的邻接矩阵叫作骨架矩阵，记作 M''。

3.2 解释结构模型法

解释结构模型法（Interpretative Structural Modeling，ISM）是美国 J.N.华费尔特教授于 1973 年分析复杂的社会经济系统有关问题时开发的一种方法。解释结构模型法的特点是提取系统的构成要素，借助有向图等工具处理要素及其相互间的关系，最后用文字解释说明，将复杂的系统分解为若干个子系统，最终将系统构造成一个多级递阶的结构模型。

3.2.1 解释结构模型法的工作程序

实施 ISM 技术：首先搜集和整理问题的构成要素，分析要素间存在的二元关系（如因果关系），实现以上模型的具体化，然后根据要素间关系的传递性，通过邻接矩阵的计算或逻辑推断，得到可达矩阵，最后对可达矩阵进行分解、压缩处理，得到反映系统结构的骨架矩阵，并绘制系统的多级递阶有向图。此外，还需将得到的解释结构模型与已有的对系统的认识进行比较，通过反馈、比较、修正、学习，最终得到令人满意的结构分析结果。ISM 的工作程序如图 3-4 所示。

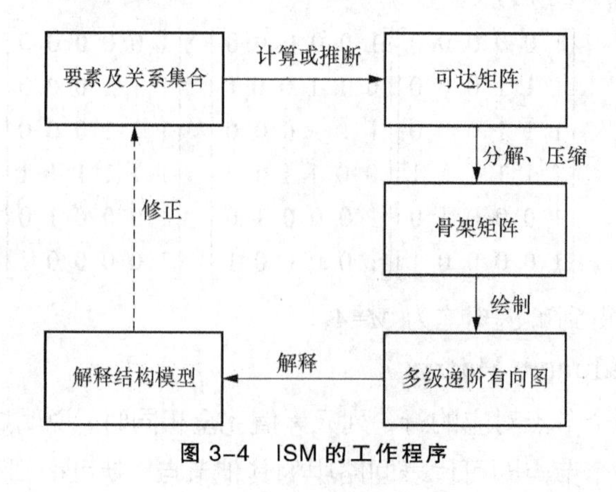

图 3-4　ISM 的工作程序

3.2.2 解释结构模型法的建模方法

系统的解释结构模型的建立以可达矩阵为基础，依次进行区域划分、级位划分、骨架矩阵提取和多级递阶有向图绘制 4 个过程。

1．区域划分

将系统分成若干个相互独立的、没有直接或间接影响的子系统。这种划分可以把系统分成若干子系统来研究，特别是在用计算机辅助设计时，这种划分会带来许多方便。为此，首先将可达矩阵划分为与要素 $n_i(i=1,2,\cdots,n)$ 相关联的系统类型，并找出在系统中具有明显特征的要素。下面为有关要素集合的定义。

（1）可达集（Reachable Set）。系统要素 n_i 的可达集是在可达矩阵中由 n_i 可达到的诸要素构成的集合，即可达矩阵第 n_i 行中所有矩阵元素为 1 的列对应的要素集合，记为 $R(n_i)$， $R(n_i)=\{n_j \mid n_j \in N, m_{ij}=1, j=1,2,\cdots,s\} \quad i=1,2,\cdots,s$ 。

（2）先行集（Antecedent Set）。系统要素 n_i 的先行集是在可达矩阵中可以到达 n_i 的诸要素构成的集合，即可达矩阵第 n_i 列中所有元素为 1 的行对应的要素集合，记为 $A(n_i)$， $A(n_i)=\{n_j \mid n_j \in N, m_{ji}=1, j=1,2,\cdots,s\} \quad i=1,2,\cdots,s$ 。

（3）共同集（Common Set）。系统要素 n_i 的共同集是 n_i 的可达集和先行集的交集，记为 T ， $T=\{n_i \in N \mid R(n_i) \cap A(n_i)=A(n_i)\}$ 。若 $R(n_i) \cap R(n_j) \neq \phi$ ，有共同部分，归入同一区域；若 $R(n_i) \cap R(n_j)=\phi$，没有共同部分，分属于两个区域。

2．级位划分

将系统中的所有要素划分成不同层次，是在每一区域里进行的，n_i 必须满足条件 $L=\{n_i \in N \mid R(n_i) \cap A(n_i)=R(n_i)\}$ 。若用 $L_1, L_2, \cdots, L_k$ 表示从高到低的各级要素的集合（其中 k 为最大级位数），则级位划分的结果可写为 $L_1, L_2, \cdots, L_k$ 。级位划分的基本步骤为：首先找出系统要素集合的最高级要素，然后去掉它们，再寻找剩余集合中的最高级要素，以此类推，直到确定出最低一级的要素集合。为此，令 $L_0=\phi$，则有 $L_k=\{n_i \in N-L_0-L_1-\cdots-L_{k-1} \mid R_{k-1}(n_i)=R_{k-1}(n_i) \cap A_{k-1}(n_i)\}$ ，去掉 L_0，再寻找 $R(n_i)=R(n_i) \cap A(n_i)$ 。

3．骨架矩阵提取

缩减可达矩阵，可建立可达矩阵的最小实现矩阵。骨架矩阵的提取步骤如下。

（1）强连通块划分。对可达矩阵，寻找同一区域中同级要素相互可达的要素，这些要素称为强连通块。

（2）矩阵缩减。因为强连通块中的要素构成回路，它们之间相互可达，所以只需保留其中一个要素，去掉另一要素即可缩减矩阵。

（3）骨架提取。去掉压缩矩阵中可达的二元关系，即减去单位矩阵。

4．多级递阶有向图绘制

根据骨架矩阵可绘制出系统的递阶有向图，其过程通常分为按区域从上至下逐级排列系统构成要素、加入同级中矩阵缩减时被删除的要素及相互关系、按骨架矩阵所示的二元关系形成有向边连接成递阶结构图等 3 步。

例 可达矩阵 M 如下。

$$
M=\begin{array}{c}
 \\ S_1\\ S_2\\ S_3\\ S_4\\ S_5\\ S_6\\ S_7\\ S_8
\end{array}
\begin{array}{c}
\begin{array}{cccccccc} S_1 & S_2 & S_3 & S_4 & S_5 & S_6 & S_7 & S_8 \end{array}\\
\begin{bmatrix}
1 & 0 & 0 & 0 & 1 & 0 & 1 & 1\\
0 & 1 & 0 & 0 & 0 & 0 & 0 & 0\\
0 & 0 & 1 & 0 & 1 & 1 & 0 & 0\\
0 & 1 & 0 & 1 & 0 & 0 & 0 & 0\\
0 & 0 & 0 & 0 & 1 & 0 & 0 & 0\\
0 & 0 & 1 & 0 & 1 & 1 & 0 & 0\\
0 & 0 & 0 & 0 & 1 & 0 & 1 & 1\\
0 & 0 & 0 & 0 & 0 & 0 & 0 & 1
\end{bmatrix}
\end{array}
$$

首先进行区域划分，结果如表 3-1 所示。

表 3-1 区域划分结果

元素 $S_i \in S$	可达集 $R_0(S_i)$	先行集 $A_0(S_i)$	$R_0(S_i) \cap A_0(S_i)$
1	1,5,7,8	1	1^*
2	2	2,4	$2^{\triangle}$
3	3,5,6	3,6	$3,6^*$
4	2,4	4	4^*
5	5	1,3,5,6,7	$5^{\triangle}$
6	3,5,6	3,6	$3,6^*$
7	5,7,8	1,7	7
8	8	1,7,8	$8^{\triangle}$

由 $R_0(S_i)\cap A_0(S_i)=A_0(S_i)$ 知，共同集合 $T=\{S_i\in S/A(S_i)=A(S_i)\cap R(S_i)\}=\{1,3,4,6\}$；$R(S_1)\cap R(S_3)\cap R(S_6)=\{5\}$，所以 S_1,S_3,S_6 属于同一区域；$R(S_4)\cap R(S_1)=\phi$，所以 S_4 与 S_1,S_3,S_6 为不同区域，则系统分为两个连通域，$\Pi_2(S)=\{1,3,5,6,7,8\};\{2,4\}$。其次进行级位划分。由 $R_0(S_i)\cap A_0(S_i)=R_0(S_i)$ 知，$L_1=\{2,5,8\}$；去掉 L_0 和 L_1，进行第二级别划分，结果如表 3-2 所示。

表 3-2 第二级别划分结果

元素 $S_i \in S$	可达集 $R_1(S_i)$	先行集 $A_1(S_i)$	$R_1(S_i) \cap A_1(S_i)$
1	1,7	1	1
3	3,6	3,6	$3,6^{\triangle}$
4	4	4	$4^{\triangle}$
6	3,6	3,6	$3,6^{\triangle}$
7	7	1,7	$7^{\triangle}$

第二级元素集合 $L_2=\{3,4,6,7\}$，去掉 L_2，进行第三级别划分，如表 3-3 所示。

表 3-3　第三级别划分结果

元素 $S_i \in S$	可达集 $R_2(S_i)$	先行集 $A_2(S_i)$	$R_2(S_i) \cap A_2(S_i)$
1	1,7	1	1

第三级元素集合 $L_3=\{1\}$。显然，可达矩阵 M 划分为 3 个级别 $L=\{L_1,L_2,L_3\}$，按照级间顺序重新排列的可达矩阵 M_0 为

$$M_0=\begin{array}{cc}
 & \\
L_1 & \begin{array}{c} S_2 \\ S_5 \\ S_8 \end{array} \\
L_2 & \begin{array}{c} S_3 \\ S_4 \\ S_6 \\ S_7 \end{array} \\
L_3 & S_1
\end{array}
\left[\begin{array}{cccccccc}
S_2 & S_5 & S_8 & S_3 & S_4 & S_6 & S_7 & S_1 \\
1 & 0 & 0 & 0 & 0 & 0 & 0 & 0 \\
0 & 1 & 0 & 0 & 0 & 0 & 0 & 0 \\
0 & 0 & 1 & 0 & 0 & 0 & 0 & 0 \\
0 & 1 & 0 & 1 & 0 & 1 & 0 & 0 \\
1 & 0 & 0 & 0 & 1 & 0 & 0 & 0 \\
0 & 1 & 0 & 1 & 0 & 1 & 1 & 1 \\
0 & 1 & 1 & 0 & 0 & 0 & 1 & 0 \\
0 & 1 & 1 & 0 & 0 & 0 & 1 & 1
\end{array}\right]$$

然后，进行强连通块划分和确定缩减矩阵。由 M_0 可知，S_3，S_6 为回路，现选 S_3 为代表元素，则可把 M_0 变为缩减可达矩阵 M'。

$$M'=\begin{array}{cc}
 & \\
L_1 & \begin{array}{c} S_2 \\ S_5 \\ S_8 \end{array} \\
L_2 & \begin{array}{c} S_3 \\ S_4 \\ \\ S_7 \end{array} \\
L_3 & S_1
\end{array}
\left[\begin{array}{cccccccc}
S_2 & S_5 & S_8 & S_3 & S_4 & S_6 & S_7 & S_1 \\
1 & 0 & 0 & 0 & 0 & 0 & 0 & 0 \\
0 & 1 & 0 & 0 & 0 & 0 & 0 & 0 \\
0 & 0 & 1 & 0 & 0 & 0 & 0 & 0 \\
0 & 1 & 0 & 1 & 0 & 1 & 0 & 0 \\
1 & 0 & 0 & 0 & 1 & 0 & 0 & 0 \\
 & & & & & & & \\
0 & 1 & 1 & 0 & 0 & 0 & 1 & 0 \\
0 & 1 & 1 & 0 & 0 & 0 & 1 & 1
\end{array}\right]$$

由此提取的骨干矩阵为

$$M''=M'-I=\begin{array}{cc}
 & \\
L_1 & \begin{array}{c} S_2 \\ S_5 \\ S_8 \end{array} \\
L_2 & \begin{array}{c} S_3 \\ S_4 \\ \\ S_7 \end{array} \\
L_3 & S_1
\end{array}
\left[\begin{array}{cccccccc}
S_2 & S_5 & S_8 & S_3 & S_4 & S_6 & S_7 & S_1 \\
0 & 0 & 0 & 0 & 0 & 0 & 0 & 0 \\
0 & 0 & 0 & 0 & 0 & 0 & 0 & 0 \\
0 & 0 & 0 & 0 & 0 & 0 & 0 & 0 \\
0 & 1 & 0 & 0 & 0 & 1 & 0 & 0 \\
1 & 0 & 0 & 0 & 0 & 0 & 0 & 0 \\
 & & & & & & & \\
0 & 1 & 1 & 0 & 0 & 0 & 0 & 0 \\
0 & 1 & 1 & 0 & 0 & 0 & 1 & 0
\end{array}\right]$$

根据上述过程，绘制递阶有向图，如图 3-5 所示。

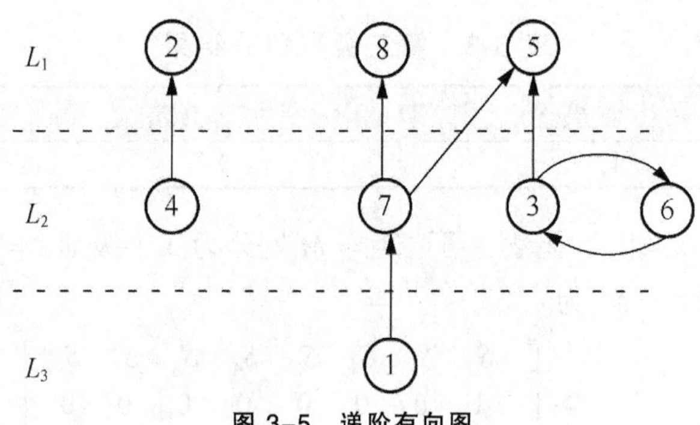

图 3–5 递阶有向图

3.2.3 解释结构模型法的缺陷

解释结构模型法处于数值方法和文字描述方法之间，其应用范围较广，但也隐含着下面 2 个主要缺陷。

（1）邻接矩阵的建立依赖于人们的经验来判定系统各要素间有无关系以及具体的逻辑关系，小组成员对问题认识的差异以及权威人士的倾向性意见将降低小组决定意见的质量，进而影响模型的有效性。

（2）在描述要素之间的关系时，隐含了级与级间不存在反馈回路的假设。但在实际问题中，各级要素之间往往是存在反馈回路的，虽然解释结构模型法将反馈回路变成递阶关系方便了问题的分析与处理，但是也在一定程度上影响了分析的准确性。

3.3 高校隐性知识转移解释结构模型

随着知识经济时代的到来，知识成为组织构建核心竞争力的主要来源，组织对外部知识资源的充分吸收和利用，是生成新的生产力并获取竞争优势的关键。组织的知识存量直接决定组织的核心竞争力。组织知识的获取不断从内部化走向外部化。高校是知识经济时代知识的主要生产和传播基地，其深厚的知识沉淀背景和强大的知识生产优势成为企业组织从外部获取知识的重要途径。知识转移是知识从一个行动者流向另一个行动者的过程。高校和企业组织是两个开放的系统，通过知识转移使两个开放系统的相互联系，它们之间产生复杂的交互作用，因此在知识转移过程中必然有多种因素影响知识的成功转移。鉴于此，可采用解释结构模型分析高校隐性知识转移影响因素，然后提出高校隐性知识转移的动力机制。

3.3.1 高校隐性知识转移影响因素分析

高校隐性知识转移是在一定的社会环境背景下，隐性知识从知识源（高知识存量的高校）向知识受体（低知识存量的企业）转移的过程。因此，高校隐性知识能否成功转移与知识发送方、知识接收方、被转移隐性知识的固有属性、隐性知识转移的背景环境密切相关。

1．知识发送方

在高校隐性知识转移过程中，高校是知识的发送方，具有较高的知识存量。高校教师作为隐性知识发送方对隐性知识转移的影响主要表现为两方面。一方面是知识转移的意愿。他们认为隐性知识转移后，他们可能失去对知识的垄断权，或者担心知识转移的发送成本大于知识转移的收益，或者认为不值得为此花费时间和资源，从而知识源组织可能会缺少转移知识的动力。另一方面是知识源发送知识的能力。高校教师对隐性知识的编码能力、表达能力和演示能力越强，隐性知识的发送能力越强，隐性知识转移效果就越好。

2．知识接收方

隐性知识能否成功转移与知识接收方密切相关。企业组织作为知识接收方，对隐性知识转移效果的影响主要表现为两方面：一方面是知识接收方对隐性知识的接受意愿；另一方面是知识接收方对隐性知识的吸收能力、学习能力、理解能力等。

3．被转移隐性知识的固有属性

隐性知识具有默示性、复杂性、专有性、有用性等固有属性，它们影响隐性知识的成功转移。隐性知识的固有属性与知识转移双方、转移背景环境等无关，它在隐性转移过程中不会发生改变。通常情况下，隐性知识越隐晦、越复杂、越难于编码、越专有，就越难以转移。这些固有属性在隐性知识转移的过程中影响主、客体知识转移的能力、意愿等。高校的隐性知识主要表现为高校教师拥有解决企业等组织生产运营过程中遇到的问题的能力以及企业发展过程中的技术、管理等方面的隐性知识。

4．隐性知识转移的背景环境

隐性知识是一定情景的产物，组织间的隐性知识转移嵌入组织合作的背景之中，转移背景影响知识转移的效率。隐性知识转移系统处在一定的物质环境中，它必然也要与外界环境产生物质、能量、信息的交换，外界环境的变化必然引起系统内部各要素之间的变化。因此，高校隐性知识转移的背景环境与隐性知识能否成功转移密切相关。高校隐性知识转移的背景环境主要包括高校与企业间的文化差异、组织差异、知识差异、沟通程度、信任程度、激励机制和转移渠道等方面。

3.3.2 高校隐性知识转移解释结构模型构建

高校隐性知识转移是一个由多因素构成的复杂系统，这些因素之间相互联系、相互作用，形成一个多级递阶的结构模型。采用解释结构模型分析系统中各要素之间的层级关系，可以分解影响高校隐性知识转移的因素，得出影响高校隐性知识转移的直接层因素、中间层因素和深层因素。

从知识发送方、知识接收方、隐性知识的固有属性和隐性知识转移的背景环境等4个方面可以总结出高校隐性知识转移的影响因素，并依次编号，如表3-4所示。

表3-4　高校隐性知识转移的影响因素

编号	知识发送方	编号	知识接收方	编号	被转移隐性知识的固有属性	编号	隐性知识转移的背景环境
1	转移意愿	3	吸收意愿	5	默示性	9	组织差异
2	转移能力	4	吸收能力	6	复杂性	10	文化差异
				7	专有性	11	知识差异
				8	有用性	12	沟通程度
						13	信任程度
						14	激励机制
						15	转移渠道

在分析高校隐性知识转移影响因素之间关系的基础上，可以建立如下关联矩阵 A。

$$A=\left[a_{ij}\right]_{15\times 15}=\begin{bmatrix}0&0&0&0&0&0&0&0&0&0&0&0&0&0&0\\1&0&0&0&0&0&0&0&0&0&0&0&0&0&0\\0&0&0&0&0&0&0&0&0&0&0&0&0&0&0\\0&0&1&0&0&0&0&0&0&0&0&0&0&0&0\\0&1&0&1&0&0&0&0&0&0&0&0&0&0&0\\0&1&0&1&0&0&0&0&0&0&0&0&0&0&0\\1&0&1&0&0&0&0&0&0&0&1&0&0&0&0\\1&0&1&0&0&0&0&0&0&0&0&0&0&0&0\\0&1&0&1&0&0&0&0&0&0&0&1&1&0&0\\0&1&0&1&0&0&0&0&0&0&0&1&1&0&0\\0&1&0&1&0&0&0&0&0&0&0&1&1&0&0\\0&1&0&1&0&0&0&0&0&0&0&0&1&0&0\\1&0&1&0&0&0&0&0&0&0&0&1&0&0&0\\1&0&1&0&0&0&0&0&0&0&0&0&0&0&0\\0&1&0&1&0&0&0&0&0&0&0&1&0&0&0\end{bmatrix}$$

其中 $a_{ij}=\begin{cases}0 & \text{表示因素 } i\text{、因素 } j \text{ 有影响}\\ 1 & \text{表示因素 } i\text{、因素 } j \text{ 无影响}\end{cases}$

要获得可达矩阵，需要先计算关联矩阵 A 与单位矩阵 I 的和，即 $(A+I)$，再计算 $(A+I)^k$，直至 $(A+I)^{k+1}=(A+I)^k$，则此时的可达矩阵 $M=(A+I)^k$。在本书中，通过计算得到 $(A+I)^3=(A+I)^2$，即得可达矩阵 $M=(A+I)^2$，如下所示。

$$M=\begin{bmatrix}1&0&0&0&0&0&0&0&0&0&0&0&0&0&0\\1&1&0&0&0&0&0&0&0&0&0&0&0&0&0\\0&0&1&0&0&0&0&0&0&0&0&0&0&0&0\\0&0&1&1&0&0&0&0&0&0&0&0&0&0&0\\1&1&1&1&1&0&0&0&0&0&0&0&0&0&0\\1&1&1&1&0&1&0&0&0&0&0&0&0&0&0\\1&1&1&1&0&0&1&0&0&0&1&1&1&0&0\\1&0&1&0&0&0&0&1&0&0&0&0&0&0&0\\1&1&1&1&0&0&0&0&1&0&0&1&1&0&0\\1&1&1&1&0&0&0&0&0&1&0&1&1&0&0\\1&1&1&1&0&0&0&0&0&0&1&1&1&0&0\\1&1&1&1&0&0&0&0&0&0&0&1&1&0&0\\1&1&1&1&0&0&0&0&0&0&0&1&1&0&0\\1&0&1&0&0&0&0&0&0&0&0&0&0&1&0\\1&1&1&1&0&0&0&0&0&0&0&1&1&0&1\end{bmatrix}$$

根据可达矩阵 M，对影响因素进行级间划分，通过计算，可以将影响高校隐性知识转移的因素划分为 5 层，其中，因素 1、3 为第一层，因素 2、4、8、14 为第二层，因素 5、6、12、13 为第三层，因素 9、10、11、15 为第四层，因素 7 为第五层。高效隐性知识转移影响因素级间关系图如图 3-6 所示。

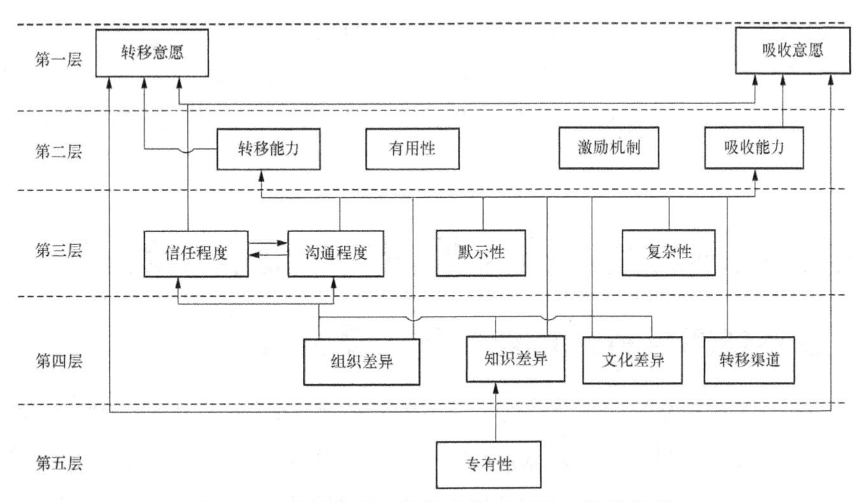

图 3-6　高校隐性知识转移影响因素级间关系图

3.3.3　高校隐性知识转移模型结果分析

从图 3-6 可以清晰地看出高校隐性知识转移的影响因素的级间关系结构。

第一层，高校隐性知识转移的最直接、最表层的因素是企业是否愿意接收高校传递的知识和高校是否愿意向企业转移知识，即企业吸收知识意愿的大小和高校转移知识意愿的大小。任何类型的知识转移必须在知识转移双方愿意的条件下才可能发生。因此要促进高校的隐性知识转移，提高高校隐性知识转移的效果及效率，必须首先从提高隐性知识转移双方的意愿着手。

第二层，隐性知识转移能力和激励机制影响知识转移的意愿。只有企业和高校拥有良好的知识吸收和转移能力，它们才可能有意愿吸收和转移知识。当高校教师和企业员工受到激励时，将形成知识转移和接受的动机。这些激励机制不仅包括利益上的激励，也包括一些非利益上的激励。另外，知识的有用性对知识转移也会有影响，只有知识源向企业转移适合企业发展的、对企业有用的知识，企业才愿意接收转移来的知识，这样才能通过对知识的运用，提高企业的竞争力。

第三层，高校和企业之间的关系是影响隐性知识转移的中间层因素，也是关键因素之一。企业和高校之间的相互关系具体表现为沟通程度和信任程度，企业和高校之间具有良好的关系、相互之间具有较高的信任程度和沟通程度，有利于相互间的隐性知识转移，以及降低隐性知识转移过程中的障碍和风险等。同时，隐性知识的默示性和复杂性会影响隐性知识转移双方发送和吸收隐性知识的能力，从而影响隐性知识的转移。

第四层，高校和企业之间的差异主要表现为组织差异、文化差异和知识差异等。这些差异常常导致双方的冲突和误解，给知识转移带来障碍和风险。同时，隐性知识的转移渠道同样影响知识的转移，因此，良好、通畅的渠道有利于隐性知识的转移，反之，则会给隐性知识转移带来障碍。

第五层，隐性知识的专有性是影响隐性知识转移的最深层因素，隐性知识的专有性是指知识作为资产方面的属性，如为特殊顾客提供产品或服务的特殊技能等专门知识。正是由于隐性知识的专有性，才形成了知识发送方和知识接收方在转移和接受隐性知识方面的动机。

3.4 江苏技术创新与战略性新兴产业发展解释结构模型

3.4.1 技术创新与新兴产业发展关系分析

近年来，世界各国相继制定创新战略，如美国的《创新战略》、欧洲的《欧洲2020战略》、日本的《数字日本创新计划》、韩国的《2025年构想》等，以期提高国家经济发展持续能力和国际竞争力。作为国内创新驱动战略先行省份的江苏，一直坚持把科技进步与创新摆在优先发展的战略位置，并把创新驱动战略确定为“十二五”全省核心战略，推动了全省创新发展水平。根据中国科学院大学《中国区域创新能力报告 2015》，江苏区域创新能力连续7年位居全国第一。但在江苏经济、技术快速发展的同时，还存在两方面的不足。一方面是创新能力不够强，科技对经济社会发展的支撑能力不够足，创新仍然是发展的“软肋”；另一方面是新兴产业规模相对较小、产业分布南北不均衡、产业链前端的新产品少、产业集聚度弱等。这些不足在一定程度上影响了江苏经济持续快速发展。为此，需要研究技术创新与产业发展的互动机理，提出技术创新和发展新兴产业的策略。现有研究成果表明，区域战略性新兴产业的发展与技术创新之间存在相互依赖、相互促进的有机联系，并可归类为区域资本投入、区域研发人员投入和区域金融与环境三大部分。

1．区域资本投入

战略性新兴产业的发展离不开资本投入。区域资本投入包括区域 R&D（研究与开发）投入强度、高新技术产业投入、规模以上工业企业 R&D 经费规模和技术引进费用等。R&D 投入强度是衡量一个国家或地区科技竞争力和综合实力的核心指标之一，世界主要国家全社会 R&D 投入强度为 3%左右，日本、韩国、美国和德国 2013 年的社会 R&D 投入强度已经分别达到 3.47%、4.15%、2.73%、2.85%。高新技术产业投入不仅能优化投资结构，还有利于经济结构转型与升级，有效促进企业高新技术产品的研发。规模以上工业企业 R&D 经费规模的大小，不仅反映企业创新的主体地位，还体现了企业开发新产品的主动程度；企业要想在市场上保持竞争优势，只有不断创新、开发新产品和发明专利。2013 年，美国制造业企业 R&D 经费占企业销售收入的比重已高达 3.8%，而江苏规模以上制造业企业研发经费投入强度不足 1%。技术引进费用体现了企业对外技术的依存度。虽然技术引进费用越高，对企业技术进步和新产品生产有利，但随着区域创新水平的提高和企业创新主体地位的增强，企业技术引进费用将不断降低。

2．区域研发人员投入

战略性新兴产业的发展离不开人员投入。区域研发人员投入包括区域 R&D 人员总量、区域 R&D 人员全时当量和人均 R&D 人员全时当量等。区域 R&D 人员是科技创新的主体，其总量不仅是区域和企业科技进步的重要推动力量，而且影响区域和企业科技质量、创新能力和可持续发展的能力，R&D 人员总量是区域发展的一项战略性资源。区域 R&D 人员全时当量和人均 R&D 人员全时当量等体现了 R&D 人员科研活跃度，其值越大，R&D 人员技术和科研创新的积极性越高，不仅促使发明专利数增多，而且增加企业新产品的数量。区域发明专利数的规模体现了区域技术创新水平，对创新驱动发展起“龙头”作用；企业新产品的数量体现了企业产品满足消费者需求的程度和可持续发展能力。

3．区域金融与环境

战略性新兴产业的发展离不开良好的金融支撑与环境。区域金融与环境包括科技服务体系和科技减免税政策等。资金投入科技服务体系通过组织各种科技资源和科技力量，为创新活动提供技术、知识、信息、管理和投融资等服务，对推动科技与经济紧密结合、促进创新资源合理流动、提升科技创新效率产生深远影响。技术交易市场额的规模大小，不仅反映企业获取新技术和新产品的途径宽窄和高校科研成果转化水平，而且在一定程度上体现了科技服务体系对创新的支撑能力。科技减免税政策是我国支持企业新产品研发与生产的一项政策，其科技减免税大小与企业新产品销售收入有关。

综上所述，区域技术创新与新兴产业发展互动关系模型如图 3-7 所示。

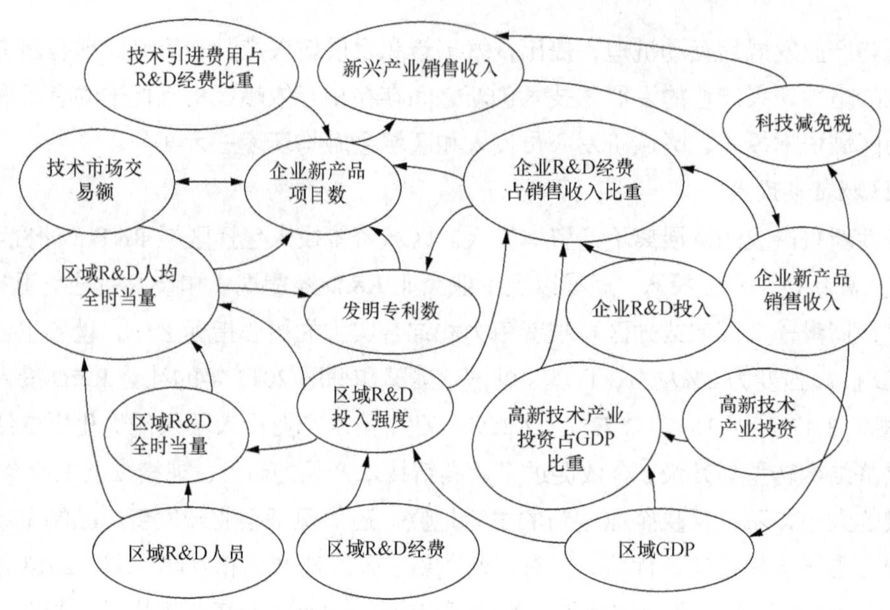

图 3-7 区域技术创新与新兴产业发展互动关系模型

3.4.2 江苏技术创新与新兴产业发展互动关系的实证分析

1. 数据收集

为了进一步验证区域技术创新与新兴产业发展互动关系及图 3-7 所示模型的合理性，我们依据《江苏统计年鉴》《江苏科技发展公报》等收集了 2010—2015 年江苏区域经济与科技发展数据如表 3-5 所示。

表 3-5 江苏区域经济与科技发展数据

指标	变量	2010 年	2011 年	2012 年	2013 年	2014 年	2015 年
战略性新兴产业销售收入（万亿元）	X_1	2.064	3.35	4.006	4.12	4.3	4.5
R&D 经费投入强度（%）	X_2	2.07	2.17	2.38	2.51	2.5	2.55
R&D 人员（万人）	X_3	38	44.6	52.22	60.96	68.96	71.14
R&D 人员全时当量（万人/年）	X_4	31.53	34.28	40.18	46.62	49.99	52.79
R&D 人员人均全时当量（年）	X_5	0.83	0.77	0.77	0.76	0.72	0.74
发明专利（万件）	X_6	0.72	1.1	1.6	1.7	2.0	3.60
GDP（亿元）	X_7	40 903.3	48 604.3	5 458.2	59 161.8	65 88.3	70 116.4
高新技术产业投资占 GDP 比重（%）	X_8	5.34	7.73	7.51	10.86	11.02	10.74
技术引进费用占 R&D 经费比重（%）	X_9	36.04	72.206	57.44	20.44	24.87	—

续表

指标	变量	2010 年	2011 年	2012 年	2013 年	2014 年	2015 年
规模以上工业企业新产品项目数（项）	X_{10}	20 817	38 009	53 973	58 353	62 306	57 204
规模以上工业企业新产品销售收入（亿元）	X_{11}	9 387.2	14 842.1	17 845.4	19 714.2	23 669.4	24 463.2
规模以上工业企业 R&D 投入占产品销售收入比重（%）	X_{12}	0.78	0.84	0.91	0.94	0.97	1.02
技术市场交易额占 GDP 比重（%）	X_{13}	0.77	0.95	0.98	0.99	1.0	1.03
科技减免税占新产品销售收入比重（%）	X_{14}	0.78	0.70	0.59	0.69	0.63	1.06

2．指标之间的相关性分析

根据 2010—2015 年江苏区域经济与科技发展数据，基于图 3-7 之间的因果关系，利用 SPSS 软件进行相关分析，结果如表 3-6 所示。

表 3-6 各指标变量间 Pearson（皮尔森）相关性系数

变量	X_1	X_2	X_3	X_5	X_6	X_7	X_{10}	X_{11}	X_{12}	X_{13}	X_{14}
X_1	1	0.927	0.886	−0.92	0.955	0.933	0.986	0.952	0.96	0.978	−0.849
X_2	0.927	1	0.952	−0.83	0.969	0.956	0.974	0.939	0.983	0.84	−0.703
X_3	0.886	0.952	1	−0.911	0.971	0.992	0.938	0.977	0.974	0.798	−0.644
X_4	0.872	0.968	0.995	−0.868	0.963	0.981	0.934	0.957	0.971	0.773	−0.616
X_5	−0.92	−0.83	−0.911	1	−0.919	−0.946	−0.907	−0.967	−0.912	−0.908	0.735
X_6	0.955	0.969	0.971	−0.919	1	0.986	0.987	0.987	0.997	0.88	−0.802
X_7	0.933	0.956	0.992	−0.946	0.986	1	0.966	0.995	0.988	0.864	−0.711
X_8	0.862	0.911	0.946	−0.889	0.891	0.945	0.891	0.925	0.916	0.818	−0.49
X_9	−0.19	−0.532	−0.569	0.206	−0.416	−0.467	−0.34	−0.38	−0.439	−0.02	−0.115
X_{10}	0.986	0.974	0.938	−0.907	0.987	0.966	1	0.971	0.992	0.932	−0.819
X_{11}	0.952	0.939	0.977	−0.967	0.987	0.995	0.971	1	0.984	0.897	−0.761
X_{12}	0.96	0.983	0.974	−0.912	0.997	0.988	0.992	0.984	1	0.888	−0.772
X_{13}	0.978	0.84	0.798	−0.908	0.88	0.864	0.932	0.897	0.888	1	−0.824
X_{14}	−0.849	−0.703	−0.644	−0.735	−0.802	−0.711	−0.819	−0.761	−0.772	−0.824	1

根据表 3-6 所示的相关分析结果，我们发现，江苏技术引进费用占 R&D 经费比重指标变量对江苏战略性新兴产业的发展作用不大，这一状况反映出企业新产品多为国内 R&D 人员研发，江苏区域创新能力增强；其次，江苏 R&D 人员人均全时当量与科技减免税占新产品销售收入比重呈正相关，但与其他指标呈负相关，反映出 R&D 人员活跃度不够高，科技减免税政策作用有限。

3.4.3 江苏技术创新与战略性新兴产业发展解释结构模型

1．江苏技术创新与战略性新兴产业发展可达矩阵的建立

令 X_{15}、X_{16}、X_{17} 分别表示江苏区域 R&D 经费、高新技术产业投资和企业 R&D 经费，$X=(X_1,X_2,\cdots,X_8,X_{10},\cdots,X_{17})^{\mathrm{T}}$。定义江苏技术创新与战略性新兴产业发展可达矩阵 $M=m_{ij}$。若

$$M_{ij}=\begin{cases}1 & X_i\text{对}X_j\text{有影响}\quad i,j=1,2,\cdots,17;\ i,j\neq 9\\ 0 & \text{其他}\end{cases}$$

依据图 3-7 所示的因果关系有向图和指标变量之间的相关分析，可得可达矩阵为

$$M=\begin{pmatrix}
1&1&0&1&1&1&1&1&1&1&1&1&1&0&0&0\\
1&1&0&1&1&1&1&1&1&1&1&1&1&0&0&0\\
1&1&1&1&1&1&1&1&1&1&1&1&1&0&0&0\\
1&1&0&1&1&1&1&1&1&1&1&1&1&0&0&0\\
1&1&0&1&1&1&1&1&1&1&1&1&1&0&0&0\\
1&1&0&1&1&1&1&1&1&1&1&1&1&0&0&0\\
1&1&0&1&1&1&1&1&1&1&1&1&1&0&0&0\\
1&1&0&1&1&1&1&1&1&1&1&1&1&0&0&0\\
1&1&0&1&1&1&1&1&1&1&1&1&1&0&0&0\\
1&1&0&1&1&1&1&1&1&1&1&1&1&0&0&0\\
1&1&0&1&1&1&1&1&1&1&1&1&1&0&0&0\\
1&1&0&1&1&1&1&1&1&1&1&1&1&0&0&0\\
1&1&0&1&1&1&1&1&1&1&1&1&1&0&0&0\\
1&1&0&1&1&1&1&1&1&1&1&1&1&1&0&0\\
1&1&0&1&1&1&1&1&1&1&1&1&1&0&1&0\\
1&1&0&1&1&1&1&1&1&1&1&1&1&0&0&1
\end{pmatrix}$$

2．江苏技术创新与战略性新兴产业发展解释结构模型

根据建立解释结构模型（Interpretative Structural Modeling，ISM）的步骤，对上述可达矩阵进行区域划分和级间划分后，形成的递阶解释结构模型如图 3-8 所示。

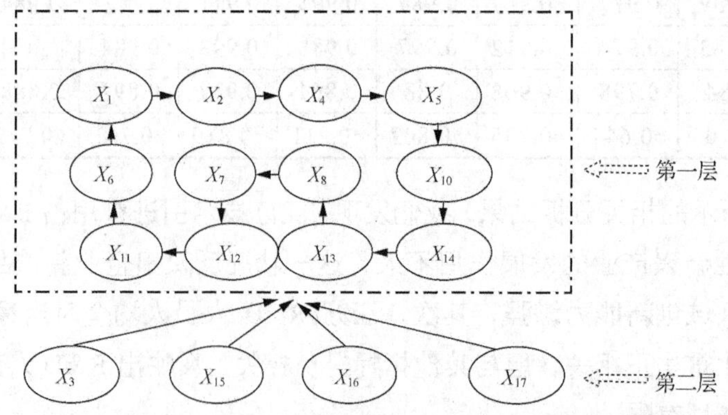

图 3-8 江苏技术创新与战略性新兴产业发展解释结构模型

从图 3-8 可以发现，影响江苏战略性新兴产业发展的根本性因素分别为江苏区域 R&D 人员、区域 R&D 经费投入强度、高新技术产业投资和企业 R&D 投入，因此，要发展江苏战略性新兴产业，需从上述因素入手。

思考与练习题

1. 阐述解释结构模型的特点、作用和适用范围。
2. 如何理解级位划分是建立多级递阶结构模型的关键?
3. 解释结构模型法是定量技术吗? 为什么?
4. 如何做系统区域划分?
5. 建立高校学生逃课解释结构模型。

（1）分析高校学生逃课的原因，确定关键影响因素。

（2）分析各因素之间的因果关系，建立有向图。

（3）建立可达矩阵，进行区域及级间划分。

（4）建立解释结构模型。

（5）提出应对策略。

CHAPTER4

第4章 分析模型

分析模型是对客观事物或现象的一种定量描述，是分析客观事物或现象相互作用机制及揭示其内部规律的一种科学方法。分析模型反映对象最本质的东西，是对被研究对象实质性的描述和某种程度的简化。通常可根据理论推导，或分析观测数据，或依据实践经验，设计分析模型来代表所研究的对象。

4.1 分析模型概述

分析模型可以是数学模型或物理模型。数学模型不受空间和时间的限制，可压缩或延伸，可利用计算机进行模拟研究，故得到广泛应用；物理模型需要根据相似理论来建立。

4.1.1 分析模型的分类

系统工程涉及的分析模型一般为数学模型。数学模型是应用最多的一种模型，可进一步分为原理性模型、系统学模型、规划模型、预测模型、管理决策模型、仿真模型和计量经济模型等类型。

（1）原理性模型。原理性模型是指自然科学中的所有定理及公式。自然科学已建立起一套完整的原理性模型，如开普勒的行星运动三大定律、牛顿的经典力学三大定律以及近代的爱因斯坦相对论等。

（2）系统学模型。系统学是研究系统结构与功能（演化、协同和控制）一般规律的科学，其研究对象是各类系统，系统可分为简单系统和复杂系统，系统的研究方法主要有运筹学、信息论、数学以及耗散结构理论、协同学和突变论等。系统学模型通常包括系统动力学、大系统理论、灰色系统、系统辨识、系统控制、最优控制和创造工程学等。

（3）规划模型。数学规划是研究合理使用有限资源以取得最佳效果的数学方法，其实质是用数学模型来研究系统的优化决策问题。在规划问题时，必须满足的条件称为约束条件，要达到的目标用目标函数表示。规划模型要解决的问题是，在约束条件的限制下，根据一定的准则从若干可行方案中选取一个最优方案。规划模型通常包括线性规划、非线性规划、目标规划、更新理论和运输问题等。

（4）预测模型。预测是对事物的发展规律和结果的推断。预测方法可分为定性预测和定量预测两大类。

（5）管理决策模型。管理决策是在管理过程中做出的各种决策。管理决策模型通常包括关键路线法、计划评审技术、风险评审技术和层次分析法等。

（6）仿真模型。仿真是利用模型再现实际系统变化的本质过程，并通过对系统模型的实验来研究已存在的或设计中的系统。仿真模型就是被仿真对象的相似物或其结构形式。

（7）计量经济模型。计量经济学是以数学和统计学方法确定经济关系中具体数量关系的科学，又称经济计量学。计量经济学对经济关系的实际统计资料进行计量，加以验证，为经济变量之间的依存关系提供定量数据，为制定经济规划和确定经济政策提供科学依据。计量经济模型通常包括经济计量法、投入产出法、动态投入产出法、可行性分析和价值工程等。

4.1.2 建模的原则、步骤和方法

建模是在掌握现实问题所含要素的功能及其相互关系的基础上，将复杂的问题分解成若干个可以控制的子问题，然后，用简化的或抽象的模型来替代现实问题的表述，并通过对模型进行分析和计算，为有关的决策者提供必要的信息。由于每个人对事物了解的深度不同，观察和分析问题的角度也不一样，故对同一现实问题所建的模型也可能不一样。因而，建模与其说是一种科学技术，倒不如说是一门艺术，是一种创造性的劳动。

1．建模的原则

一个理想的数学模型既能反映实体的全部重要特性，又能在数学上易于处理，即原则上要满足以下几点。

（1）现实性。模型需充分立足于现实问题的描述上，是对现实问题本质的表述，与现实问题存在本质上的相似性。

（2）简洁性。模型中变量的选择不能过于烦琐，模型的数学结构不宜过于复杂。

（3）适应性。模型易于数学处理和计算。

（4）强壮性。模型对现实问题的变动不敏感，对问题的描述和解释具有一般性。

（5）可验证性。模型分析的结果能够与现有的理论和实践相一致或基本吻合，经得起理论和实践的检验。

2．建模的步骤

（1）形成问题。在明确目标、约束条件及外界环境的基础上，规定模型描述哪些方面的属性，预测何种后果。

（2）选定变量。按前述影响因素的分类筛选出合适的变量。

（3）确定变量关系。定性分析各变量之间的关系及对目标的影响。

（4）明确模型的数学结构及参数辨识。建立各变量之间的定量关系，主要工作是选择合适的数学表达形式，数据来源是该步骤的难点，有时由于数据难以获得，所以不得不回到步骤（2）甚至步骤（1）。

（5）检验模型真实性。在数学模型建构过程中，可用统计检验的方法和现有统计数字检验变量之间的函数关系。模型建构后，可根据已知的系统行为来检验模型的计算结果。如果计算结果揭示现实世界能令人接受，不致相悖，便要判断它的精确程度和模型的应用范围。如精确度比期望要低，则需弄清其原因，可能是原先设定错误或者忽略了不该忽略的因素。

分析模型是对现实原型某种属性的抽象，而同样的属性可通过构建不同形式的模型加以描述。这要视具体目标、约束、未来不确定因素和所获信息而定。许多数学方法都可以作为建模工具，但建模并不存在特有的数学理论和方法，很难将各种建模工具详尽地罗列出来，也很难规定何种情况下应采用何种工具，需凭系统构建者的知识、技能去判定。一个称职的系统模型构建者应该具备以下几个方面的能力。

（1）对客观事物或过程能透过现象看本质，对问题有深刻的理解，有清楚的层次感和明确的轮廓。

（2）在数学方面应有基本的训练，具有一定的数学修养，并且掌握一定的数学方法。

（3）具有把实际问题与数学联系起来的能力，善于把各种现象中的表面差异撇去，而将本质的共性提炼出来。这种能力是很难在书本上学到的，应该从实践中学，边干边学，逐步积累和培养。

3．建模的方法

（1）直接分析法。利用自然科学或社会科学的已知规律直接分析系统要素间的结构关系。

（2）数据分析法。利用反映系统功能或特征的某些数据，经过分析后揭示系统要素间的未知结构关系，再进一步建立系统模型。

（3）比拟思考法。寻找与所研究系统有本质共性的另一系统，把后者作为模型。

4.2 典型的分析模型

典型的分析模型有区域传销模型、人口成长模型、连锁信模型、捕食者—被捕食者模型、新产品扩散模型、状态空间模型等。

4.2.1 区域传销模型

中华人民共和国国务院令第 444 号《禁止传销条例》规定，传销是指组织者或者经营者发展人员，通过对被发展人员以其直接或者间接发展的人员数量或者销售业绩为依据计算和给付报酬，或者要求被发展人员以交纳一定费用为条件取得加入资格等方式，其目的是牟取非法利益。因此，传销是扰乱经济秩序、影响社会稳定的行为。对传销问题进行分析并建立传销模型，有助于了解传销形成的原因及规模变化的趋势，便于及时采取措施，避免传销对社会造成重大影响。

传销存在的影响因素很多，有政府管理方面的原因，也有传销组织和传销者方面的原因，为了构建传销模型，可针对某个区域将其人口划分为 4 类群体，包括潜在传销者群体（S）、传销者群体（I）、脱离者群体（R）和非传销者群体（L）。假定非传销者群体不变和流动人口不存在，该区域总人口（N）为上述 4 类群体之和，4 类群体之间的因果关系如图 4-1 所示。

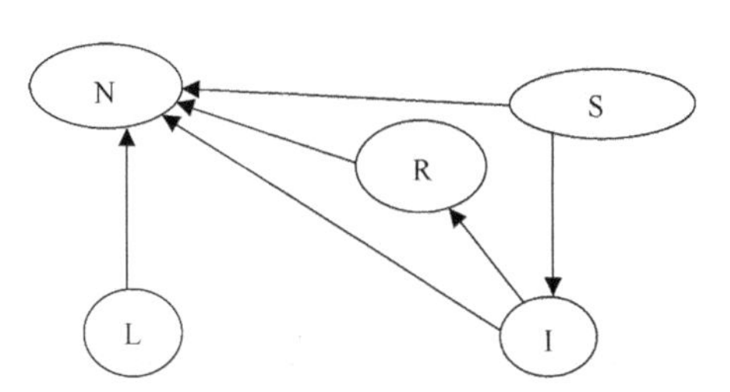

图 4-1　4 类群体之间的因果关系图

在人口固定（N）的某区域有

$$N = S(t) + I(t) + R(t) + L \tag{4.1}$$

由于传销行为是否发生取决于传销者对潜在传销者的影响程度，这两者之间接触越多，潜在传销者被发展的概率越大，因此假定传销者群体人数变化率正比于传销者和潜在传销者的接触机会，则有

$$\dot{S}(t) = -\beta S(t)I(t) \tag{4.2}$$

式（4.2）中，β 为接触率。若传销者由于参加传销活动未能达到其期望目标，或者受政府政策和社会的影响，会脱离传销组织。假定脱离者群体人数的变化率正比于传销者群体规模，则有

$$\dot{R}(t) = \gamma I(t) \tag{4.3}$$

式（4.3）中，γ 为脱离率。由式（4.2）、式（4.3），可得式（4.1）传销者群体规模变化情况为

$$\dot{I}(t)=\beta S(t)I(t)-\gamma I(t)$$

由此可得传销模型为

$$\begin{cases}\dot{S}(t)=-\beta S(t)I(t)\\ \dot{R}(t)=\gamma I(t)\\ \dot{I}(t)=\beta S(t)I(t)-\gamma I(t)\end{cases} \tag{4.4}$$

在给定初始值 $I(t_0)$=500，$S(t_0)$=34 500，N=100 000，L=65 000，及参数 γ=1.4，β=0.002 给定的情况下，设定仿真时间和仿真步长分别为 T=100，$\Delta t=\frac{1}{365}$，则区域传销发展趋势如图 4-2 所示。

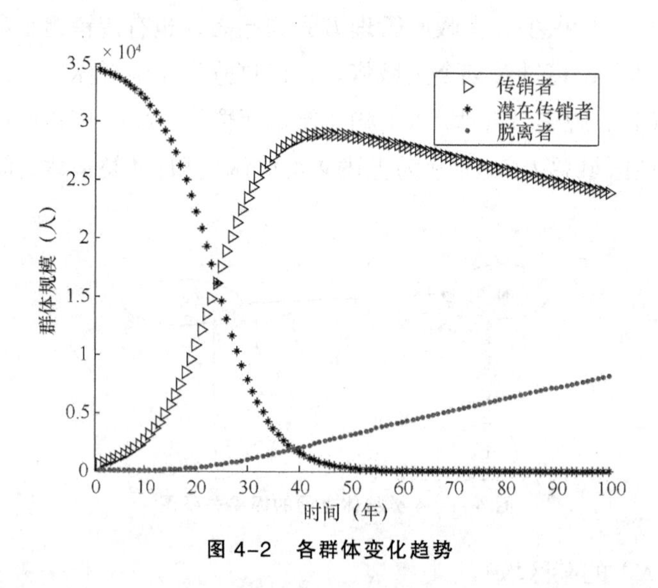

图 4-2　各群体变化趋势

从图 4-2 可以看出，传销者群体初期发展呈指数增长趋势，因此，需要在其萌芽阶段采取果断措施，加以制止，防止其对社会稳定造成重大影响。

4.2.2　人口成长模型

1．马尔塞斯人口模型

马尔塞斯人口模型是英国经济学家马尔塞斯（Malthus）于 1798 年提出的，并在匿名发表的《人口原理》中假定人口的成长率与总人口数呈正比，由此提出了下述人口成长模型。

$$\begin{cases}\dot{P}(t)=\lambda P(t)\\ P(t_0)=P_0\end{cases} \tag{4.5}$$

其中，$P(t)$表示 t 时间的人口数，P_0表示 $t=t_0$时间的人口数，$\lambda>0$ 为人口增长率，反映了人口发展速度，表明了人口自然增长的程度和趋势。由式（4.5）得

$$P(t)=P_0\mathrm{e}^{\lambda(t-t_0)}$$

由此，以 1960 年世界人口 29.7 亿为初值，当 P_0=29.7 亿人，λ=0.027 5 时，世界人口增长趋势如图 4-3 所示。

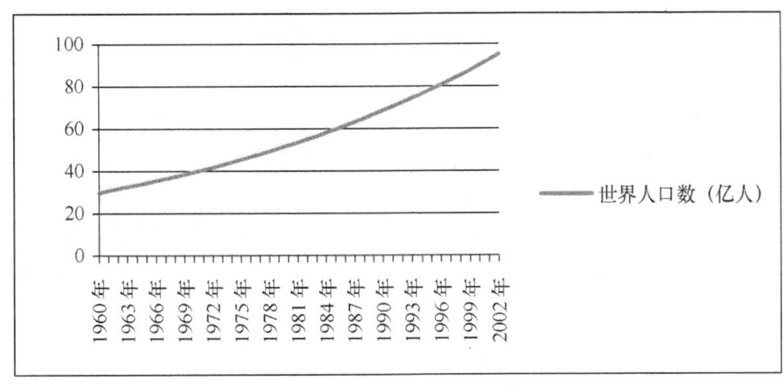

图 4-3　世界人口增长趋势图

从图 4-3 可以发现，人口增长呈现指数增长。由于食物的供给只是线性增长，人口增长快于食物线性增长，由此马尔萨斯估计，总有一天食物的供给将无法满足人口增长的需求。虽然马尔萨斯的警告是针对当时的英国，而且日后食物供给技术的更新、人口政策的推行，使得人口的爆发点延迟，至今并未到来。但是人口呈指数增长的压力，在当今世界仍然是严重的问题，特别是第三世界国家仍有严重的饥饿问题。此外，人口增长也增强了人类对自然环境的影响力，由此引起全球气候变化、资源耗竭、环境污染等问题。全球性人口、资源、环境与发展方面的诸多矛盾，正成为人类生存和社会经济发展面临的最严重的挑战。联合国 2005 年 3 月公布的一份研究报告称，过去 50 年间，世界人口的持续增长和经济活动的不断扩展给地球生态系统造成了巨大压力。人类活动已给草地、森林、农耕地、河流和湖泊带来了消极影响。近几十年来，地球上五分之一的珊瑚和三分之一的红树林遭到破坏，动植物的种类迅速减少，三分之一的物种濒临灭绝。人口增长和其他因素结合在一起，已经给整个人类社会带来严峻挑战。以水资源为例，全球至少有 11 亿人无法得到安全饮用水，26 亿人缺乏基本的卫生条件。在沉重的人口压力下，经济发展、社会进步与环境保护等人类共同的理想受到巨大威胁。2008—2017 年的世界人口增长趋势如图 4-4 所示。

20 世纪是人类历史上经济发展最快的时期，伴随着经济的快速增长，世界人口增长的速度也不断加快。20 世纪 90 年代末，世界人口已达到 60 亿人，并以每年 8 000 万人的速度在递增，这个数字等于法国、希腊和瑞典现有人口之和。联合国经济和社会事务部《世界人口展望：2015 年修订版》（*World Population Prospects：The 2015 Revision*）报告称，世界总人口目前约为 73 亿人，预计到 2030 年将增加到 85 亿人，到 2050 年升至 97 亿人，

图 4-4 世界人口变化趋势图

并在 2100 年达到 112 亿人，其中超过一半的人口增长将主要集中在非洲地区，同时印度将超越中国成为世界第一人口大国。按这样的速度发展下去，700 年后，即使地球表面的沙漠、冰川、沼泽上都住有人，每人也只能分摊到不足 0.3m^2 的面积。2500 年后，人口的总质量将超过地球的总质量。保持适度的人口有利于合理开发利用资源，保护生态环境。若人口增长失控，人口过多，人类为了供养大量的人口，将打破自然规律，不断破坏自然环境和掠夺式地开发自然资源，对生态环境造成巨大压力。

2．Verhulst 人口模型-Logistic 模型

比利时数学家费尔哈斯特（Verhulst）在 1840 年修正了马尔塞斯人口模型。他认为人口增长不能超过由其地域环境决定的最大容量 M，由此提出了如下的 Logistic 模型。

$$\begin{cases} \dot{P}(t) = \lambda P(t)[M - P(t)] \\ P(t_0) = P_0 \end{cases} \tag{4.6}$$

该模型反映出，在人口相对少时，马尔萨斯人口模型是对的，但当人口相当多时，人口增长便会趋缓，而且越靠近人口最大容量（上限）M，人口增长率 λ 越小。由式（4.6）可得

$$P(t) = \frac{M}{1 + \left(\frac{M}{P_0} - 1\right) e^{-\lambda M (t - t_0)}} \tag{4.7}$$

当 P_0=29.7 亿人，λ=0.005 2，M=90 亿人时，Verhulst 人口模型变化趋势如图 4-5 所示。

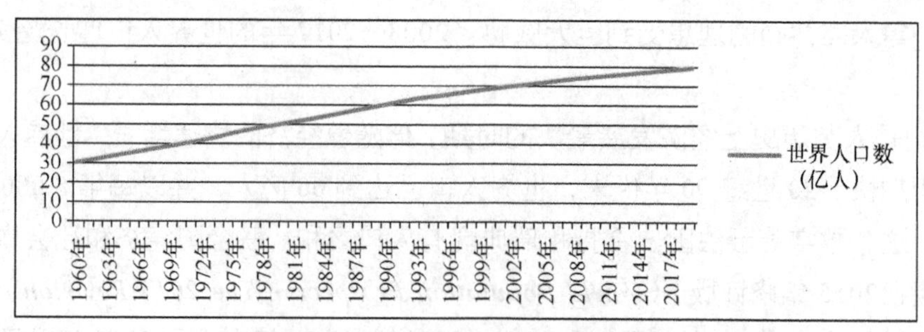

图 4-5 Verhulst 人口模型变化趋势

根据式（4.7），当 $\ddot{P}(t)=0$，$0<p(t)<M$ 时，人口变化曲线的反曲点为人口到达天然界限 M 的一半，此时人口增长速率最大。

4.2.3 连锁信模型

连锁信是一种多人参与、层层转发的信息快速扩散活动。连锁信模型就是描述这一动态扩散过程的模型。谈及连锁信，就不得不提哈佛大学心理学教授斯坦利·米尔格兰姆于 1967 年所做的连锁信实验。斯坦利教授为描绘一个联结人与社区的人际关系网进行了一次连锁信实验（见图 4-6），结果发现了“六度分隔”现象，形成了著名的六度空间（Six Degrees of Separation）理论。

图 4-6　连锁信实验概念图

为了验证这一理论，斯坦利·米尔格兰姆从内布拉斯加州和堪萨斯州招募到一批志愿者，随机选出其中的三百多名，请他们邮寄一封信函。信函的最终目标是米尔格兰姆指定的一名住在波士顿的股票经纪人。由于可以肯定信函不会直接寄到目标，所以米尔格兰姆让志愿者把信函发送给他们认为最有可能与目标建立联系的亲友，并要求每一个转寄信函的人都回发一封信件给米尔格兰姆本人。出人意料的是，有 60 多封信最终到达了目标股票经济人手中，并且这些信函经过的中间人平均只有 5 个，显然，陌生人之间建立联系的最远距离是 6 个人。连锁信验证过程如图 4-7 所示。

图 4-7　连锁信验证过程

随后，有几位社会学家又通过邮件重新做了这项实验，找了不同国家的6万名志愿者发邮件给随机指定的3个人，最后所有目标全部收到邮件，中间只经过了5～7人。与连锁信类似的还有手机短信群发及邮件病毒扩散等。以手机短信群发为例构建模型，可以发现其影响效果。

假定处于不同城市的6个人，如张三（北京人）、李四（上海人）、王二（天津人）、张龙（深圳人）、赵虎（厦门人）和王朝（杭州人）分别向其5个朋友发一条手机短信，每条短信费为0.1元，第一个人产生费用0.5元，其5个朋友依次再发短信，产生费用5×0.5=2.5元，以此类推，由此得到产生的总费用$C(n)$=0.1×5^n=1 562.5元（n为转发次数）。总费用$C(n)$与转发次数n的变化关系如图4-8所示。

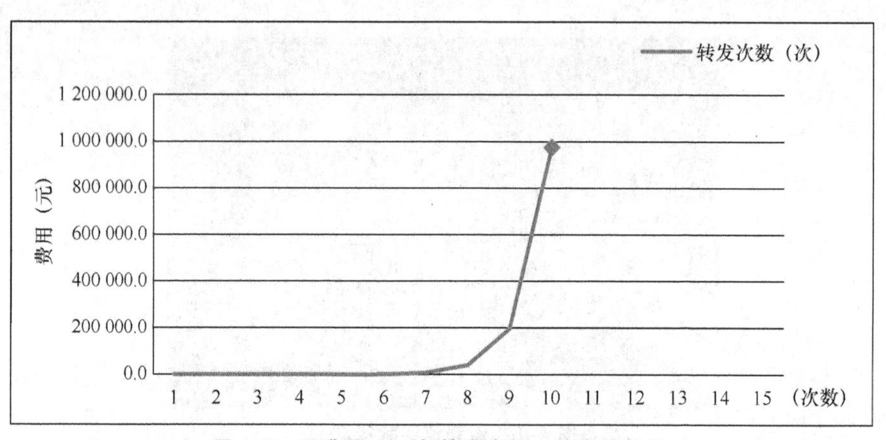

图4-8 总费用$C(n)$与转发次数n的变化关系

由图4-8可知，随着转发次数的增加，所产生的费用呈指数快速增加，连锁效应显著体现。

4.2.4 捕食者—被捕食者模型

捕食者—被捕食者的相互作用是指某种生物的种群与吃它的生物种群间的相互作用。一般来说，捕食者—被捕食者是指形成捕食食物链动物之间的关系。洛特卡（A.J. Lotka，1925）、沃尔特雷（V.VoLterra，1926）等人研究了仅由一个种群组成的被捕食者—捕食者的关系，根据假设推导出来的数学模型发现了二者的个体数呈现相位偏离的周期变化。在自然条件下，被捕食者与捕食者两个种群的相互波动，能清楚看到的实例是极少数，其原因在于自然界中，两个种群的变动还与其他许多因素有关系，以致二者的相互依赖关系被隐蔽了；而且大多数捕食者要依靠好几种被捕食者，而被捕食者又要受到好几种捕食者的攻击；特定的一种对一种的相互依赖关系往往是不太现实的。对于这样复杂的系统中被捕食者—捕食者关系的解析，并无多大进展。为了解捕食者与被捕食者之间的相互作用关系，我们假定在一个孤岛上，存在羊和狼两种动物。在不考虑羊被狼捕获的情况下，羊群和狼群变化的关系如下。

$$\begin{cases}\dot{x}(t)=\lambda x(t)[M-x(t)] \\ \dot{y}(t)=-\mu y(t)\end{cases} \tag{4.8}$$

式（4.8）中，$x(t)$，$y(t)$分别为 t 时刻羊群和狼群的数量；M 为该岛资源所承受的最大羊群数量；λ, μ 分别为羊群的增长率和死亡率；$x(t_0)=x_0$，$y(t_0)=y_0$。考虑羊群和狼群之间存在被捕食者-捕食者关系，其变化趋势如下。

$$\begin{cases}\dot{x}(t)=\lambda x(t)[M-x(t)]+\alpha x(t)y(t) \\ \dot{y}(t)=-\mu y(t)+\beta x(t)y(t)\end{cases} \tag{4.9}$$

式（4.9）中，α, β 分别为羊群和狼群之间的影响系数。显然，羊群和狼群规模将呈周期性的变化交替地盛衰下去。

4.2.5 新产品扩散模型

新产品扩散，是指新产品推入市场后，随着时间的推移逐渐在目标市场的潜在消费者中不断地被越来越多的消费者使用的过程。新产品是一个多维度的概念，涉及品牌、质量、价格、外观等有形产品特征，以及服务、技术等无形的特征，任何维度改变的产品都可称为新产品。美国著名传播学者罗杰斯在《创新的扩散》一书中根据新产品从开始扩散到结束的时间推移过程中采用人数的比例将采用者分为创新采用者、早期采用者、早期多数采用者、晚期多数采用者及落后采用者，如图 4-9 所示。

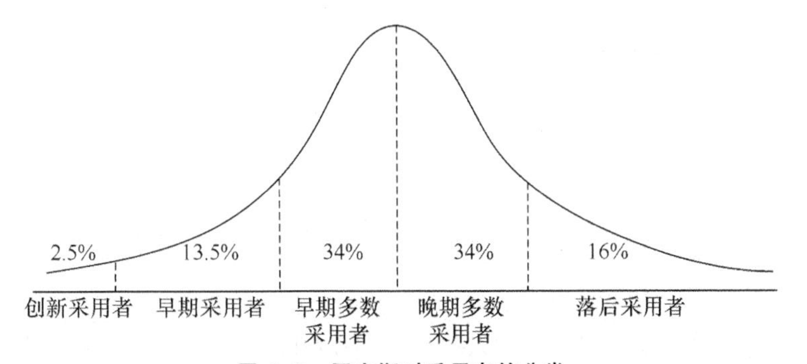

图 4-9 罗杰斯对采用者的分类

1969 年，弗兰克·巴斯对 11 种耐用品的市场扩散过程进行了研究，提出了耐用品一次购买模型（BASS 模型），奠定了产品扩散模型研究的基础。BASS 模型对影响创新产品扩散情况的因素进行了简化和梳理，将其总结为两大因素：一是创新因素，即外部影响，这种影响主要通过大众传媒（如广告）进行扩散；二是模仿因素，即内部影响，主要是指口口相传的口碑影响，即已采用者对未采用者的口头交流影响。BASS 模型假设第一类创新采用者不会受到来自大众传媒的压力和已采用者的口碑影响，其他的采用者（包括早期采用者、早期多数采用者、晚期多数采用者及落后采用者）均会受到已采用者和大众传媒压力的影响。BASS 模型的假设条件如表 4-1 所示，BASS 模型基本原理如图 4-10 所示。

表 4-1 BASS 模型基本假设

H1	市场潜力随时间的推移保持不变
H2	一种创新的扩散独立于其他创新
H3	产品性能随时间推移保持不变
H4	社会系统的地域界限不随扩散过程而改变
H5	扩散只有两种结果，即不采用和采用
H6	忽略市场营销策略的影响
H7	不存在供给约束
H8	采用者是无差异的、同质的

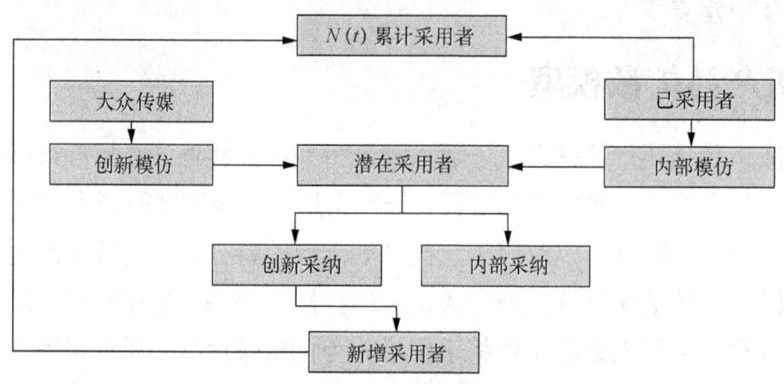

图 4-10 BASS 模型基本原理

Frank M. Bass 提出的 BASS 模型为

$$\dot{N}(t)=\left[\beta+\frac{\lambda N(t)}{M}\right][M-N(t)] \tag{4.10}$$

式（4.10）中，$N(t)$为 t 时期采用新产品的累积人数；M 为市场最大容量；β 为创新系数；γ 为模仿系数。$\beta[M-N(t)]$代表受创新效应影响而采用产品的采用者；$\frac{\lambda N(t)}{M}[M-N(t)]$代表受已购买者影响（模仿效应）而购买的采用者。

BASS 模型的一个明显局限在于假设随着时间的推移，所有潜在的消费者最终都会接受新产品，及累计采用者人数达到市场最大潜力 M，这意味着 BASS 模型总是会 100%地预测成功，而现实中，产品扩散有较大比例会失败。另外，BASS 模型假设产品属性和市场情况不会随时间的变化而变化，创新的扩散不受市场营销策略的影响，扩散只有采用和不采用两个阶段，采用者之间是同质的、无差异的。鉴于企业的营销组合策略对一个新产品的扩散和成功产生的影响作用是毋庸置疑的，企业可以通过营销努力对新产品的扩散过程施加影响。而 BASS 模型假设创新扩散不受市场营销策略的影响，忽略了营销组合变量（如产品价格、广告、促销、分销渠道及其组合策略）对产品扩散的影响作用；同时从企业的营销管理和策略制定的角度而言，也削弱了新产品扩散模型对企业的价值，因此，许多学者对 BASS 模型进行了修正，产生了许多研究成果。

4.2.6 状态空间模型

1. 基本概念

在研究复杂动态系统（如人口系统、生态系统、社会经济系统等）的行为特征及其时空演化规律时，经常需要建立动态数学模型。状态空间模型就是一种描述系统动态行为特征的数学模型。

在状态空间模型中，表征系统运动特征的属性称为系统状态，系统的状态是随时间变化的。系统状态变量是指系统状态中的变量总称，是能够完整地确定系统状态必需的一组最少的变量。当描述系统行为的状态变量有 n 个时，一般记为 $x_1(t), x_2(t), \cdots, x_n(t)$。把描述系统状态的 n 个状态变量 $x_1(t), x_2(t), \cdots, x_n(t)$看作向量 $X(t)$的分量，则称 $X(t)$为 n 维状态向量，记为 $X(t)=[x_1(t), x_2(t), \cdots, x_n(t)]^T$。由 n 个状态变量作为坐标轴组成的 n 维空间称为状态空间。

在状态空间中，以系统状态向量或系统状态变量来描述系统、揭示系统状态之间的联系，并进行分析设计的方法称为状态空间分析法。根据系统状态变量之间存在的关系建立的系统模型称为状态空间模型。状态空间模型通常用来表达系统输入输出的关系、系统输出和系统状态之间的关系，以及系统状态与输入之间的关系。状态空间模型可应用于线性或非线性系统，还可应用于时变或非时变的、多输入多输出系统，通常作为系统仿真的基础模型。

图 4-11 所示为振动系统。设物体 M 的位移为 $x_1(t)$，速度为 $x_2(t)$，则有

$$x_2(t) = \dot{x}_1(t) \tag{4.11}$$

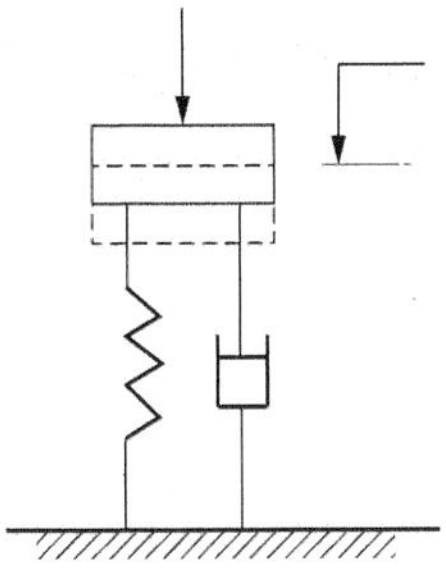

图 4-11 振动系统

式（4.11）中，系统的加速度为 $\dot{x}_2(t)$。根据振动理论有

$$\begin{cases} M\dot{x}_2(t) + Kx_1(t) + Bx_2(t) = F(t) \\ x_2(t) = \dot{x}_1(t) \end{cases} \tag{4.12}$$

转化为矩阵形式，形成如下的系统状态方程。

$$\begin{pmatrix} \dot{x}_1(t) \\ \dot{x}_2(t) \end{pmatrix} = \begin{bmatrix} 0 & 1 \\ -\dfrac{K}{M} & -\dfrac{B}{M} \end{bmatrix} \begin{pmatrix} x_1(t) \\ x_2(t) \end{pmatrix} + \begin{bmatrix} 0 \\ \dfrac{1}{M} \end{bmatrix} F(t) \tag{4.13}$$

经过测量得到振动位移量测值 y。设 y 与 $x_1(t)$的关系为

$$y=\lambda x_1(t) \tag{4.14}$$

式（4.14）中，λ 为比例因子，则系统的输出方程为

$$y = [\lambda, 0]\begin{pmatrix} x_1(t) \\ x_2(t) \end{pmatrix} \tag{4.15}$$

用系统状态变量建立系统的数学模型时，该数学模型一般包括两类方程，分别称作状态方程和观测方程，通常写作

$$\begin{cases}\dot{x}=f(x,u)\\ y=g(x,u)\end{cases} \tag{4.16}$$

式（4.16）中，x 为状态向量，u 为输入向量，y 为输出向量，f，g 为函数关系。在线性系统中，f，g 为 x，u 的线性函数，状态空间模型具有如下形式。

$$\begin{cases}\dot{x}=A(t)x+B(t)u\\ y=C(t)x+D(t)u\end{cases} \tag{4.17}$$

式（4.17）中，$x=(x_1, x_2, \cdots, x_n)^{\mathrm{T}}$，$u=(u_1, u_2, \cdots, u_\gamma)^{\mathrm{T}}$，$y=(y_1, y_2, \cdots, y_n)^{\mathrm{T}}$。$A(t)$称为状态转移矩阵，$B(t)$称为输入矩阵。

$$A(t)=\begin{bmatrix}a_{11}(t) & a_{12}(t) & \cdots & a_{1n}(t)\\ a_{21}(t) & a_{22}(t) & \cdots & a_{2n}(t)\\ & \cdots & & \\ a_{n1}(t) & a_{n2}(t) & \cdots & a_{nn}(t)\end{bmatrix} \quad B(t)=\begin{bmatrix}b_{11}(t) & b_{12}(t) & \cdots & b_{1\gamma}(t)\\ b_{21}(t) & b_{22}(t) & \cdots & b_{2\gamma}(t)\\ & \cdots & & \\ b_{n1}(t) & b_{n2}(t) & \cdots & b_{n\gamma}(t)\end{bmatrix}$$

$$C(t)=\begin{bmatrix}c_{11}(t) & c_{12}(t) & \cdots & c_{1n}(t)\\ c_{21}(t) & c_{22}(t) & \cdots & c_{2n}(t)\\ & \cdots & & \\ c_{m1}(t) & c_{m2}(t) & \cdots & c_{mn}(t)\end{bmatrix} \quad D(t)=\begin{bmatrix}d_{11}(t) & d_{12}(t) & \cdots & d_{1\gamma}(t)\\ d_{21}(t) & d_{22}(t) & \cdots & d_{2\gamma}(t)\\ & \cdots & & \\ d_{m1}(t) & d_{m2}(t) & \cdots & d_{mn}(t)\end{bmatrix}$$

若 A、B、C、D 均为常数矩阵，则上述状态空间模型描述的线性系统为定常线性系统；否则，为时变线性系统。对于离散系统，由于输入、输出向量以及系统状态只在规定的取样时刻取值，相应的状态空间模型如下。

$$\begin{cases}x(t+1)=Ax(t)+Bu(t)\\ y(t)=Cx(t)+Du(t)\end{cases} \tag{4.18}$$

式（4.18）中，$x(t+1)$表示 $t+1$ 时刻的系统状态，而 $u(t)$，$y(t)$分别为 t 时刻的系统输入、输出向量，A、B、C、D 的意义同前。对于一维变量系统，若已知初始状态 $x(0)$及输入系列$\{u(0), u(1), \cdots, u(n)\}$，就可求出状态序列$\{x(1), x(2), \cdots, x(n)\}$。由状态方程得

$$\begin{cases}x(1)=Ax(0)+Bu(0)\\ x(2)=Ax(1)+Bu(1)=A^2x(0)+ABu(0)+Bu(1)\end{cases} \tag{4.19}$$

故 j 时刻的状态为

$$x(j)=A^jx(0)+\sum_{i=0}^{j-1}A^{j-(i+1)}Bu(i) \tag{4.20}$$

则状态 $x(k)$与 $x(j)(k\geqslant j)$之间的关系为

$$x(k)=A^{k-j}x(j)+\sum_{i=j}^{k-1}A^{k-(i+1)}Bu(i) \tag{4.21}$$

对于用微分方程（或差分方程）描述的系统，也可以转换成上述状态空间模型。以定常线性系统为例，设 n 阶定常线性连续系统的微分方程为

$$y(n)+a_1y^{(n-1)}+\cdots+a_{n-1}y'+a_ny=u(t)$$

式中，$y^{(n)}$是 $\frac{\mathrm{d}^ny}{\mathrm{d}t^n}$ 的简写。由初始条件$\{y(0), y'(0), \cdots, y^{(n-1)}(0)\}$和 $t\geqslant 0$ 时的输入序列

$\{u(t)\}$，可以完全确定系统的将来行为，只需取 $y(t), y'(t), \cdots, y^{(n-1)}(t)$为状态变量。

令 $x_1=y, x_2=y', \cdots, x_n=y^{(n-1)}$，则有 $\dot{x}_1 = x_2, \dot{x}_2 = x_3', \cdots, \dot{x}_{n-1} = x_n$。由于 $y^{(n)}=-a_1y^{(n-1)}-\cdots-a_{n-1}y'-a_ny+u(t)$，故 $x_n = -a_1x_n - \cdots - a_{n-1}x_2' - a_nx_1 + u(t)$。如取

$$x=\begin{pmatrix} x_1 \\ x_2 \\ \cdots \\ x_n \end{pmatrix} \quad A=\begin{bmatrix} 0 & 1 & 0 \\ 0 & 0 \cdots & 0 \\ & \cdots & \cdots \\ -a_n & -a_{n-1} & -a_1 \end{bmatrix} \quad B=\begin{bmatrix} 0 \\ 0 \\ \cdots \\ 1 \end{bmatrix} \quad C=[1 \quad 0 \quad \cdots \quad 0],$$

可得状态方程和输出方程为

$$\begin{cases} \dot{x} = Ax + Bu \\ y = Cx \end{cases} \tag{4.22}$$

2．教师职业转换预测状态空间模型

某城市有 15 万人具有本科以上学历，其中有 1.5 万人是教师，据调查，平均每年有 10%的人从教师职业转为其他职业，只有 1%的人从其他职业转为教师职业，试预测 10 年以后，这 15 万人中还有多少人在从事教师职业。用 x_n 表示第 n 年后从事教师职业和其他职业的人数，则 $x_0 = \begin{pmatrix} 1.5 \\ 13.5 \end{pmatrix}$，用矩阵 $A = (a_{ij}) = \begin{pmatrix} 0.90 & 0.01 \\ 0.10 & 0.99 \end{pmatrix}$ 表示教师职业和其他职业间的转移，其中，a_{11}=0.90 表示每年有 90%的人原来是教师现在还是教师；a_{21}=0.10 表示每年有10%的人从教师职业转为其他职业。显然

$$x_1 = Ax_0 = \begin{pmatrix} 0.90 & 0.01 \\ 0.10 & 0.99 \end{pmatrix}\begin{pmatrix} 1.5 \\ 13.5 \end{pmatrix} = \begin{pmatrix} 1.485 \\ 13.515 \end{pmatrix}$$

一年以后，从事教师职业和其他职业的人数分别为 1.485 万人和 13.515 万人。又 $x_2 = Ax_1 = A^2x_0$，$\cdots$，$x_n = x_{n-1} = A^n x_0$，所以 $x_{10} = A^{10}x_0$。为计算 A^{10} 先需要把 A 对角化。

$$|\lambda E - A| = \begin{vmatrix} \lambda - 0.9 & -0.01 \\ -0.1 & \lambda - 0.99 \end{vmatrix} = (\lambda - 0.9)(\lambda - 0.99) - 0.001 = \lambda^2 - 1.89\lambda + 0.891 - 0.001$$
$$= \lambda^2 - 1.89\lambda + 0.890 = 0$$

$\lambda_1=1$，$\lambda_2=0.89$，$\lambda_1 \neq \lambda_2$，故 A 可对角化。将 $\lambda_1=1$ 代入$(\lambda E-A)x=0$，得其对应特征向量 $p_1 = \begin{pmatrix} 1 \\ 10 \end{pmatrix}$。将 $\lambda_2=0.89$ 代入$(\lambda E-A)x=0$，得其对应特征向量 $p_2 = \begin{pmatrix} 1 \\ -1 \end{pmatrix}$。

令 $P = (p_1, p_2) = \begin{pmatrix} 1 & 1 \\ 10 & -1 \end{pmatrix}$,有 $P^{-1}AP = \Lambda = \begin{pmatrix} 1 & 0 \\ 0 & 0.89 \end{pmatrix}$，$A = P\Lambda P^{-1}$，$A^{10} = P\Lambda^{10}P^{-1}$。

而 $P^{-1} = -\frac{1}{11}\begin{pmatrix} -1 & -1 \\ -10 & 1 \end{pmatrix} = \frac{1}{11}\begin{pmatrix} 1 & 1 \\ 10 & -1 \end{pmatrix}$，

$$x_{10} = P\Lambda^{10}P^{-1}x_0 = \frac{1}{11}\begin{pmatrix} 1 & 1 \\ 10 & -1 \end{pmatrix}\begin{pmatrix} 1 & 0 \\ 0 & 0.89^{10} \end{pmatrix}\begin{pmatrix} 1 & 1 \\ 10 & -1 \end{pmatrix}\begin{pmatrix} 1.5 \\ 13.5 \end{pmatrix}$$
$$= \frac{1}{11}\begin{pmatrix} 1 & 1 \\ 10 & -1 \end{pmatrix}\begin{pmatrix} 1 & 0 \\ 0 & 0.311\,817 \end{pmatrix}\begin{pmatrix} 1 & 1 \\ 10 & -1 \end{pmatrix}\begin{pmatrix} 1.5 \\ 13.5 \end{pmatrix} = \begin{pmatrix} 1.542\,5 \\ 13.457\,5 \end{pmatrix}。$$

所以 10 年后，15 万人中有近 1.54 万人仍是教师，有近 13.46 万人从事其他职业。

3．捕食者与被捕食者状态空间模型

在某森林中，猫头鹰以鼠为食，由此形成了捕食者与被捕食者关系。假设猫头鹰和鼠在时间 n 的数量为 $x_n=\begin{pmatrix}O_n\\M_n\end{pmatrix}$，其中 n 是以月份为单位的时间，O_n 是研究区域中猫头鹰的数量，M_n 是鼠的数量（单位：千）。假定生态学家已建立了如下的猫头鹰与鼠的自然系统模型。

$$\begin{cases}O_{n+1}=0.4O_n+0.3M_n\\M_{n+1}=-pO_n+1.2M_n\end{cases}\tag{4.23}$$

式（4.23）中，p 是一个待定的正参数。式（4.23）第一个方程中的 $0.4O_n$ 表明，如果没有鼠作为食物，每个月只有 40%的猫头鹰可以存活；第二个方程中的 $1.2M_n$ 表明，如果没有猫头鹰捕食，鼠的数量每个月会增加 20%。如果鼠充足，猫头鹰的数量将会增加 $0.3M_n$，负项 $-pO_n$ 用于表示猫头鹰的捕食导致的鼠的死亡数（事实上，平均每个月，一只猫头鹰约吃掉 1 000p 只鼠）。当捕食参数 p=0.325 时，两个种群都会增长。

当 p=0.325 时，式（4.23）的系数矩阵 $A=\begin{pmatrix}0.4&0.3\\-0.325&1.2\end{pmatrix}$，$A$ 的全部特征值 $\lambda_1=0.55$，$\lambda_2=1.05$，其对应的特征向量分别是 $p_1=\begin{pmatrix}2\\1\end{pmatrix}$，$p_2=\begin{pmatrix}6\\13\end{pmatrix}$。若初始向量 $x_0=c_1p_1+c_2p_2$。

令 $P=(p_1,p_2)=\begin{pmatrix}2&6\\1&13\end{pmatrix}$，当 $n\geqslant0$ 时

$$x_n=PA^nP^{-1}x_0=\begin{pmatrix}2&6\\1&13\end{pmatrix}\begin{pmatrix}0.55^n&0\\0&1.05^n\end{pmatrix}\begin{pmatrix}2&6\\1&13\end{pmatrix}^{-1}x_0=c_1 0.55^n\begin{pmatrix}2\\1\end{pmatrix}+c_2 1.05^n\begin{pmatrix}6\\13\end{pmatrix}$$

假定 $c_2>0$，则对足够大的 n，0.55^n 趋于 0，进而

$$x_n\approx c_2p_2=c_2 1.05^n\begin{pmatrix}6\\13\end{pmatrix}\tag{4.24}$$

n 越大，式（4.24）的近似程度越高。对于充分大的 n

$$x_{n+1}\approx c_2 1.05^{n+1}\begin{pmatrix}6\\13\end{pmatrix}=1.05x_n\tag{4.25}$$

式（4.25）近似表明，最后 x_n 的每个元素（猫头鹰和鼠的数量）几乎每个月都近似地增长了 0.05 倍，即有 5%的月增长率。由式（4.24）知，x_n 约为 $(6,13)^{\mathrm{T}}$ 的倍数，所以 x_n 中元素的比值约为 $\frac{6}{13}$，即每 6 只猫头鹰约对应 13 000 只鼠。

4.3 中国固定电话业务生命周期案例分析

长期以来，固定电话具有的音质清晰、网络稳定、持久通信、无辐射等优势，使得固定电话业务在整个社会经济应用层面曾有不可替代的地位。但随着通信业务用户消费习惯的变化、移动通信业网络规模的扩大、手机普及率的提高、数据业务的发展，特别是移动电话用户于 2002 年超过固定电话用户，固定电话业务面临的异质化竞争越来越激烈，用户

流失率过高，业务收入放缓并逐渐呈下降趋势。固定电话在 1999 年左右进入雪崩式增长后，在 2006 年到达顶峰后开始滑落，出现负增长。固定电话用户从 2006 年的 36 778.5 万户下降到 2010 年的 29 438.0 万户，下降了 19%；普及率从 2006 年的 28.1%下降到 2010 年的 20%；而固定电话本地通话量、传统电话通话时长 5 年内分别下降了 27.3%、29.9%。2018 年，即使国内电信业务总量达到 65 556 亿元，比上年增长 137.9%，但在互联网应用的替代作用及取消长途漫游资费双重影响下，固定电话业务比上年下降 25.7%，在电信业务收入中的占比降至 13.7%，固定电话用户总数 1.82 亿人，比上年末减少 1 151 万人，并呈现持续下降趋势。因此，依据产品生命周期理论，研究固定电话业务的生命周期，探索固定电话业务发展规律，制定符合其所处阶段的营销策略和管理模式，来延长固定电话业务的生命周期，满足消费者的差异化需求，成为电信运营商需要解决的主要问题。

4.3.1 国内固定电话影响因素的分析

通常，固定电话业务生命周期的主要影响因素可以分为经济因素、政治因素、技术因素、资费因素以及其他因素，各因素独立作用及其交互作用共同影响我国固定电话业务生命周期的发展态势。

1．经济因素

经济与社会的发展决定市场对通信业的需求。经济形势良好，各行各业得以迅速发展，对固定电话业务的需求必然增加。国民经济发展形势良好，国内生产总值（Gross Domestic Product，GDP）增长较快，经济水平的提高，可以转化为消费能力的提升，即带动城乡居民人均收入增加；经济增长，势必加大对电信网络，特别是固网的固定资产、网络建设的投入。

2．政治因素

政治因素包括国家总体政治环境、相关电信产业政策以及各级政府出台的有关市场经济运行和电信业的法律、法规、条例等。在中央一系列宏观调控政策措施的作用下，我国国民经济连续保持平稳较快发展，为包括固定电话业务在内的电信业的发展提供了坚实的基础。2004 年《中华人民共和国行政许可法》的颁布实施为电信产业培育良好的外部环境提供了机遇，一方面限制了政府对电信的监管权力，另一方面规范了政府的电信监管能力，在一定程度上促进了电信市场的有序、公平竞争，为固定电话业务的发展起到了积极的推动作用。电信产业政策一方面为固定电话业务的发展提供了相对宽松的市场管制环境，为固定电话业务的发展提供了机遇；另一方面移动新业务的显著替代性，又对固定电话业务冲击很大。

3．技术因素

随着通信技术的发展，各种新业务不断涌现，从而加快或缩短了一些电信业务的生命周期，特别是固定电话业务的生命周期。从国际经验来看，特别是发达国家，固定电话业务一般在普及率达到 50%以上才开始衰退，如美国 68.2%、英国 58.4%；而我国仅达到 28.1%，就开始逐渐下降，其原因很重要的一点在于通信技术的进步，特别是移动通信的替代作用。移动电话相对于固定电话而言，具有便携、即时、功能丰富等优势，是个性化消费的代表。1990年以来，移动电话市场需求急剧增长，近几年移动通信更是呈现爆炸性的发展势头。自2004年以来，移动运营商在用户数、业务收入、普及率和业务量等方面已经全面超过固网运营商。2013—2018 年移动通信业务和固定通信业务收入占比情况如图4-12所示。2000—2018年固定电话和移动电话普及率发展情况如图4-13所示。新技术、新业务，如VOIP、Skype、MSN即时通信、3G～5G业务和智能手机的出现和发展，在很大程度上加快了语音业务特别是长途语音业务的分流。

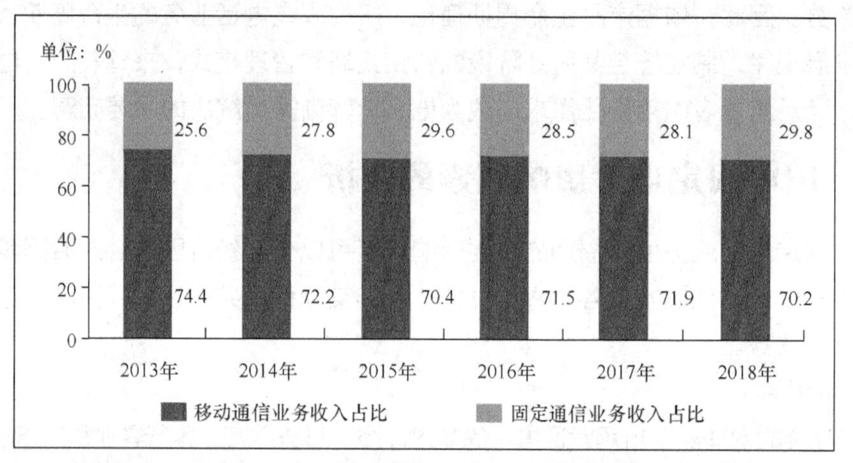

图4-12　2013—2018年移动通信业务和固定通信业务收入占比情况

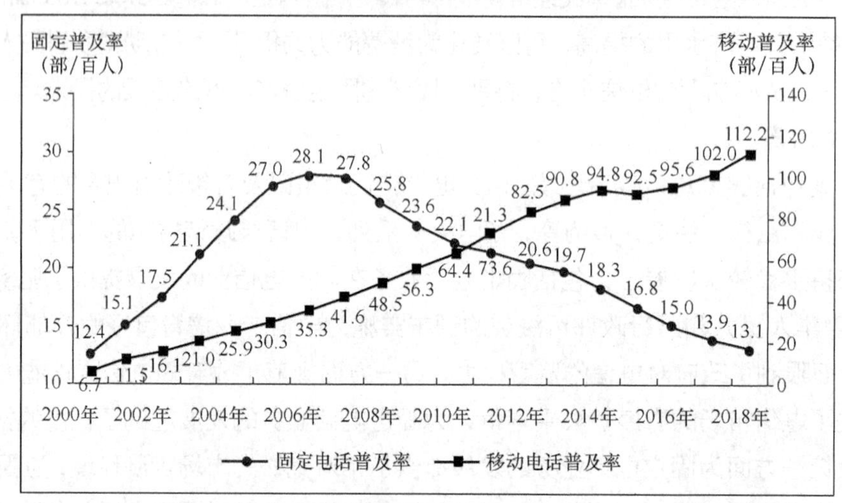

图4-13　2000—2018年固定电话和移动电话普及率发展情况

4．资费因素

资费因素对固定电话业务通话量的影响是显而易见的。一般而言，价格降低，会促使用户增加固话的通话量；价格升高，会促使用户减少固定电话的通话量。就资费而言，固定电话的费用一般不会比移动电话的费用高。在移动业务资费和流量资费不断下调趋势下，如果固定电话能够制定更有吸引力的资费标准，无疑会在和移动电话的博弈中赢得一些优势，从而对延长固定电话业务的生命周期有一定的积极作用。

5．其他因素

固定电话业务的存在、发展历史较长，在发展过程中积累了一批忠实的客户，他们逐渐对固定电话通信方式形成一种依赖。在单位或公司，固定电话可以提高公司安全、稳定的形象，避免给客户皮包公司的感觉，固定电话也成为公司或单位必要的通信工具之一。在家庭中，住宅电话给人一种家的感觉，即使是在移动通信方式飞速发展的今天，虽然存在一定数量的家庭为了节省月租费而停用固定电话业务，但是一般家庭依然倾向于保留固定电话，特别是对于老年人而言，一方面对新事物的接受能力较弱；另一方面，固定电话是与离家子女沟通的重要途径之一，老年人依然是固定电话业务的忠实客户。另外，固定电话的网络可靠性也巩固了用户对固定电话的忠诚度。和移动通信方式相比，固定电话在可靠性方面确实是略胜一筹。凭借着悠久的历史，固定电话的网络已得到完善的发展，通信能力和通信质量都有很好的保证，这是移动通信方式所不及的。在安全性方面，移动电话在号码管理方面比较松散，直接导致垃圾短信、欺骗短信充斥通信市场，并经常出现用户号码被非法泄露的情况，影响移动电话用户的通话安全性。

4.3.2 我国固定电话业务生命周期模型的构建

1．数据收集与说明

依据工业和信息化部（原信息产业部）历年的《电信业统计公报》，1981—2018 年国内固定电话业务用户数如表 4-2 所示。

表 4-2 1981—2018 年国内固定电话业务用户数

时间	固定电话业务用户数（万户）	时间	固定电话业务用户数（万户）
1981	222.09	2000	14 482.90
1982	234.25	2001	18 036.80
1983	250.80	2002	21 422.20
1984	277.40	2003	26 274.70
1985	312.00	2004	31 175.60
1986	350.40	2005	35 044.50
1987	390.70	2006	36 778.60
1988	472.70	2007	36 563.70
1989	568.04	2008	34 035.90
1990	685.03	2009	31 373.20
1991	845.06	2010	29 434.20
1992	1 146.91	2011	28 509.80
1993	1 733.20	2012	27 815.30
1994	2 729.53	2013	26 698.50
1995	4 070.57	2014	24 943.00
1996	5 494.70	2015	23 099.60
1997	7 031.00	2016	20 662.40
1998	8 742.09	2017	19 375.70
1999	10 871.58	2018	18 224.80

2．固定电话业务生命周期的时间序列模型

（1）参数估计及检验。使用 Eviews 软件，对 ARIMA（1,2,0）及 ARIMA（2,2,0）模型，使用 1981—2018 年共 38 年的数据估计参数；在对这个模型进行残差序列自相关检验后，参数估计结果如表 4-3 所示。

表 4-3　固定电话用户数时间序列模型参数估计及残差序列自相关检验

模型	变量	估计	*SE*	*t*	*Sig.*
ARIMA（1,2,0）（不含常数项）	AR（1）	0.598 3	0.160 3	3.731 2	0.000 9
ARIMA（2,2,0）（不含常数项）	AR（1）	0.743 9	0.203 4	3.655 9	0.001 3
	AR（2）	−0.241 2	0.203 5	−1.185 1	0.247 6
ARIMA（1,2,0）（不含常数项）	F-statistic	0.790 6	Prob. F(4,17)	0.465 0	
	Obs*R-squared	1.660 1	Prob. Chi-Square(4)	0.436 0	
ARIMA（1,2,0）（不含常数项）	F-statistic	1.110 1	Prob. F(4,17)	0.347 3	
	Obs*R-squared	2.358 7	Prob. Chi-Square(4)	0.307　5	

（2）模型选择。从表 4-3 可以发现，ARIMA（1,2,0）的拟合优度和调整后的拟合优度都比 ARIMA（2,2,0）要小，因此，选择不含常数项的 ARIMA（2,2,0）比较合适，对应的固定电话业务生命周期的时间序列模型如式（4.26）所示，其拟合效果如图 4-14 所示。

$$d(fixed_t,2)=1.9347\,fixed_{t-1}-0.946\,fixed_{t-2} \tag{4.26}$$

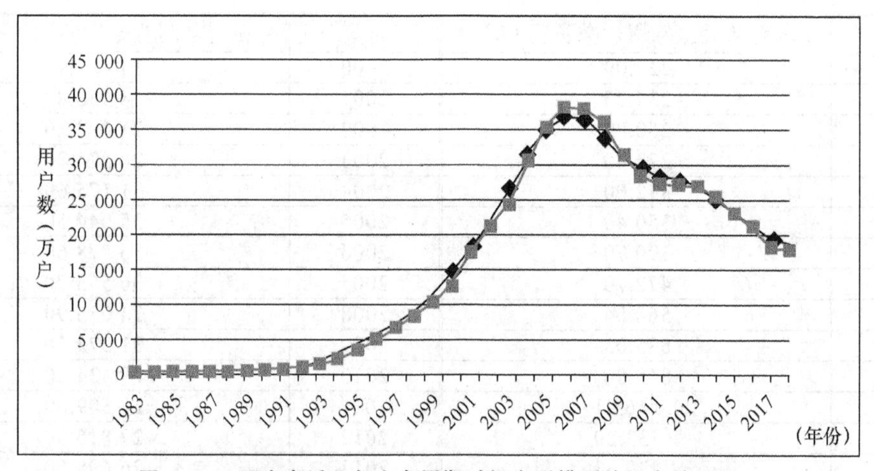

图 4-14　固定电话业务生命周期时间序列模型的拟合效果图

3．固定电话业务生命周期的 Gompertz 模型

（1）基于 Gompertz 模型的生命周期阶段划分。从图 4-14 可以看出，固定电话业务的生命周期曲线呈现出 S 型，即业务发展初期，业务发展缓慢，表现为用户数增长缓慢；随

后业务迅速发展，用户数快速增长；此后，用户数的增长趋势放缓，最终因市场饱和，开始呈现下降趋势。固定电话业务生命周期的 Gompertz 模型为

$$y_t = k * a^{b^t} \quad (4.27)$$

式（4.27）中，k 为固定电话业务用户数的极限值，a、b 分别为影响曲线的增长速率和到达最大增长速率位置的参数，t 为时间。从图 4-14 可以看出，1981—1993 年、1994—1999 年、2000—2006 年、2006—2011 年及 2012—2018 年这 5 个时间段中，曲线呈现较为明显的拐点，同时曲线形状也明显不一致。特别是我国固定电话业务用户于 2006 年到达峰值，随之呈现下降趋势。因此，仅用单一形态的 Gompertz 曲线对其进行拟合，无法将实际生命周期曲线的形态完全展现出来。因此，首先采用三和法计算出 k、a、b 的取值，从而判断 a、b 的取值范围，从理论上对固定电话业务的生命周期进行阶段划分，再分段拟合固定电话业务生命周期的 Gompertz 模型。

从图 4-14 来看，1981—1993 年时间段的曲线大致为凸曲线，且为上升曲线；1994—1999 年时间段和 2000—2006 年时间段的曲线都大致为凹曲线，同为上升曲线，但是 2000—2006 年时间段曲线的斜率明显比之前的时间段平缓；而 2006—2018 年时间段的曲线大致为凹曲线，且为下降曲线。由此，可将 1981—2011 年的固定电话业务用户数据划分为 5 个部分：1981—1993 年、1994—1999 年、2000—2006 年、2006—2011 年和 2012—2018 年，采用三和法估算结果如表 4-4 所示。

表 4-4 由三和法得出的分阶段的固定电话业务 Gompertz 模型参数的初始估计

阶段	n	$\sum_1 \ln y_t$	$\sum_2 \ln y_t$	$\sum_3 \ln y_t$	a	b	k
1981—1993*	6	22.35	24.33	27.77	1.708 5	1.148 7	298.21
1994—1999	2	16.22	17.47	18.37	0.088 3	0.849 9	31 441.23
2000—2006**	2	19.77	20.52	20.98	0.344 4	0.776 7	50 673.25
2006—2011	2	21.09	20.79	20.55	0.008 2	1.011 7	46 017.74
2012—2018	2	20.31	19.98	19.68	13.09	0.966	2 244.851

注：*为了满足时间间隔为 3 的倍数，舍去 1981 年的数据；**为了满足时间间隔为 3 的倍数，舍去 2000 年的数据。

显然，在 1993 年之前，a>1，b>1，固定电话业务处于引入期。1994—2006 年，a<1，b<1，固定电话业务应该是处于成长期和成熟期，其中，1994—1999 年，固定电话业务用户数的二阶导数迅速增长，即固定电话用户数的增长速度不断加快，固定电话业务处于快速成长期；2000 年以后，固定电话业务用户数的二阶导数开始为负值，而 2004 年固定电话用户数一阶导数达到最大值并开始下降，因此，2000—2004 年仍为固定电话业务的成长期，只是业务发展速度较快；2004—2006 年为固定电话业务的成熟前期。2006—2012 年，

$a<1$，$b>1$，固定电话业务处于成熟后期，用户数保持在一定范围并开始逐渐衰退。2013—2018 年，$a>1$，$b<1$，固定电话业务处于衰退期。基于 Gompertz 模型的固定电话业务生命周期阶段划分如图 4-15 所示。

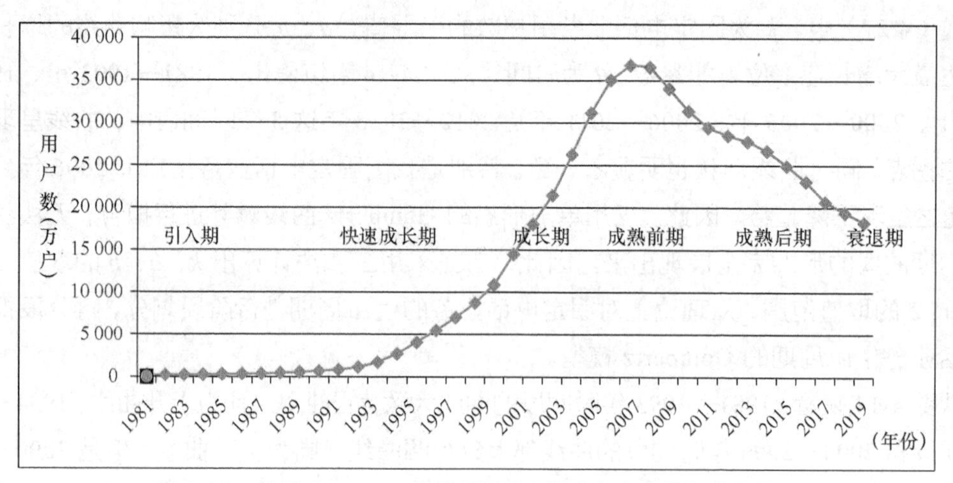

图 4-15　基于 Gompertz 模型的固定电话业务生命周期阶段划分

（2）参数估计与检验。对照固定电话业务生命周期的阶段划分和三和法得出的 a、b、k 值，模型参数估计表如表 4-5 所示。

表 4-5　各阶段曲线拟合的参数估计表

阶段	参数	估计	标准差	95%置信区间	
				下限	上限
1981—1993 年	k	182.104	14.871	148.969	215.239
	a	1.237	0.048	1.129	1.344
	b	1.199	0.014	1.168	1.230
1994—1999 年	k	40 835.516	12 987.814	-497.504	82 168.536
	a	0.046	0.012	0.007	0.085
	b	0.870	0.022	0.800	0.939
2000—2006 年	k	56 716.060	10 261.454	28 225.698	85 206.423
	a	0.180	0.021	0.121	0.239
	b	0.816	0.041	0.702	0.930
2007—2012 年	k	73 574.502	131 364.951	-344 487.399	491 636.404
	a	0.532	0.930	-2.426	3.490
	b	1.073	0.166	0.543	1.602
2013—2018 年	k	22 44.851	9 340.247	-16 558.4	21 048.09
	a	13.09	55.64	-163.98	190.162
	b	0.966	0.063	0.765	1.167

因此，固定电话业务的分段 Gompertz 模型为

$$\begin{cases} y_t = 182.104 \times 1.237^{1.199^{t-1981}}, 1981 < t \leqslant 1993 \\ y_t = 40\,835.516 \times 0.046^{0.87^{t-1993}}, 1994 \leqslant t \leqslant 1999 \\ y_t = 56\,716.060 \times 0.18^{0.816^{t-2000}}, 2000 \leqslant t \leqslant 2006 \\ y_t = 73\,574.502 \times 0.532^{1.073^{t-2007}}, 2007 \leqslant t \leqslant 2012 \\ y_t = 2\,244.851 \times 13.09^{0.966^{t-2013}}, t \geqslant 2013 \end{cases} \tag{4.28}$$

上述 5 个方程中的 $R=(0.992,0.993\,9,0.993,0.963,0.993)^{\mathrm{T}}$，说明拟合效果较好，拟合效果如图 4-16 所示。

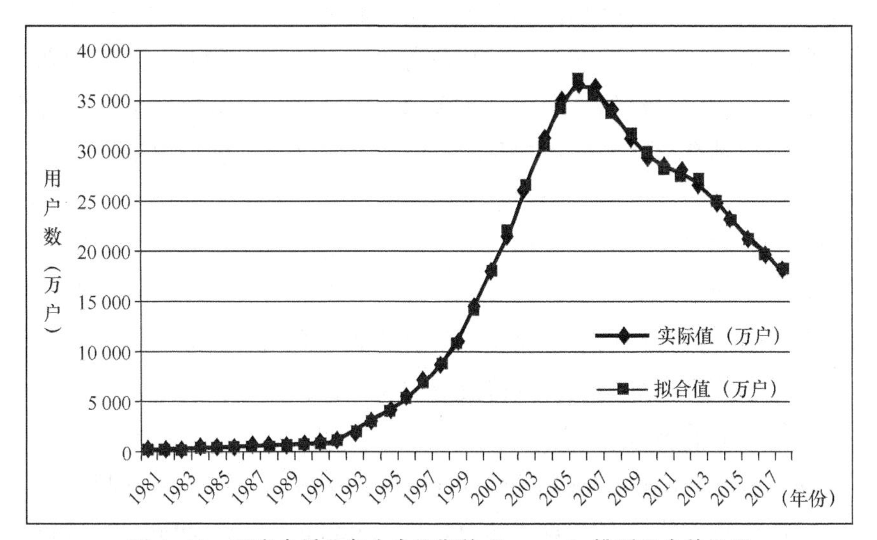

图 4-16　固定电话业务生命周期的 Gompertz 模型拟合效果图

4.3.3　延长固定电话业务生命周期的策略

1．创新固定电话业务终端产品，大力发展语音增值业务

为激活固定电话市场，使固定电话业务不被移动电话业务完全替代，电信运营商需要进一步挖掘固定电话的价值，进行业务创新，开发出有特色的语音增值业务。发展语音增值业务首先需要关注应用，特别是关注内容建设，关注用户的个性化特征，开发出各种应用来适应不同用户的需求；其次关注营销，重点在于客户细分，针对消费者的不同特点，如年龄、收入、兴趣等，提供价格合理、有吸引力的增值服务。针对集团客户，考虑到集团客户更为着重打造代表企业形象、满足企业办公需求的特点，可大力推广企业铃声、企业总机服务、企业信息发布、固网短信、“漏电”查询、会议电话、呼叫中心等语音增值业务。

2．与终端制造商合作，加强固定终端的配套发展

固定电话增值业务的开发，需要以固定终端的创新为载体；固定电话增值业务的健康发展离不开固定终端的有力支持，因为终端能够带给用户最直接的体验。因此，为使固定

电话增值业务长足发展，电信运营商应加强与终端制造商的合作，打破目前固定终端单一性的局面。电信运营商应配合相应的增长业务，通过与设备商合作，推出“固定终端定制”业务，将呼叫转移、通信录、语音信箱、呼叫等待等用户需求较高、有发展潜力的增值业务与固定终端捆绑，通过一键接通等方式让用户方便使用这些增值业务，从而提高固定电话增值业务的使用率以及用户黏度。同时，电信运营商应适量提高终端补贴，开展“旧机换新机”业务，用户补贴一定金额或者协议订购某些增值业务（如若干时长即可获得定制终端），从侧面推动增值业务发展，打造利益共享的电信产业链。

3．发挥多业务捆绑优势，积极推进固定宽带融合

宽带业务对固定电话业务有积极的促进作用。利用宽带业务与固定电话业务的捆绑销售，可以降低固定电话用户的离网率，提高业务收入。对同一种业务进行捆绑，可设置多种资费套餐，让用户可以选择最适合自身实际情况的套餐，这样既能充分挖掘用户的消费潜力，又能提高用户满意度，增强用户黏度。例如，同样是“固定电话+宽带”，有些用户可能使用固定电话通话较多，宽带使用量较少，有些用户则相反，因此，可依据通话量设置不同档位的套餐，满足用户的个性化需求。由于业务捆绑种类较多，资费标准也多种多样，所以注定其实施效果会有差别。因此，应建立一套效果评估指标，定期评估各种捆绑业务的效果。对那些实施效果较差、收益不明显的业务应及时摒弃，避免浪费资源；而对那些实施效果较好的业务，则应加大宣传投资力度，扩大业务影响范围。

4．推进 FMC，积极应对 FMS

固定移动融合（Fixed Mobile Convergence，FMC）业务是固网运营商为了应对移动电话业务对固定电话业务的替代（Fixed Phone by Mobile Phone Substitution，FMS）而提出和发展起来的。FMC 可以有效减弱移动电话业务对固定电话业务的替代效应，降低固定电话用户的离网率，并通过业务捆绑、业务融合、终端融合等提高每用户平均收入（Average Revenue Per User，ARPU）；同时，FMC 可大大增强电信运营商产品的差异化，为用户提供个性化信息服务以及整体解决方案，从而提高电信运营商自身的竞争能力。据统计，目前超过三分之一的移动通话是在室内发生的，如果能实现固定和移动通信网络之间的无缝连接，原固定电话运营商就可以收回流入移动运营商的收入。因此，在移动电话业务对固定电话业务分流日益明显以及固网运营商转变为全业务运营商的情况下，FMC 成为电信运营商延长固定电话业务生命周期的重要策略。

4.4 国内新能源汽车扩散的实证分析

随着石油等不可再生资源的日益减少及其本身对环境治理所带来的巨大压力，传统汽车产业面临着经济转型。根据国家统计局数据显示，我国汽车保有量在过去 10 年间迅速增长，2006—2016 年年均增长率高达 16.51%。其中，2016 年全国民用汽车保有量为 1.46 亿辆，仅次于美国，有 31 个城市的汽车数量超过 100 万辆。尽管汽车保有量的迅速攀升对石油的需求与日俱增，但是能源消耗也引发了严重的社会问题，除了尾气污染、雾霾等，碳排放造成的全球气候变暖问题也日趋严重，低碳经济、节能减排等逐渐成为当下汽车行业发展的关注点。各国政府纷纷把重点聚焦在新能源汽车这一领域。根据全球汽车产业平台 MARKLINES 的数据显示，2017 年，全球新电动汽车销量超过 100 万辆，创历史新高；2018 年，全球新能源汽车销量突破 200 万辆，达到 237 万辆的水平。截至 2018 年年底，全球新能源汽车累计销售突破 550 万辆，并保持较高的增长状态，如图 4-17 所示。

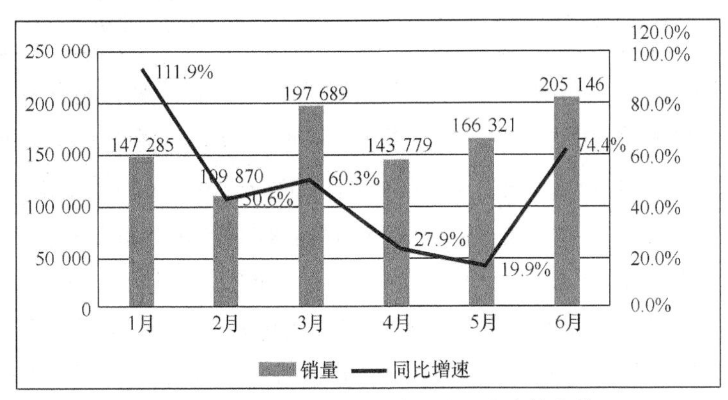

图 4-17　2019 年上半年全球新能源汽车销售情况

2018 年，中国新能源汽车销售占全球新能源汽车销量的 53%；其次是美国，大约占 12.7%；接下来是挪威（2.8%）、德国（2.7%）、英国（2.3%）、法国（1.9%）、日本（1.9%）、韩国（1.3%），中国成为全球最大的新能源汽车市场。

4.4.1　国内新能源汽车市场现状分析

1．国内新能源汽车发展现状

新能源汽车是指采用新型动力设备装置，完全或部分利用新型能源作为驱动力的汽车。新能源汽车相对于传统燃油式汽车，是汽车行业推出的新产品。新能源汽车按照汽车发展技术分为纯电动汽车、混合动力汽车和燃料电池汽车、氢内燃式汽车、其他新能源汽车等类型，如表 4-6 所示。

表 4-6　新能源汽车的分类

新能源汽车类型	汽车动力来源	优点
纯电动汽车	以电力作为汽车动力来源，蓄电池驱动系统供电，将电能转化为动能	电力驱动，零排放，不耗传统能源，减少噪声污染
混合动力汽车	油电混合联合式驱动系统，拥有电动机和发动机驱动	零排放过渡车型，减少尾气排放，驱动系统可切换

续表

新能源汽车类型	汽车动力来源	优点
燃料电池汽车	燃料电池中化学反应产生的能量转为电能驱动，使用电动机作为驱动器	氢氧化学反应产生电能，避免电厂发电
氢内燃式汽车	内燃机驱动器，利用氢气与氧气燃烧产生能量	不产生粉尘、二氧化碳，对氢气纯度要求不高
其他新能源汽车	二甲醚汽车燃料，以二甲醚发动机驱动汽车	燃料便于储藏运输，燃烧热值高，点燃速度快

随着我国能源汽车减免政策的推行，新能源汽车行业正呈现高速发展的态势。在配套零部件研发能力不断提高的同时，技术创新也在不断发展，能源汽车领域欣欣向荣，市场愈来愈稳步成熟。据行业统计，国内新能源汽车 2011—2016 年的销量由最初的 0.82 万辆迅速扩展到 50.70 万辆，复合增长率高达 128.16%。据中汽协统计数据，2018 年国内新能源汽车产量和销量分别达到 127 万辆和 125.6 万辆，同比分别增长 59.9%和 61.7%。2019 年 1—8 月，国内新能源汽车产量和销量分别完成 79.9 万辆和 79.3 万辆，同比分别增长 31.6%和 32.0%，其中，纯电动汽车产量和销量分别完成 64.3 万辆和 62.9 万辆，同比分别增长 41.4%和 40.8%；插电式混合动力汽车产量和销量分别完成 15.5 万辆和 16.3 万辆，比上年同期分别增长 1.6%和 5.7%；燃料电池汽车产量和销量分别完成 1 194 辆和 1 125 辆，同比分别增长 7.0 倍和 7.3 倍。

2．国内新能源汽车产品市场竞争情况

面对消费者需求的增加，新能源汽车市场也迎来了全面竞争的时代。众多实力不凡的汽车企业纷纷加入了这一行列，涌现出了诸如比亚迪、北汽、上汽、众泰等一系列汽车企业。2018 年国内主要新能源汽车生产商销量和市场份额分别如表 4-7、图 4-18 所示。

表 4-7　2018 年国内主要新能源汽车生产商销量

生产厂商	2018 年销量（辆）	市场份额（%）	2017 年销量（辆）	市场份额（%）
比亚迪汽车	217 676	17.33	107 990	13.90
北汽新能源	147 348	11.73	81 277	10.46
上汽乘用车	96 977	7.72	44 233	5.69
奇瑞汽车	66 422	5.29	27 350	3.52
江淮汽车	63 632	5.07	28 225	3.63
吉利汽车	54 341	4.33	24 767	3.19
华泰汽车	52 327	4.17	12 318	1.59

续表

生产厂商	2018 年销量（辆）	市场份额（%）	2017 年销量（辆）	市场份额（%）
江铃新能源	48 207	3.84	30 270	3.90
众泰汽车	31 539	2.51	31 912	4.11
长安汽车	26 178	2.08	29 063	3.74
广汽新能源	20 045	1.60	5 246	0.68
知豆电动	15 336	1.22	42 484	5.47

注：数据来源于中国企业工业协会。

按照波士顿咨询集团提出的三四规则矩阵，在一个稳定的竞争市场中，市场竞争的参与者一般分为领先者、参与者、生存者三类。领先者一般是指市场占有率在 15%以上，可以对市场变化产生重大影响的企业；参与者一般是指市场占有率在 5%～15%的企业，这些企业虽然不能对市场产生重大的影响，但是它们是市场竞争的有效参与者；生存者一般是局部细分市场填补者，其市场份额非常低，通常小于 5%，由图 4-18 可知，2018 年国内新能源汽车行业中，比亚迪作为领头羊，凭借独有的技术创新和企业战略，以近 17.33%的市场份额处于领先地位；紧随其后的北汽、上汽、奇瑞、江淮等汽车企业分别以 11.73%、7.72%、5.29%和 5.07%的市场占有率成为这一领域的参与者；吉利、华泰、江铃、众泰、长安和广汽等企业新能源汽车市场占有率为 0～5%，处于生存者梯队。从表 4-7 不难发现，国内主要新能源汽车企业市场份额每年不同，这不仅取决于市场消费者行为变化，而且与企业的竞争策略有关。为了进一步研究企业竞争策略对新能源汽车企业销量的影响，下面选取新能源汽车行业中具有竞争关系的两个典型企业（A 汽车公司和 B 汽车公司）作为案例进行分析。

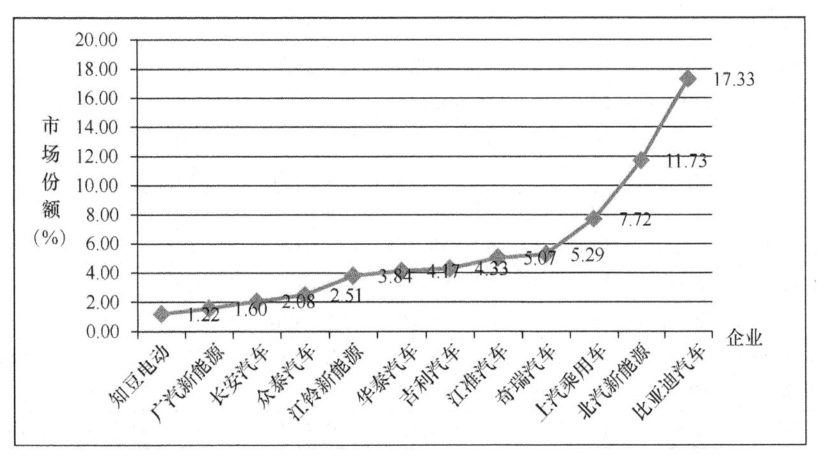

图 4-18　2018 年国内主要新能源汽车企业的市场份额

4.4.2 国内新能源汽车市场扩散行为分析

1. 新能源汽车市场扩散模型的构建

依据 BASS 扩散模型（式 4.10），在考虑企业市场营销投入对新能源汽车购买者影响关系的前提下，A 汽车公司和 B 汽车公司新能源汽车市场扩散竞争过程可用下式表示。

$$\dot{N}_i(t)=[\beta_i+\gamma_i\sqrt{u_i(t)}N_i(t)]\left[1-\frac{N_i(t)}{K_i}-\sigma_{ij}\frac{N_j(t)}{K_j}\right],\ i,\ j=A,B;\ i\neq j \tag{4.29}$$

式（4.29）中，$N_i(t), u_i(t)$分别表示第 i 汽车公司在 t 年的新能源汽车销量和营销费用；β_i，γ_i分别表示创新系数和模仿系数；K_i, $i=A, B$ 表示第 i 汽车公司最大潜在市场销量；$\sigma_{ij}<1$ 表示两公司新能源汽车差异化形成的交叉影响系数；$\sqrt{u_i(t)}$反映参与市场竞争的两家汽车公司营销投入水平对其汽车销量的影响关系，初期营销投入水平高，对销量影响显著，后期影响作用逐渐减少。

2. 数据的收集

根据车联网及 A 汽车公司和 B 汽车公司财报，A 汽车公司和 B 汽车公司 2015 年 1 月—2019 年 3 月各季度新能源汽车销量和营销费用情况如表 4-8 所示。

表 4-8 A 汽车公司和 B 汽车公司新能源汽车销量和营销费用情况

季度	A 公司汽车销售总量（辆）	A 公司新能源汽车销量（辆）	A 公司营销总费用（万元）	A 公司新能源汽车营销费用（万元）	B 公司汽车销售总量（辆）	B 公司新能源汽车销量（辆）	B 公司营销总费用（万元）	B 公司新能源汽车营销费用（万元）
2015Q1	16 280	7 326	61 131	27 509.04	41 543	1 454	723 049.25	25 306.72
2015Q2	27 491	12 371	58 982	26 541.81	57 286	2 005	429 586.19	15 035.52
2015Q3	35 611	16 025	53 724	24 175.85	94 857	3 320	847 242.30	29 653.48
2015Q4	50 920	22 914	112 962	50 832.95	124 114	4 344	1 553 873.81	54 385.58
2016Q1	37 284	16 778	60 233	27 104.94	127 257	4 454	1 054 442.69	36 905.49
2016Q2	58 802	26 461	120 172	54 077.18	202 314	7 081	983 562.89	34 424.70
2016Q3	62 113	27 951	105 978	47 690.28	220 343	7 712	1 091 852.91	38 214.85
2016Q4	57 969	26 086	133 251	59 962.86	223 400	7 819	1 400 984.87	49 034.47
2017Q1	63 811	28 715	105 900	47 654.82	234 286	8 200	1 251 616.05	43 806.56
2017Q2	65 078	29 285	118 996	53 548.02	262 429	9 185	1 273 941.00	44 587.93
2017Q3	24 693	11 112	128 881	57 996.27	279 686	9 789	1 601 676.23	56 058.67
2017Q4	37 893	17 052	138 753	62 438.85	178 286	6 240	1 984 934.73	69 472.72
2018Q1	63 331	28 499	117 228	52 752.47	383 886	13 436	1 474 418.66	51 604.65
2018Q2	95 176	42 829	145 169	65 326.10	1 244 686	43 564	1 469 594.21	51 435.80
2018Q3	146 464	65 909	152 047	68 421.24	522 743	18 296	1 602 691.58	56 094.21
2018Q4	245 713	110 571	78 084.8	35 138.16	1 892 114	66 224	1 795 598.26	62 845.94
2019Q1	158 887	71 499	115 419.6	51 938.82	780 857	27 330	1 325 851.99	46 404.82

注：数据来源于 A、B 公司季报；公司新能源汽车销售费用=公司营销费用×新能源汽车数量比重。

3．A、B 公司新能源汽车竞争扩散模型的建立

据中国汽车工业协会专家估计，国内新能源汽车最大拥有量为 5 000 万～8 000 万辆，A、B 公司的市场份额分别在 20%和 10%左右，由此设 K_A=1 600 万辆，K_B=800 万辆是合理的。依据式（4.29）和表 4-8 中的数据估计模型参数，得到如下新能源汽车竞争扩散模型。

$$\begin{cases} \dot{N}_A(t)=[0.691+0.001\times\sqrt{u_A(t)}N_A(t)]\left[1-\dfrac{N_A(t)}{1\,600}\right] & R_A=0.568 \\ \dot{N}_B(t)=[0.001\times\sqrt{u_B(t)}N_B(t)]\left[1-\dfrac{N_B(t)}{800}-5.167\times\dfrac{N_A(t)}{1\,600}\right] & R_B=0.704 \end{cases} \tag{4.30}$$

依据式（4.30）所示的模型，A 公司和 B 公司模型预估新能源汽车销量与实际销量的比较结果分别如图 4-19、图 4-20 所示。

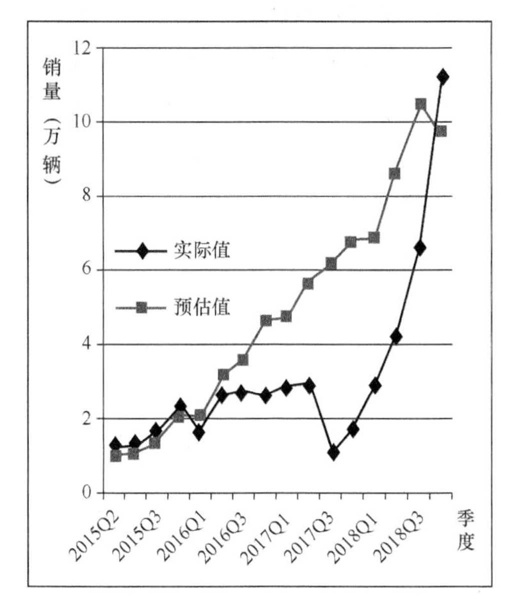

图 4-19　A 公司模型预估新能源汽车销量与实际销量情况（注：Q 代表季度）

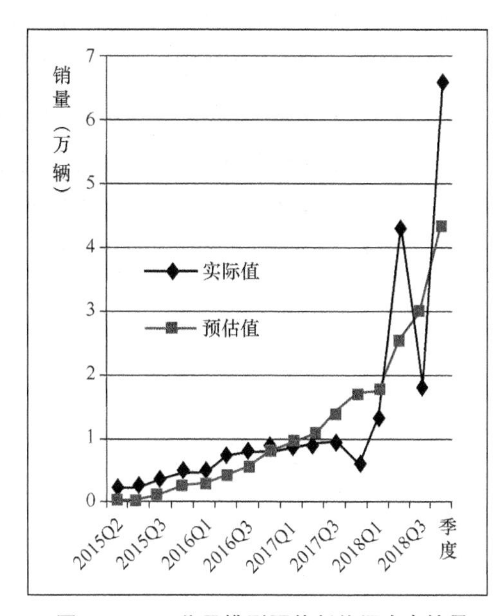

图 4-20　B 公司模型预估新能源汽车销量与实际销量情况（注：Q 代表季度）

从图 4-19、图 4-20 可以发现，A、B 公司新能源汽车竞争扩散模型与公司新能源汽车销量变化趋势一致，但季度预测值与实际销量存在一定的差异性，相关系数 R_A=0.568，R_B=0.704 也反映出这一情况。事实上，新能源汽车的销量不仅与公司营销投入水平有关，还与消费者购买行为、国家财政补贴、品牌优势等有关，是多因素综合作用的结果。因此，在激烈的市场竞争中，若某一竞争性企业新产品单位成本低，产品价格就相对较低，同时，如果企业的营销投入高、品牌知名度较高，市场上的潜在用户就会摒弃其他同类品牌而选择该企业产品，该企业将凭借其比较优势获得较大的市场份额。企业应不断根据竞争对手的情况调整竞争策略，以实现企业目标利润最大化。

思考与练习题

1. 简述分析模型的概念及其分类。

2. 简述系统动态模型构建的关键点。

3. 简述机理法的内涵。

4. 建立竞争产品市场销售动态模型。

5. 2010 年 A 国的人口数为 1 亿，其中 A1 城市的人口数为 1 000 万。A1 城市每年有上一年人口的 4%迁出到该国其他城市，其他城市一年人口的 2%迁入 A1 城市。每年的人口自然增长率为 1%，建立 A 国和 A1 城市人口数量状态空间模型。

6. 某电话公司第 t 年增加 $u(t)$百万元的新资金，$0.75u(t)$用于安装交换设备，$0.25u(t)$用于装设新的传输电缆，以增加长途通信服务。每年对每 1 元价值的交换设备，公司要损失 20 分，对每 1 元价值的电缆，公司要收益 15 分。收益将用于下一年购买更多的交换设备。试计算公司在第 t 年的总价值。

CHAPTER5

第5章 系统仿真

系统仿真是建立在控制理论、相似理论、信息处理技术和计算技术等理论基础之上的，以计算机和其他专用物理效应设备为工具，利用系统模型对真实或假想的系统进行实验，并借助于专家经验知识、统计数据和历史资料对实验结果进行分析研究，进而做出决策的一门综合性的和实验性的学科。

5.1 系统仿真概述

“仿真（Simulation）”一词有时也译作“模拟（Emulation）”，是“模仿真实世界”的意思。在国际标准化组织（International Organization for Standardization，ISO）的定义中，“仿真”即是用另一数据处理系统，主要是用硬件全部或部分地模仿某一数据处理系统，使模仿的系统能像被模仿的系统一样接收同样的数据，执行同样的程序，获得同样的结果。而“模拟”即是选取一个物理的或抽象的系统的某些行为特征，用另一系统来表示它们的过程。

所谓系统仿真（System Simulation），就是根据系统分析的目的，在分析系统各要素性质及其相互关系的基础上，建立能描述系统结构或行为过程的、具有一定逻辑关系或数量关系的仿真模型，据此进行实验或定量分析，以获得正确决策所需的各种信息。

5.1.1 系统仿真的实质

系统仿真就是建立系统的模型（数学模型、物理模型或数学—物理效应模型），并在模型上进行实验。这里的系统既包括土木、机械、电子、水力、声学、热学等技术系统，也包括社会、经济、生态、生物和管理系统等非技术系统。在工程技术界，系统仿真是通过对系统模型进行实验，去研究一个已经客观存在或正在设计中的系统。在建立数学逻辑模型的基础上，系统仿真能够对一个系统按照一定决策原则或作业规则发生的状态变化进行动态描述和分析。对于现实世界的一些问题，通过仿真创立模型，人们可以对问题有更深入的理解。

通常，系统仿真包括系统、模型和计算机 3 个基本要素，而联系这 3 个基本要素的基本活动是系统建模、仿真建模和仿真实验，如图 5-1 所示。

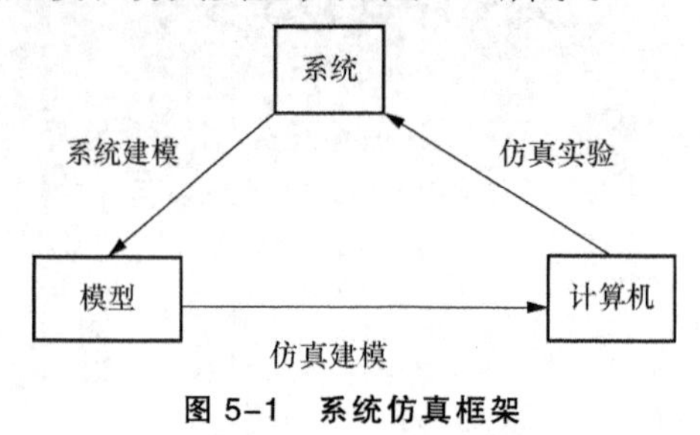

图 5–1 系统仿真框架

5.1.2 系统仿真的作用、方法及步骤

1．系统仿真的作用

（1）系统仿真是系统收集和积累信息的过程。对于大量的现实问题，从经济性、安全性和不可回溯性等角度考虑，系统仿真是唯一能够提供对真实系统的模拟并获得相应信息的方法。

（2）仿真可以辅助决策。利用仿真模型对复杂系统进行模拟和信息处理，可以顺利解决预测、分析、评价与决策等系统问题。

（3）仿真不仅能够启发新的思想、产生新的策略，还能够及时发现真实系统可能存在的问题并提出解决办法。

（4）仿真可以通过降阶、投影等方式将复杂的系统简单化、低维化。

2．系统仿真的方法

系统仿真是建立系统的数学模型并将它转换为适合在计算机上编程的仿真模型，然后对模型进行仿真实验。按被仿真系统的特征不同，系统仿真方法可分为连续系统仿真方法和离散事件系统仿真方法。

（1）连续系统仿真方法。连续系统仿真模型中的变量随时间的变化而连续发生变化，数学模型一般用微分方程描述。根据变量随空间位置变化的不同，连续系统仿真方法又可进一步分为集中参数型连续系统仿真方法和分布参数型连续系统仿真方法。若一个系统的状态变化在时间上是连续的，而且与在空间的位置变化无关，则这个系统被称为集中参数型连续系统。对这类系统仿真一般采用线性或非线性微分方程、状态方程、传递函数等数学模型描述。若一个系统的状态变化不仅在时间上是连续的，而且与空间位置有关，则这个系统被称为分布参数型连续系统。这类系统的仿真采用偏微分方程数学模型描述。

（2）离散事件系统仿真方法。若一个系统的状态变化发生在离散的随机时间点上，且很难用数学函数统一表达，则这个系统被称为离散事件系统。离散事件系统的随机性是一个重要特征，系统中有一个或多个变量不是确定值而是随机变化的，它的输出也往往是随机值，因而描述这类系统的模型通常不采用一组数学表达式，而是用概率分布、排队论等数学模型来描述。

按系统数学模型描述方法的不同，系统仿真可分为定量仿真和定性仿真。定量仿真是指仿真系统中的模型均为基于一定机理、算法建立起来的确定性模型，系统中的输入和输出可以用数值表示。连续系统仿真和离散事件系统仿真均为定量仿真。定性仿真在本质上是一种非数值化表示的建模与仿真方法，其仿真系统中的模型及输入、输出均采用一种模糊不清的、不确定性的、非量化的形式表示。定性仿真是在对复杂系统的仿真研究中发展起来的，能处理不完备的知识和深层次的知识及决策，这是定量仿真不具备的优势。定性仿真能处理多种形式的信息，有推理能力和学习能力，能初步模仿人类的思维方式，人—机界面更符合人的思维习惯，所得结果更容易理解。

3. 系统仿真的步骤

系统仿真的步骤围绕仿真的 3 项基本活动展开，主要是系统建模、仿真建模和仿真实验，如图 5-2 所示。

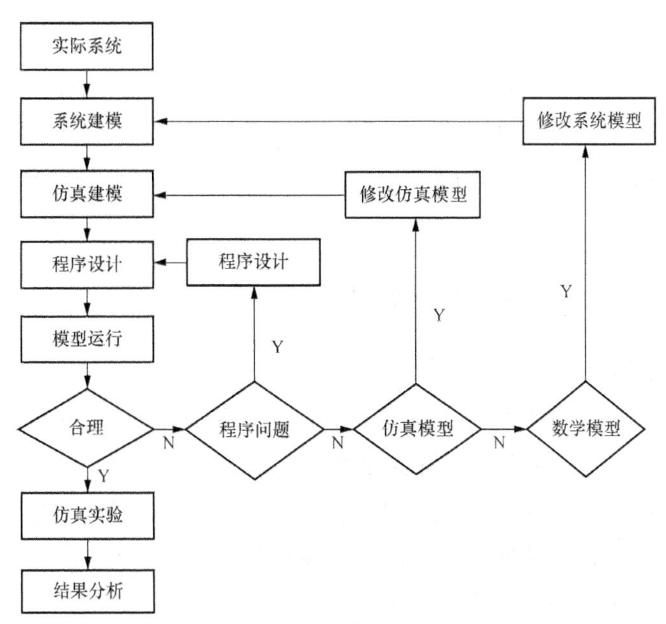

图 5-2　系统仿真的步骤

（1）系统建模。因为仿真是基于模型的活动，所以首先要针对实际系统建立模型。通常根据系统先验知识、仿真目的和实验数据来确定系统数学模型的框架、结构和参数，模型的繁简程度应与仿真目的相匹配，确保模型的有效性和仿真的经济性。

（2）仿真建模。根据数学模型的形式、计算机的类型以及仿真目的，将数学模型变成适合于计算机处理的形式，即仿真模型，建立仿真实验框架，并验证模型变化正确性。

（3）程序设计。将仿真模型用计算机能执行的程序来描述。程序还要包括仿真实验的要求，如仿真运行参数、控制参数、输出要求等。早期的仿真往往采用通用的高级程序语言编程，随着仿真技术的发展，一大批适用不同需要的仿真语言被研制出来，大大减少了程序设计的工作量。

（4）模型运行。分析模型运行结果是否合适，如不合适，从前几步中查找问题并修正，直到结果满意。

（5）仿真实验。根据仿真目的，在计算机上对模型进行实验。

（6）结果分析。根据实验要求对结果进行分析、整理及文档化，根据分析的结果修正数学模型、仿真模型、仿真程序，以进行新的仿真实验。

5.2 系统动力学

系统动力学（System Dynamics，SD）是系统科学理论与计算机仿真紧密结合，研究系统反馈结构与行为的一门科学。系统动力学运用“凡系统必有结构，系统结构决定系统功能”的系统科学思想，根据系统内部组成要素互为因果的反馈特点，从系统的内部结构寻找问题发生的根源，而不是用外部的干扰或随机事件来说明系统的行为性质。

系统动力学对问题的理解，是基于系统行为与内在机制间的相互紧密的依赖关系，并且透过数学模型建立与操作的过程获得的，通过逐步发掘出产生变化形态的因果关系，可建立系统动力学模型结构。所谓系统动力学模型结构，是指由一组环环相扣的行动或决策规则构成的网络。例如，指导组织成员每日行动与决策的一组相互关联的准则、惯例或政策，这一组结构决定了组织行为的特性。

5.2.1 系统动力学的发展与特点

1. 系统动力学的发展

系统动力学的出现始于1956年，其创始人为美国麻省理工学院的福瑞斯特（Forrester）教授。他为分析生产管理及库存管理等企业问题提出了系统仿真方法。他于1961年出版的《工业动力学》是系统动力学理论与方法的经典论著，系统动力学的早期称呼——“工业动力学”由此而来。然后，福瑞斯特又出版了《系统原理》《城市动力学》，其他学者也相继出版了著作。随着系统动力学的应用范围日益扩大，几乎遍及各类系统，深入各种领域，学科的应用远远超越了“工业动力学”的范畴，因此改称为“系统动力学”。

系统动力学在 20 世纪 70—80 年代进入发展成熟阶段。这一时期的标志性成果是系统动力学世界模型与美国国家模型的研究。20 世纪 90 年代至今，系统动力学得到了广泛传播，在项目管理、学习型组织、物流与供应链、公司战略等领域得到了广泛应用。

2．系统动力学的特点

（1）系统动力学问题是动态的问题，这些问题通常是用随时间连续变化的量来表示的，如人口变化、资源变化等。

（2）应用系统动力学研究复杂系统，能够容纳大量变量，一般可达数千个。

（3）系统动力学模型既有描述系统各要素之间因果关系的结构模型（以此来认识和把握系统结构），又有用专门形式表现的数学模型（以此进行仿真实验和计算，以掌握系统的未来动态行为）。因此，系统动力学是一种定性分析和定量分析相结合的仿真技术。

（4）在系统动力学模型中，能够设定各种控制因素，当改变输入的控制因素（如不同的组织状态、经济参数或不同的政策因素）时，可观察系统的行为和变化的趋势，动态模拟系统。

（5）系统动力学通过模型进行仿真计算的结果，都用预测未来一定时期内各种变量随时间变化的曲线表示。也就是说，系统动力学能处理高阶次、非线性、多重反馈的时变复杂系统的有关问题。

5.2.2 系统的因果反馈回路

复杂系统总是由许多因果反馈回路耦合而成的。系统动力学就是使用反馈来揭示原因和寻找解决问题的办法，因果关系是构成系统动力学模型的基础。所谓反馈回路，是指由两个或两个以上具有因果关系的变量，以因果关系彼此连接而成的闭合结构。如图 5-3 所示，因果关系可以用连接因果要素的带有箭头的有向边来描述。因果关系按其影响作用的性质可分为正因果关系和负因果关系，可分别用符号+和–表示。正因果关系表明当原因引起结果时，原因和结果的变化方向是一致的，负因果关系则与之相反。例如，在图 5-3 中，生产增加和收入增加就是正因果关系，商品减少和生产增加则是负因果关系。

因果关系构成反馈回路后，按照整个反馈回路的效果，反馈回路也可分为正反馈回路和负反馈回路，如图 5-3 所示。在正反馈回路中，任何变量的变动都能达到该变量自我增强变动的效果。例如，在图 5-3（a）中，国民收入的增加使国民的购买力增强，促使生产量增加，反过来，生产量增加又会使国民收入增加。在负反馈回路中，任何变量的变动能造成该变量产生抑制变动的效果，即具有自我调整的特性。例如，在图 5-3（b）中，商店的库存量增加，会使库存差额（即期望库存量与实际库存量之差）减少，从而商店向生产工厂订货的速度也放慢，反过来，订货速度变快会造成库存量减少，从而起到自我调节和平衡的作用。

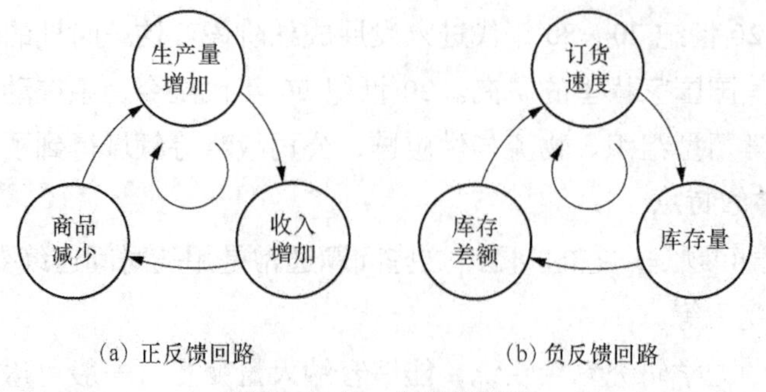

(a) 正反馈回路　　(b) 负反馈回路

图 5-3　正、负反馈回路

复杂的社会系统通常都是由一些相互关联的反馈回路组成的。图 5-4 就是一个复杂的因果关系回路，它表示从生态学看人口增长的因果关系，由 1 个正反馈回路和 3 个负反馈回路构成。正反馈回路和负反馈回路影响的相互作用，常常可以使一个系统经过起伏振荡而逐步趋于稳定。

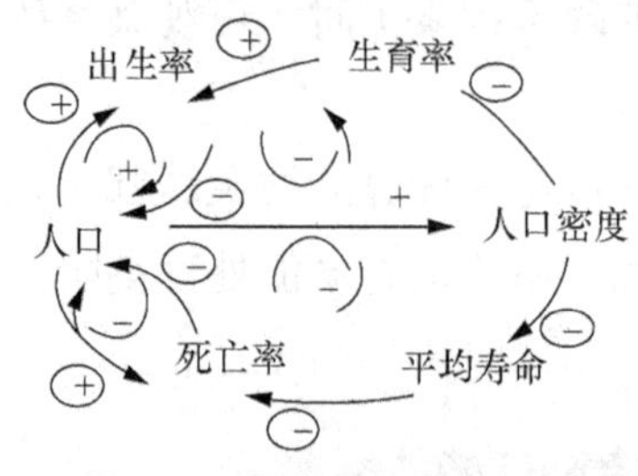

图 5-4　复杂因果关系回路

5.2.3　系统结构和动态行为

因果反馈回路表达了系统发生变化的原因，但这种定性描述还不能确定使回路中的变量发生变化的机制。为了建立系统动力学方程，可进一步用反馈决策回路表示系统各元素间的关系，其基本结构可用图 5-5 表示。在这里，源（或汇）可认为是回路的环境，决策是回路的控制行为，系统状态表示系统的真实情况，系统的表现水平则是系统状态的信息水平，在时间上通常有所滞延。

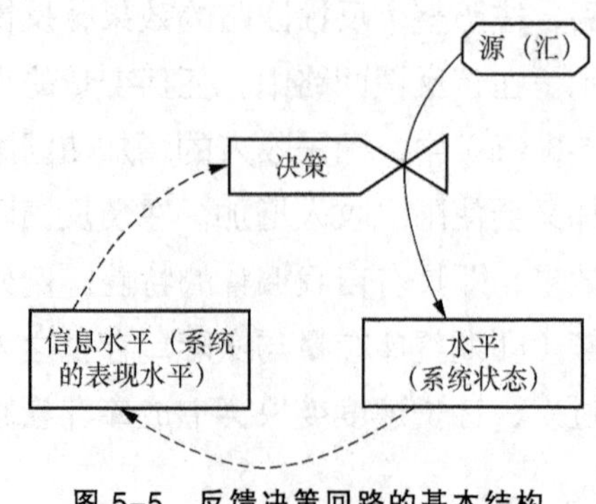

图 5-5　反馈决策回路的基本结构

系统动态行为是指系统特征变量随时间变化的情况。图 5-6 所示为几种典型的系统动态行为曲线：曲线 A 表示简单的反馈系统，变量随时间增加而增加，但增加速率随变量值增加而逐渐减小，最后趋于某数值，属负反馈；曲线 B 则为复杂系统的动态行为，随时间震荡，然后趋于某一目标值，属负反馈；曲线 C 表示系统变量随时间呈指数增长，属正反馈；曲线 D 表示的动态行为开始一段时间如同曲线 C，而后同曲线 B 呈震荡态，属组合型系统动态行为。

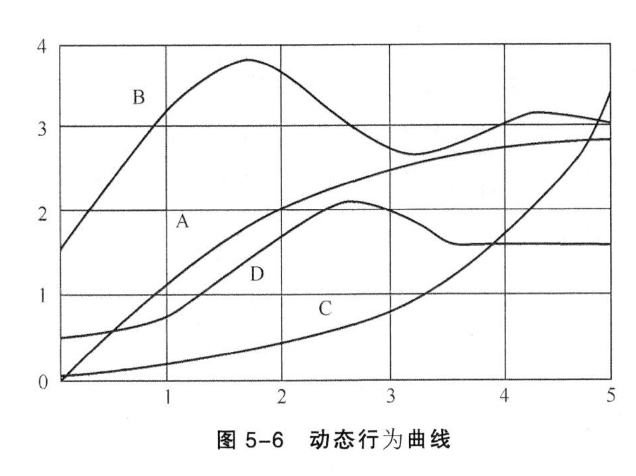

图 5–6　动态行为曲线

5.2.4　系统结构模型方程

系统是由许多反馈回路组合而成的，每一个反馈回路模型则是通过一组微分方程来表示的，这就是模型方程。模型方程能反映系统行为随时间改变的动态行为，其中最重要的两个概念是水平变量（也称状态变量）和速率变量（也称决策变量）。所谓水平（状态）变量，是指能表征系统某种属性的变量，一般它应该是一个积累量，如人口数量、库存量等；而速率（决策）变量是指水平（状态）变量变化的速度，在系统中描述的是物质的实际流动，如人口出生与死亡、库存的入库与出库等。

图 5-7 反映了系统动态行为的过程。L_1 和 L_2 为两个水平变量，R_1 和 R_2 为相应的速率变量。在变量后面注以 J、K、L 分别表示前一时刻、现在时刻和后一时刻。在时间轴上，J、K、L 是循环前移的，某一时刻总是经历 J、K、L 状态。考查系统状态的时间间隔为 DT（也称求解区间），其选取通常小于系统中最短一阶延迟的 1/2，大于最短一阶延迟的 1/10。

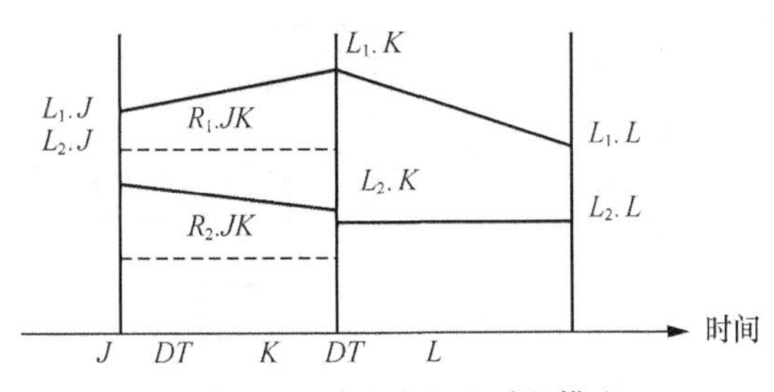

图 5–7　系统动态行为过程描述

1．水平方程

水平方程的标号为 *L*

$$LLL.K=LL.J+(DT)(RA.JK-RS.JK)$$

式中，*LL* 为水平变量名，*LL.J*、*LL.K* 分别为 *J*、*K* 时刻的水平变量；*DT* 为求解区间；*RA.JK* 为在 *J* 到 *K* 间隔内使水平 *LL* 增加的速率变量；*RS.JK* 为在 *J* 到 *K* 间隔内使水平 *LL* 减少的速率变量。

2．速率方程

速率表示单位时间内水平的变化，速率方程的标号为 *R*。以订货速率为例

$$ROR.KL=(1/AT)(DI-IK)$$

式中，*OR.KL* 为 *K* 到 *L* 间隔内的订货速率；*AT* 为调整时间；*DI* 为要求的库存量；*IK* 为 *K* 时刻的库存量，为水平变量。

3．辅助方程

辅助方程的标号为 *A*。在上式的速率方程中，假设 *DI* 要求的库存量为一个变量（等于要求库存量平均销售的周数 *WID* 与平均销售率 *AS.RK* 的乘积），为使方程书写清晰，通常不带入速率方程，而是独立列出。

$$ROR.KL=(1/AT)(DI.K-IK)$$

$$ADI.K=(WID)(AS.RK)$$

此外，还有初始条件方程、常数方程、表方程等，有关求解区间的确定以及方程的详细内容等，可参见有关文献。

5.2.5 流程图

在应用系统动力学建模时，首先建立系统动力学流程。库存系统结构流程如图 5-8 所示。

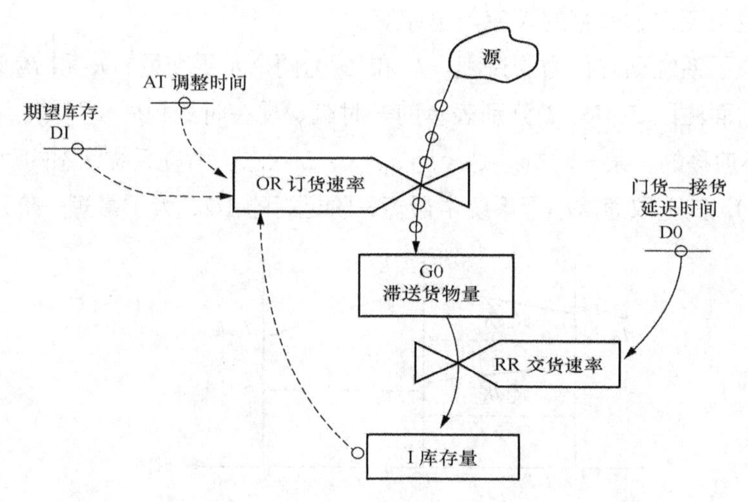

图 5-8 库存系统结构流程

5.2.6　系统动力学建模

系统动力学建模的步骤一般包括明确问题，确定系统边界；提出动态假说；建立模型；模型测试；评估和改进。

1．明确问题，确定系统边界

在对一个系统建模之前，首先要明确需要研究的问题。现实世界是抽象而复杂的，存在众多变化的因素，但不是所有的因素都对研究目标有帮助。一个包含了所有因素的、全面的模型往往是复杂且难以理解的。建模的艺术在于割舍掉所有的无关变量，保留相关的起作用的关键变量并建立变量之间的联系。明确需要研究的问题是什么，确定系统的边界，可以简化建模的工作，使模型“短小精悍”。例如，在研究全球变暖模型时，不需要考虑与人口就业、失业相关的问题；在研究企业能源消耗模型时，可以排除企业员工社会保险变动的影响。

2．提出动态假说

当一个问题被明确并经过适当的分析后，建模者就应该开始提出阐述解释问题的假说了。假说必须以内在反馈和系统存量流量图的形式对问题的内在特征提出解释，因此这个假说是动态的。从现实世界提取出若干变量，并通过系统边界图、子系统图、因果回路图、存量流量图、政策结构图以及其他可以利用的工具加以描述，提出一个由系统内部反馈结构导致动态变化的假设。这个假设是暂定的，在建模过程中可以根据具体情况修正。

3．建立模型

完成问题明确、系统边界确定、动态假说等工作后，就可以建立模型了。构建复杂系统的模型不是一件简单的事，现实中往往无法正确推论复杂模型的动态变化，大多数情况下，需要借助数学工具进行模拟测验。构建一组数学方程式并估计参数、确定初始条件无疑是分析动态模型的有效方法。

4．模型测试

模型测试实质上是一个证伪的过程，系统动力学建模者已经创建了各种专门的测试来发现缺陷并改进模型，模型测试主要有以下类型：单位一致性检测、现实性测试、极限测试、边界适当性测试、结构评价测试、量纲一致性测试、参数估计测试、极端条件测试、积分误差测试、行为重现测试、行为异常测试、家族成员测试、意外行为测试、敏感性测试，以及系统改进测试。这里主要介绍单位一致性检测、现实性测试、极限测试和敏感性测试。

（1）单位一致性检测。单位一致性检测的目的是确定公式是否有意义。假设水池中水量的变化仅是由入水口进水和出水口排水引起的，且进水和排水均是匀速进行的，因此有

$$水量=原有水量+流入速率\times时间-流出速率\times时间$$

公式两边同时加上单位变成

水量（m^3）=原有水量（m^3）+流入速率（m^3/min）×时间（min）-流出速率（m^3/min）×时间（min）

很明显，公式等号两边的单位是一致的，即这一公式是有意义的。

（2）现实性测试。一个完善的模型，它的运行结果必须在任何情况下都符合现实情况，符合自然规律；否则，这个模型就存在错误，需要被改进。

在人口数量模型中，人口的变化量为出生率×人口基数-死亡率×人口基数。当出生率较低、死亡率较高时，人口数量增长缓慢甚至可能出现负增长。2015 年国家出台了“二孩政策”，人口出生率在政策影响下会有明显的提高，而死亡率在没有特殊情况影响下，短时间内不会出现过大变化。如果人口数量模型是符合现实的，那么在未来几年内，人口数量会明显地快速增长。再如，人在饥饿状态下，满足感随进食数量的变化而变化，一开始随进食数量的增加而增加，增加到一定程度后，每单位食物带来的满足感在降低，出现饱腹感后，食物的增加并不能再带来满足感，甚至可能使满足感减弱。模型应能反映这一变化过程，而不是满足感简单地随进食量的增加而增加。如果经过多个现实性测试，模型都没有出现问题，这个模型就通过了现实性测试。

（3）极限测试。模型的正确性不仅体现在常规情况下，而且即使在极限状态下，模型的运行结果也应该符合自然规律。例如，水池中的水量不可能为负值，只有考虑到各种极限情况的存在，这个模型才可以说是符合要求的。

（4）敏感性测试。模型中的一个变量在一定范围内变化，模型的运行结果也随之变化，敏感性测试的就是模型运行结果变化的度。运行结果对变量的反应不能不敏感，也不能过于敏感。对于在敏感性测试中不是很敏感的部分，不需要反复求证和推敲；对于敏感性测试结果是敏感的参数或结构，参数取不同的值或者选取不同的结构，最后模型的行为有显著的差异，则说明参数要准确估计，或者结构需要准确描述或重新调整。

5．评估和改进

建模进行到这里，就可以对现实世界的情况进行模拟和评估了。建模是反复的过程，而不是简单步骤的线性排列。开始时，对问题的理解可能会出现偏差，随着在建模过程中对系统了解的深入，系统边界、变量、初始条件、系统模型等都可以修正。另外，外界环境的变化也可能导致模型的模拟结果偏离现实。例如，在研究人口数量模型时，就要考虑到政策对出生率的影响。

5.2.7 系统动力学建模仿真语言

系统动力学是研究某一类复杂系统问题的方法学。它将 DYNAMO 语言作为建模语言。DYNAMO 语言的名称是由 Dynamic Models（动态模型）混合缩写而成的，表明了系统动力学预期用来模拟真实世界系统，通过计算机跟踪、模拟随时间变化而发生变化的系统动态行为的用途。系统动力学采用系统流程图映射现实生活中的复杂系统，而 DYNAMO 语言则将系统流程图的模型输入计算机中进行运算并输出结果。目前，基于系统动力学，许多软件公司开发了满足不同用户需求的系统仿真软件，主要包括 Vensim PLE、Goldsim、Powersim、Stella、iThink、NetLoge 等。

1. Vensim PLE

Vensim 是由美国 Ventana Systems 公司开发的一款界面友好、操作简单、功能强大的系统仿真软件。Vensim 是一款可视化的模型工具，使用该软件可以对动力学系统模型进行概念化、模拟、分析和优化。Vensim PLE 和 PLE Plus 是为简化系统动力学的学习而设计的 Vensim 的标准版本。Vensim PLE 作为 Vensim 系统动力学模拟环境的个人学习版，提供了一个非常简单易用的基于因果关系链、状态变量和流程图的建模方式。Vensim 用箭头来连接变量，系统变量之间的关系作为因果连接而得到确立，利用方程编辑器可以方便地建立完整的模拟模型。通过建立过程、检查因果关系、使用变量以及包含变量的反馈回路，可以分析模型。当建立起一个可模拟的模型，Vensim 可以从全局研究模型的行为。Vensim PLE 适合于建立规模较小的系统动力学模型，而 Vensim PLE Plus 的功能更加强大，支持多视图，适合模拟大规模复杂性模型。

Vensim 提供了对所建模型的多种分析方法。Vensim 可以对模型进行结构分析和数据集分析，结构分析包括原因数分析、结果树分析等，数据集分析包括变量随时间变化的数据值及曲线图分析。此外，Vensim 还可以实现对模型的现实性检验，以判断模型的合理性，从而相应调整模型的参数或结构。

由于 Vensim PLE 软件能够以图形和编辑语言两种方式建立系统动力学模型，同时具备模型建构容易、人工编辑 DYNAMO 语言的优点，并提供了政策评估功能，因此得到了广泛应用。

2. Goldsim

Goldsim 是 Monte Carlo（蒙特卡洛）仿真软件的解决方案，适用于解决复杂系统的动态建模问题，广泛应用于商业、工程和科学等相关领域。Goldsim 公司为一些特殊用途的行业设计了专门的仿真软件，如供应链管理仿真软件。运用 Goldsim 软件可以对建立的供应链管理模型进行问题诊断、运作优化、方案评价，减少企业因决策错误带来的风险。

3. Powersim

Powersim 软件由挪威的 Powersim Software 公司推出，是一款主要面向于企业决策、提高企业应变能力的仿真软件。该软件通过虚拟的计算机模型来帮助企业找出实际问题的解决方法，并提高企业面对问题时的分析、理解和制定策略的能力。英国电信、微软、IBM 和麦当劳都是 Powersim Software 公司的客户。

4．Stella、iThink

Stella、iThink 都是由荷兰的 IseeSystems 公司开发的，它们具有相同的图形化使用界面，功能基本相同。Stella 定位于个人研究和教育，而 iThink 面向于企业，并且在提供企业和组织流程模型的建构及仿真上，除了提供离散事件的模拟外，还为企业人员提供了撰写用户帮助文件的功能。

5．NetLogo

NetLogo 是一个用来对自然和社会现象进行仿真的可编程建模环境。建模人员能够向成百上千独立运行的"主体"（Agent）发出指令，使得探究微观层面上的个体行为与宏观模式之间的联系成为可能。它也是一个编程环境，学生、教师和课程开发人员可以创建自己的模型，运行仿真软件并参与其中，探究不同条件下可能的行为。NetLogo 有详尽的文档和教学材料，用户可以查阅相关资料掌握 NetLogo 的使用方法。

5.2.8 NetLogo 仿真软件使用简介

1．**NetLogo 软件的特点**

NetLogo 是由 Uri Wilensky 在 1999 年发起的，由链接学习和计算机建模中心（Center for Conneted Learning and Computer-Based Modeling，CCL）负责持续开发。NetLogo 是继承了 Logo 语言的一款编程开发平台，但它改进了 Logo 语言只能控制单一个体的不足，它可以在建模中控制成千上万个个体，因此，NetLogo 建模能很好地模拟微观个体的行为和宏观模式的涌现以及两者之间的联系。NetLogo 是用于模拟自然和社会现象的编程语言和建模平台，特别适合于模拟随时间发展的复杂系统。建模人员能够向成百上千的独立运行的"主体"（Agent）发出指令。这就使得探究微观层面上的个体行为与宏观模式之间的联系成为可能。这些宏观模式是通过许多个体之间的交互涌现出来的。

NetLogo 是一系列源自 StarLogo 的多主体建模语言的下一代。它在 StarLogo 的基础上，增加了许多显著的新特征，重新设计了语言和用户界面。NetLogo 是用 Java 实现的，因此可以在所有主流平台（Mac、Windows、Linux 等）上运行。它可以作为一个独立应用程序运行，其模型也可以作为 Java Applets 在浏览器中运行。NetLogo 足够简单，学生和教师可以非常容易地进行仿真，或者创建自己的模型，并且它足够先进，在许多领域都可以作为一个强大的研究工具。

NetLogo 有详尽的文档和教学材料。它还带着一个模型库，库中包含许多已经写好的仿真模型，可以直接使用，也可以修改后使用。这些仿真模型覆盖自然和社会科学的许多领域，包括生物和医学、物理和化学、数学和计算机科学，以及经济学和社会心理学等。

2．**NetLogo 安装及运行环境**

NetLogo 的界面简单，用户可以快速地、整体地了解它，并掌握深入学习的精髓。下面介绍 NetLogo 的安装及运行环境。

首先下载 NetLogo 4.0.2 版本。下载后的安装过程如下。

（1）单击安装程序图标，安装进程在页面左侧显示，如图 5-9 所示。

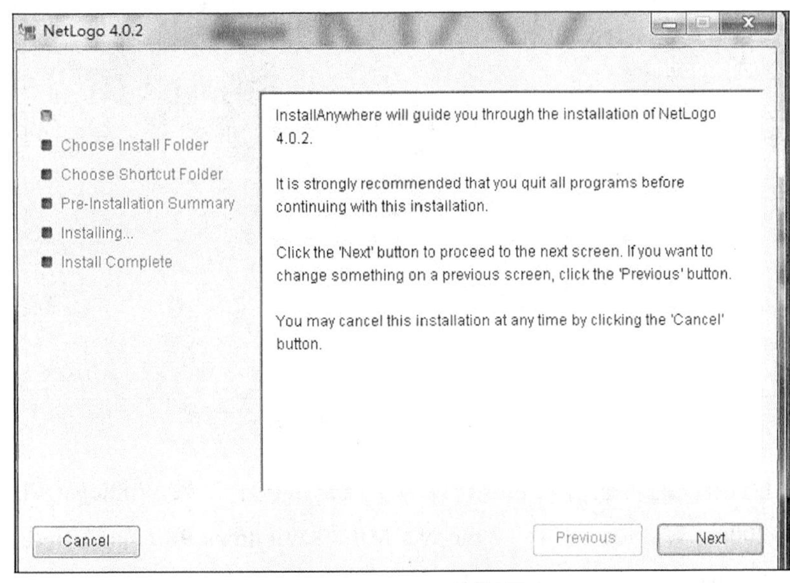

图 5-9　NetLogo 安装界面

（2）NetLogo 的安装过程十分简单，单击“Next”按钮即可，在图 5-10 所示的界面中可以选择安装路径。

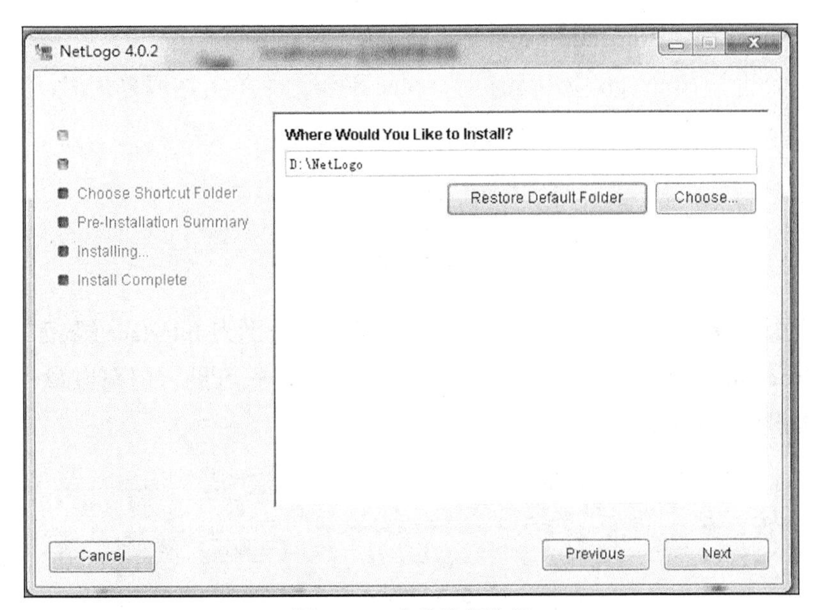

图 5-10　安装路径选择

（3）完成安装，启动 NetLogo 程序，如图 5-11 所示。

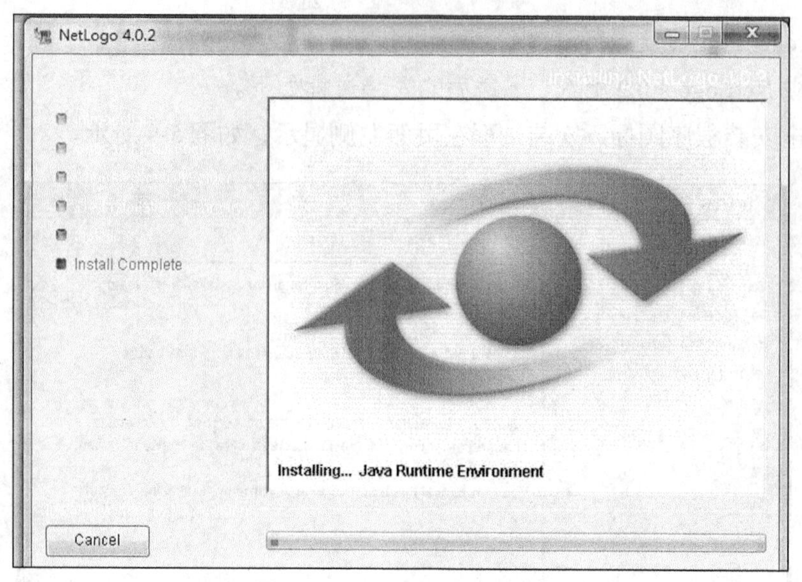

图 5-11　NetLogo 程序启动

NetLogo 几乎可以运行在目前的所有计算机操作系统上，如 Windows Vista、Windows XP、Windows 2000、Windows NT、Windows ME 和 Windows 98。如果 NetLogo 不能正常运行，则发送错误报告到 bugs@ccl.northwestern.edu。

3．**用户界面**

在 NetLogo 中可以查看模型库中的模型，增加或创建自己的模型。NetLogo 界面设计用来满足用户需求。通常界面分成菜单和主窗口两个主要部分，其中主窗口又分成 Interface、Information、Procedures 3 个标签页。

（1）菜单。运行 NetLogo 应用程序时，Mac 平台的菜单条在屏幕顶部；其他平台的菜单条在 NetLogo 窗口的顶部。菜单条如图 5-12 所示。

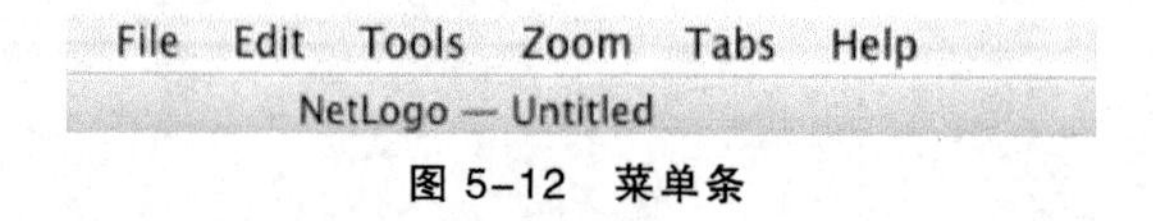

图 5-12　菜单条

（2）标签页。NetLogo 主窗口的顶部有 3 个标签页，分别为 Interface（界面）、Information（信息）和 Procedures（例程），任意一时刻只有其中之一可见，但可以单击窗口顶部的标签切换，如图 5-13 所示。

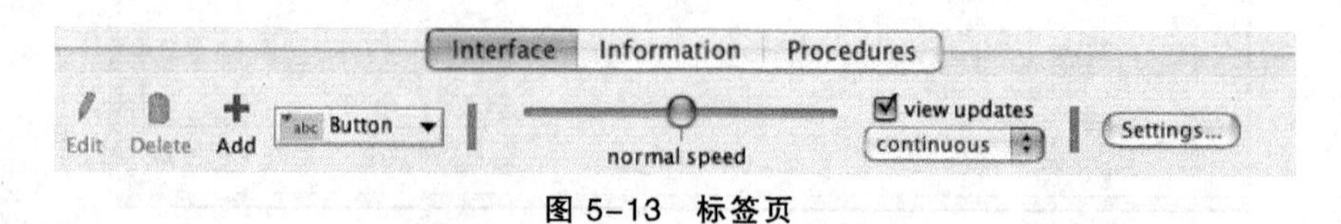

图 5-13　标签页

这些标签下方是一个工具条，上面有一排按钮，切换标签时会显示不同的按钮。

在界面可以查看模型的运行，其中有工具监视和更改模型内部的运行情况。

打开 NetLogo 时，界面只有主视图和命令中心，其中，主视图显示海龟和瓦片，命令中心用来发出 NetLogo 命令。

界面工具条中的按钮用来编辑、删除、创建界面项，还有一个下拉列表用来选择不同的界面项（如按钮和滑动条），如图 5-14 所示。

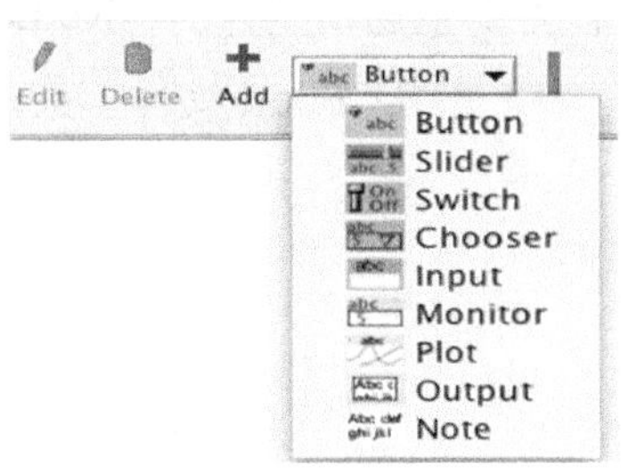

图 5-14　界面页

界面中的大块黑色区域是 2D 视图，它是 NetLogo 海龟和瓦片世界的一种可视化表示。初始时它是全黑的，因为瓦片是黑色的，还没有海龟。在视图控制条上单击“3D”按钮，打开 3D 视图，如图 5-15 所示，这是海龟和瓦片世界的另外一种可视化表示。

图 5-15　3D 视图打开界面

命令中心用来直接发出命令（命令是给模型中的主体发出的指令），而不需要将这些命令加入模型的例程，如图 5-16 所示，这对运行时监视和操纵主体有很大的帮助。

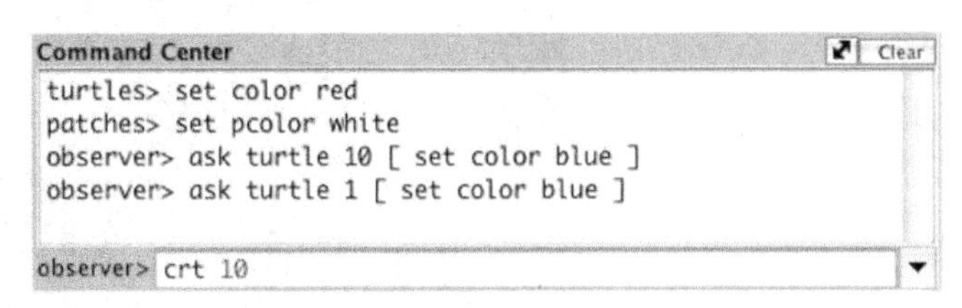

图 5-16　命令中心发出命令

单击图形窗口右上角的“Pens”按钮，将隐藏或显示画笔图例。在绘图的白色区域上移动鼠标指针，会显示绘图点的 x 和 y 坐标（注意：鼠标指针位置可能和数据点不是精确对应，如果想知道绘图点的精确坐标，使用图形窗口的 Export Plot 菜单项，在其他程序中查看输出文件，如图 5-17 所示）。创建一个新绘图时，编辑对话框会自动出现。

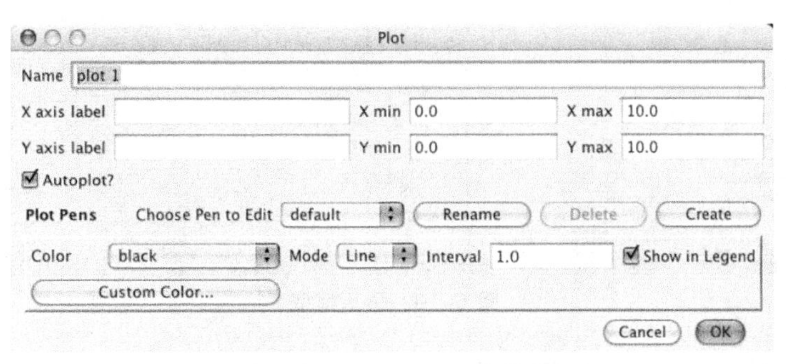

图 5-17　Export Plot 菜单项

4．捕食者—被捕食者模型仿真分析

NetLogo 仿真模型覆盖自然和社会科学的许多领域，包括生物和医学、物理和化学、

数学和计算机科学，以及经济学和社会心理学等。以狼吃羊（这是一个捕食者—被捕食者模型）生物模型为例，NetLogo 的应用过程如下。

（1）从 File（文件）菜单打开模型库，如图 5-18 所示。

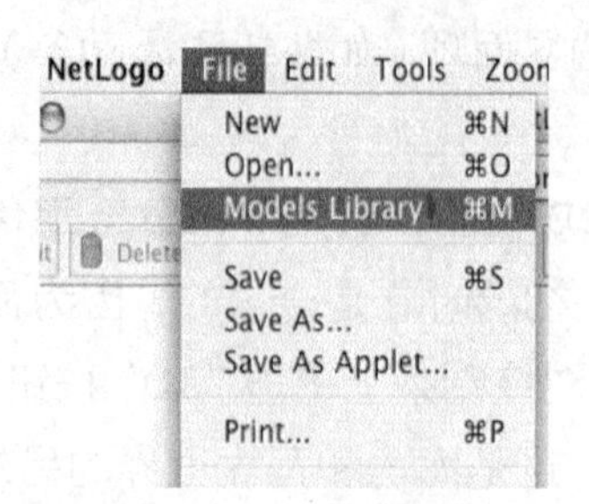

图 5-18　打开模型库

（2）选择“Biology”→“Wolf Sheep Predation”，单击“Open”按钮，如图 5-19 所示。

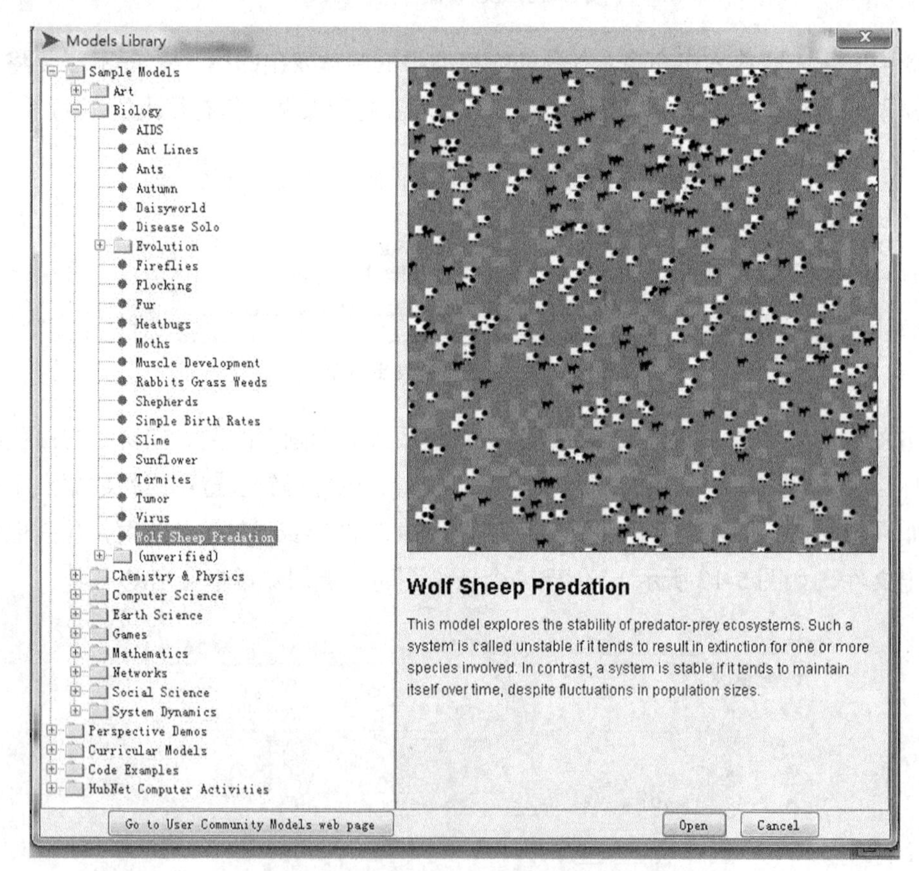

图 5-19　选择模型

打开的界面标签页有很多按钮、开关、滑动条和监视器，这些界面元素让用户与模型交互：按钮是蓝色的，用来设置、启动、停止模型；开关和滑动条是绿色的，用来修改模型配置；监视器和绘图是浅褐色的，用来显示数据。界面标签页如图 5-20 所示。

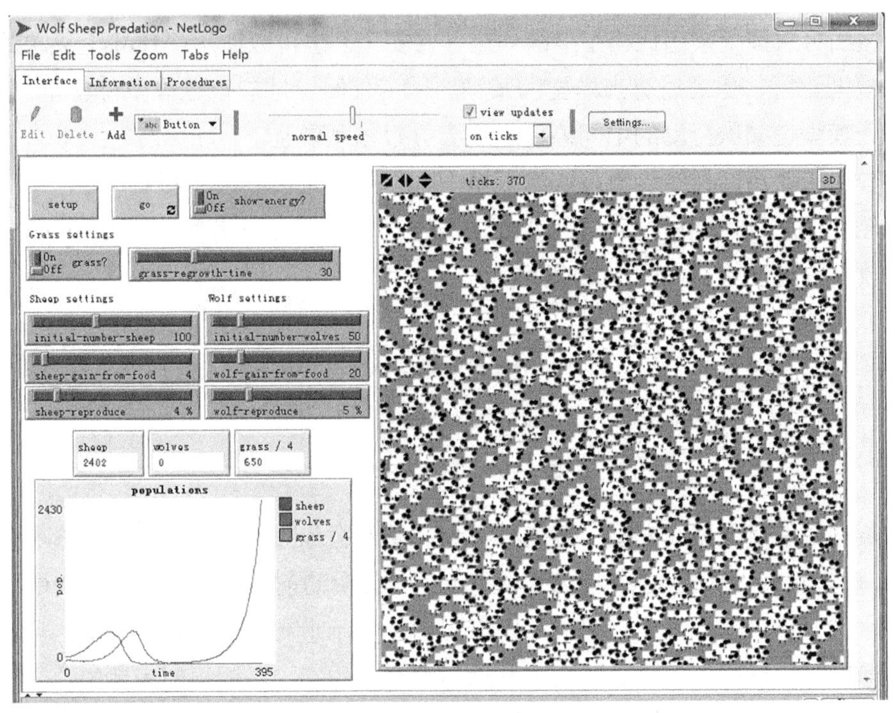

图 5-20 界面标签页

如果想让窗口大一些，使所有元素都很容易看到，可以使用窗口顶部的“Zoom”菜单。第一次打开模型，看到视图是空的（全黑），要让模型开始运行，需要先进行初始设置。

（3）单击“setup”按钮，观察视图中出现什么。

① 单击“go”按钮开始运行仿真模型时，观察狼群和羊群发生什么变化。

② 单击“go”按钮停止运行仿真模型。

界面标签页主要内容如下。

（1）控制模型：按钮。按钮按下后，模型会执行一个动作做出响应。按钮分为“一次性”（Once）和“永久性”（Forever）两种，可以通过按钮上的符号区分。永久性按钮的右下角有两个箭头，如图 5-21 所示。一次性按钮的右下角没有箭头，如图 5-22 所示。

图 5-21 永久性按钮　　　图 5-22 一次性按钮

一次性按钮执行动作一次然后停止，当动作完成时，按钮弹起；永久性按钮不断地执行一个动作，如果想让动作停止，需再次按下按钮，它会完成当前动作，然后弹起。

大多数模型，包括狼吃羊模型，有一个一次性按钮称为“setup”和一个永久性按钮称为“go”。许多模型还有一个一次性按钮称作“go once”或“step once”，它们很像“go”按钮，但区别在于它们只执行一步（时间步长）。使用这样的一次性按钮能让用户更仔细地查看模型的运行过程。停掉永久按钮是终止模型的正常方式，通过停止永久性按钮暂停模型运行，然后再次按下按钮让模型继续，这非常安全。也可以使用“Tools”菜单的“Halt”命令停止模型运行，但是只有当模型因某种原因卡住时，才应该这样做。使用“Halt”命令可能会让模型在某次行动的中间停住，这会导致模型混乱。

思考：如果使用同样的设置多次运行模型，结果是否会有所不同？

（2）控制速度：速度滑动条。速度滑动条控制模型运行的速度，即海龟的移动速度、瓦片颜色改变的速度等，如图 5-23 所示。

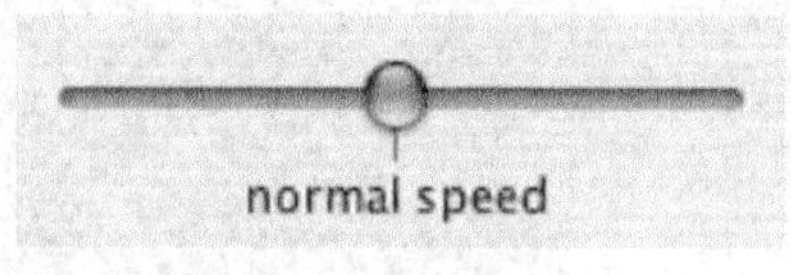

图 5-23 速度滑动条

滑动条左移使模型速度变慢，每个时间步之间的暂停时间变长，这样更容易观察发生了什么，让模型运行得极慢，能看到每个海龟做什么；滑动条右移使模型速度变快。NetLogo 可能会跳帧，表示不再是每个时间步都刷新视图。显示世界状态要耗费时间，因此少显示这些一般意味着运行速度更快。注意，滑动条太靠右的话，视图更新太频繁，看起来却好像变慢了。实际并没有变慢，只是视图更新慢了，可以根据时钟显示确认这一点。

（3）调整设置：滑动条和开关。模型的配置给了用户尝试不同场景或假设的机会。修改配置，然后运行模型，观察这些改变引起的反应，使用户更深入地了解所模拟的现象。开关和滑动条用来修改模型配置。图 5-24 是狼吃羊模型中的开关和滑动条。

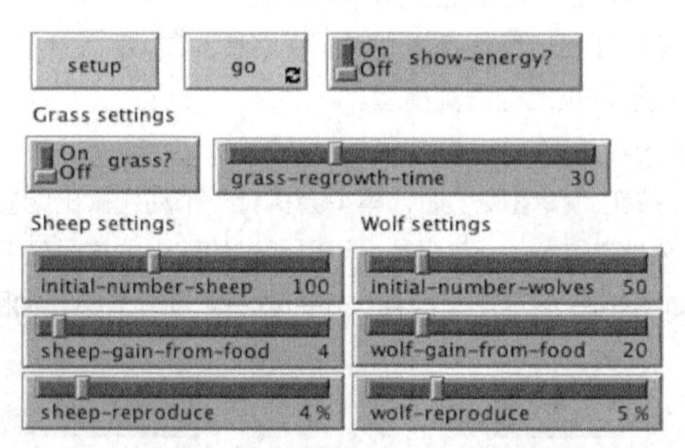

图 5-24 狼吃羊模型中的开关和滑动条

这些行为的效果通过以下操作可以看到。

- 打开狼吃羊模型。
- 单击“setup”和“go”按钮，运行大约 100 时间步（注意：图 5-25 右上显示的 ticks:92 为时钟读数）。
- 单击“go”按钮停止。

仿真结果如图 5-25 所示。

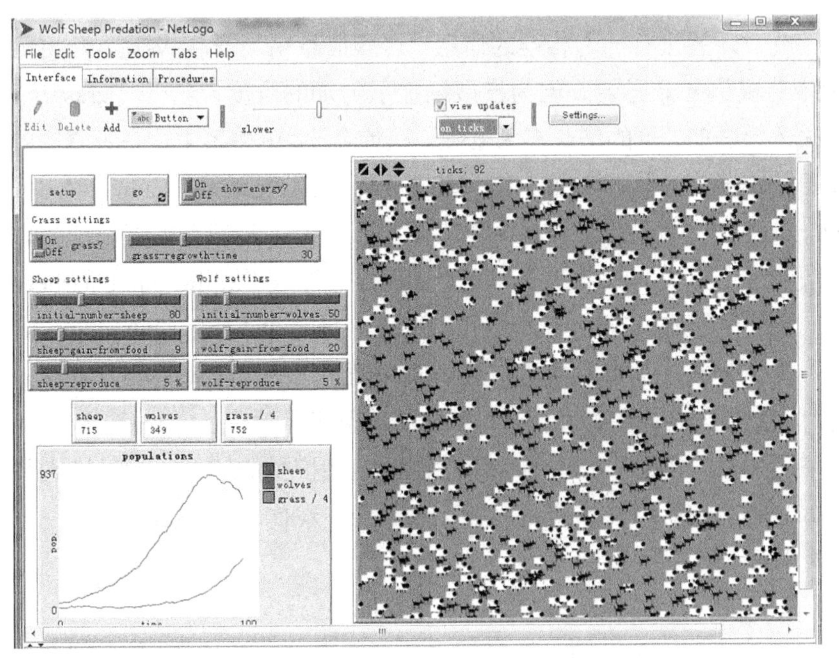

图 5-25　实验结果

如果改变下面的设置，羊群怎么变化。

- 打开“grass?”开关。
- 单击“setup”和“go”按钮，运行与上次差不多相同的时间。

思考：这个开关对模型有什么作用，结果是否和上次一样，观察图 5-26 与图 5-25 有什么不同之处。

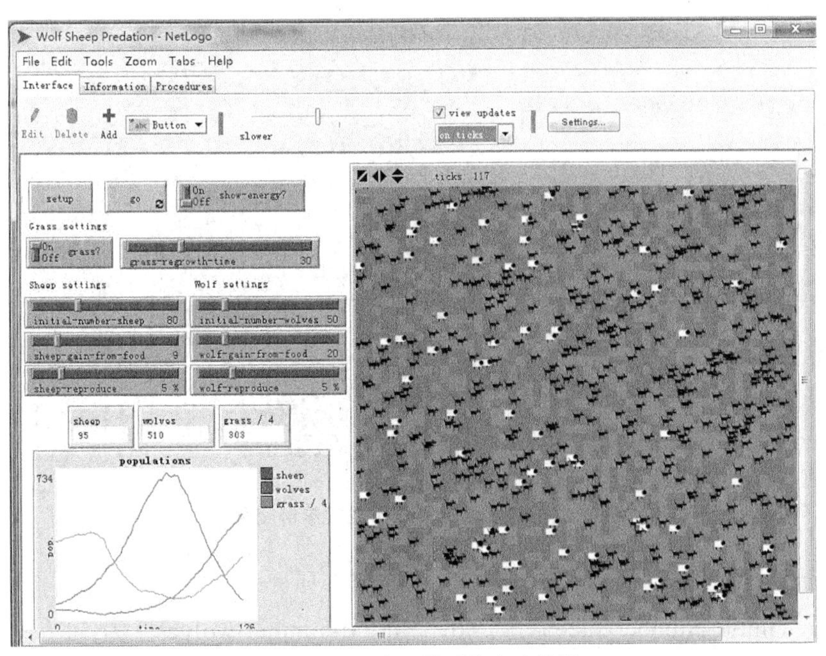

图 5-26　改变设置后的实验结果

像按钮一样，开关也有与它相连的信息。这些信息采用开/关格式。开关发出特别的指令，这些指令对模型并非必要，但为模型增加了附加的维度。打开“grass?”开关影响模型结果，本次运行之前，草的增长率为常数。在掠食-食饵关系中这是不真实的，因此通过设置和改变草的增长率，能够对羊、狼和草3个因素建模。

另一种配置类型是滑动条。滑动条是不同于开关的一种配置类型。开关有两个值：开或关，滑动条有一个可调的数值范围。例如，初始羊群数“initial-number-sheep”滑动条的最小值为0，最大值为250，模型运行时可以有0只羊，也可以有250只羊，或者中间的任何一个数值。从左到右移动滑动条时，滑动条右侧显示的数字就是当前值。

- 阅读信息标签页中的说明，了解每个滑动条表示什么。

信息标签页提供了模型的指导和帮助信息，包括模型的解释、尝试建议和其他信息。

思考：如果仿真开始时，羊更多而狼更少，会出现什么样的结果。

- 关掉“grass?”开关。
- 设置“initial-number-sheep”滑动条为100。
- 设置“initial-number-wolves”滑动条为20。
- 单击“setup”和“go”按钮。
- 模型运行约100时间步。

尝试重复运行模型几次。观察图5-27中的羊群数量发生了什么变化。

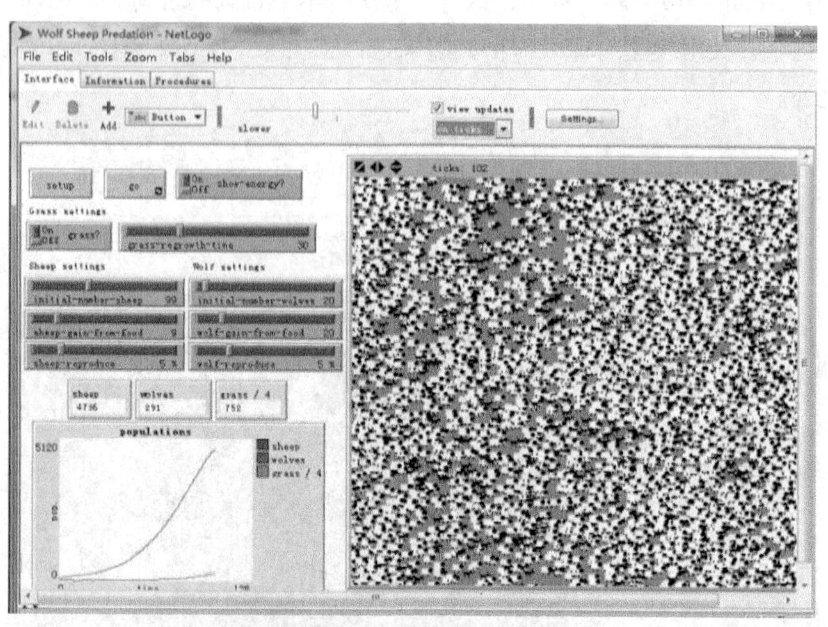

图 5-27　模型运行界面（观察羊群变化）

思考：调整哪些其他开关、滑动条能帮助羊群？

- 设置“initial-number-sheep”为80，“initial-number-wolves”为50（这与你第一次打开模型时接近）。

- 设置“sheep-reproduce”为 10.0%。
- 按下“setup”和“go”按钮。
- 模型运行约 100 时间步，观察本次运行狼群变化，如图 5-28 所示。

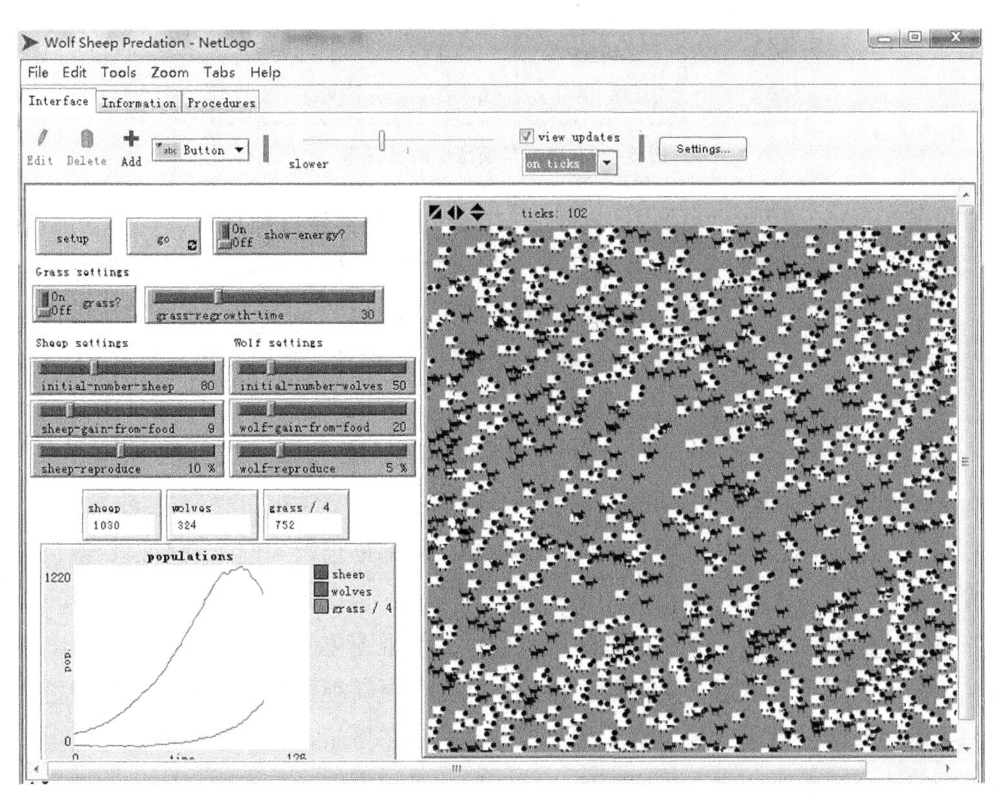

图 5-28 模型运行界面（观察狼群变化）

打开模型时，所有的滑动条和开关的采用默认配置。除非用户选择保存更改，否则打开一个新模型或退出程序时，更改不会保存。注意：除了滑动条和开关，一些模型还有第 3 类配置元素——选择器（Chooser），但本模型没有。

（4）收集信息：绘图和监视器。建模的一个目的是对那些难以在实验室中研究的问题收集数据。NetLogo 主要有两个显示数据的方式：绘图和监视器。

① 绘图（Plots）。狼吃羊中的图有 3 条线：羊、狼和草/4（这里草/4 是为了使图形别太高）。这些线显示了随着时间推进，模型中发生了什么。要想知道每条线代表什么，在图形窗口的右上角单击“Pens”按钮，打开画笔图例。一个关键字说明了每条线是什么，在本例中就是种群数量。当图快被充满时，水平轴增加，以前的数据被压缩，只占一部分空间，更多的空间用来绘制将来的图形。

如果用户想保存图上的数据以备查看，或在另一个程序中分析，可选择“File”菜单的“Export Plot”命令，保存这些数据。这些数据的存储格式可被电子表格（如 Excel）或数据库程序识别，也可通过 Ctrl+单击（Mac 系统）组合键或单击鼠标右键（Windows 系统），弹出快捷菜单，选择“Export”命令输出数据。

② 监视器（Monitors）。监视器是模型显示信息的另一种方法。图 5-29 是狼吃羊模型中的监视器。

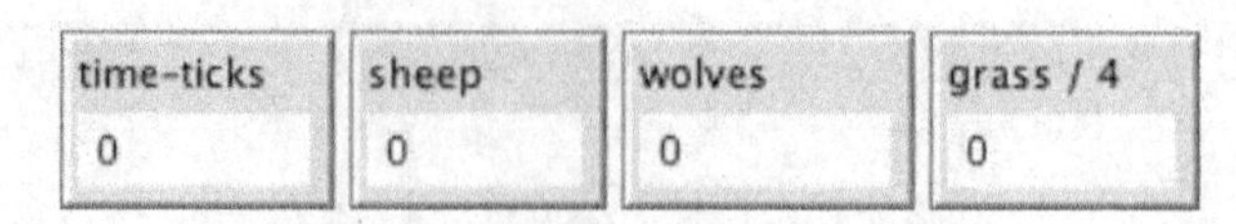

图 5-29 狼吃羊模型中的监视器

监视器“time-ticks”告诉用户仿真时间，其他的监视器告诉用户狼、羊、草的数量（记住，实际是草的数量除以 4）。模型运行时，监视器中的数值不断更新，而图形能显示模型整个运行过程中的数据。NetLogo 还有一种监视器，叫作“agent monitors”。

（5）控制视图。界面标签页沿工具条上边缘有一些控件，利用这些控件可以改变视图。

- 单击“setup”和“go”启动模型。
- 模型运行时，若将速度滑动条向左移动，可观察狼、羊、草数量的变化。
- 移动速度滑动条到中间。
- 右移速度滑动条。可通过“view updates”复选框进行勾选，观察狼、羊、草数量的变化。

如果想让模型运行得更快，可以快进也可以关闭视图更新。之所以快进（速度滑动条右移）或关闭视图更新模型，使运行更快的原因在于更新视图需要时间。当视图更新完全关闭后，模型继续在后台运行，绘图和监视器也一直在更新。如果想观察正在发生什么，需要重新勾选视图更新选项。在视图停止更新后，多数模型运行速度更快。

视图的尺寸由 5 个设置共同决定：最小 X、最大 X、最小 Y、最大 Y 和瓦片尺寸。因为工具条面积有限，其他关于世界和视图的设置没有显示，单击“Settings...”按钮可以获得其他设置。下面介绍改变狼吃羊模型视图的尺寸时发生什么。

- 单击工具条上的“Settings...”按钮，打开一个对话框，其中包括所有视图设置，如图 5-30 所示。

从图 5-30 中可以看出当前的 max-pxcor、min-pxcor、max-pycor、min-pycor 和 Patch size 的值。

- 单击“cancel”按钮取消所做的改变。
- 将鼠标指针靠近视图，但不要进入视图窗口，注意到鼠标指针变成了十字形。
- 按住鼠标左键在视图上拖动鼠标，看到视图被灰框环绕，视图被选中。
- 拖动黑色方块型“手柄”，手柄在视图的边上和角上。
- 在界面标签页的白色背景的任何地方单击，反选视图。
- 再次单击“Settings...”按钮，查看设置。观察哪些数字改变了，哪些数字没有改变。

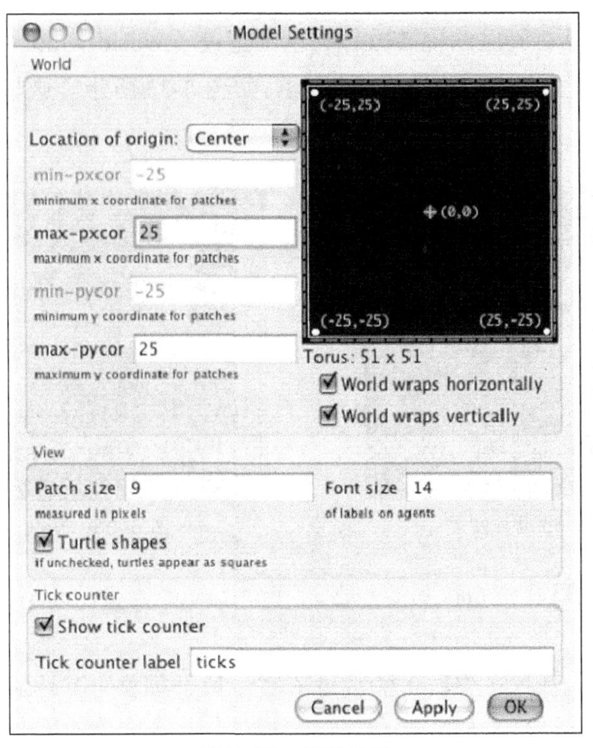

图 5-30　视图设置

NetLogo 世界是由“瓦片”构成的二维网格，瓦片是网格中的一个方格。

在狼吃羊模型中，“grass？”开关打开时，瓦片很容易看到，因为一些瓦片是绿色的，一些是褐色的，可以把瓦片想象成地板上铺的方形瓷砖。默认情况下，地板正中的一片瓷砖标记为（0，0），表示在水平和垂直方向画等分线，交叉点在此处。这样就有了一个在地板中定位对象的坐标系统，如图 5-31 所示。

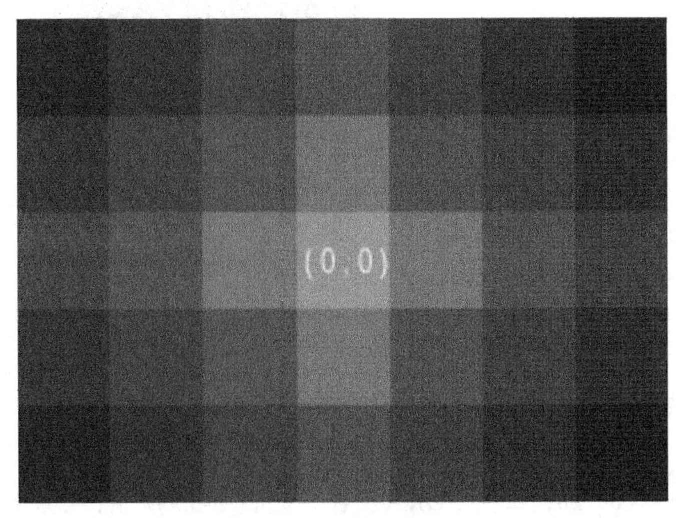

图 5-31　初始瓦片界面

在 NetLogo 中，从右到左的瓷砖数称为世界宽度（World-width），如图 5-32 所示。从顶到底的瓷砖数称为世界高度（World-height），如图 5-33 所示。这些数字由顶（Top）、底（Bottom）、左（Left）、右（Right）边界定义。

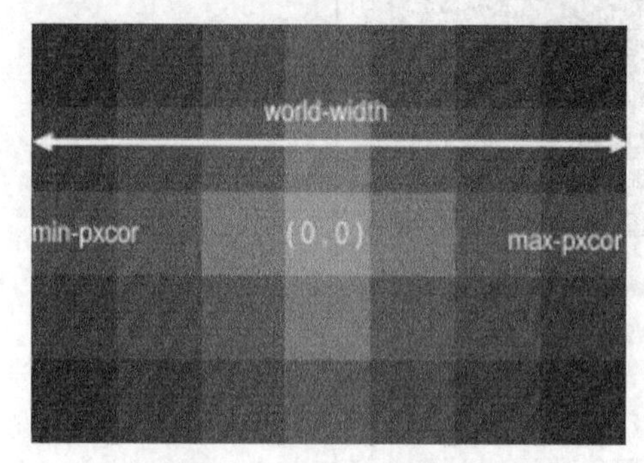

图 5-32　NetLogo 世界宽度

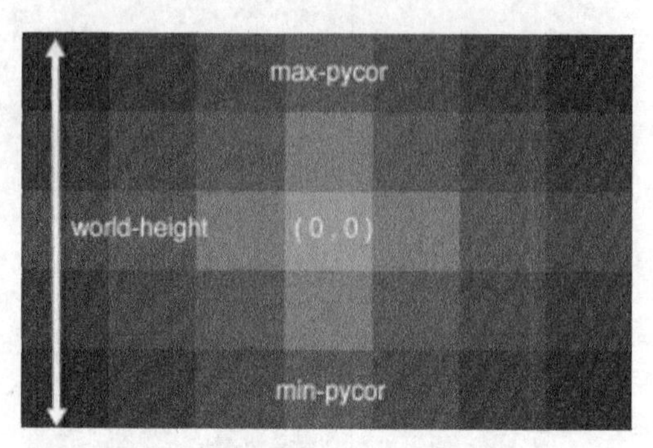

图 5-33　NetLogo 世界高度

在图 5-32 和图 5-33 中，max-pxcor 是 3，min-pxcor 是-3，max-pycor 是 2，min-pycor 是-2。

改变瓦片大小时，瓦片（瓷砖）的数量不变，只是屏幕上瓦片的大小变化了。下面尝试改变世界的最小、最大坐标的效果。

- 使用仍在打开的 Settings 对话框，改变 max-pxcor 为 30，max-pycor 为 10。注意，min-pxcor 和 min-pycor 也变了，这是因为默认原点（0,0）在 NetLogo 世界的中心。观察视图的形状发生了什么变化，如图 5-34 所示。

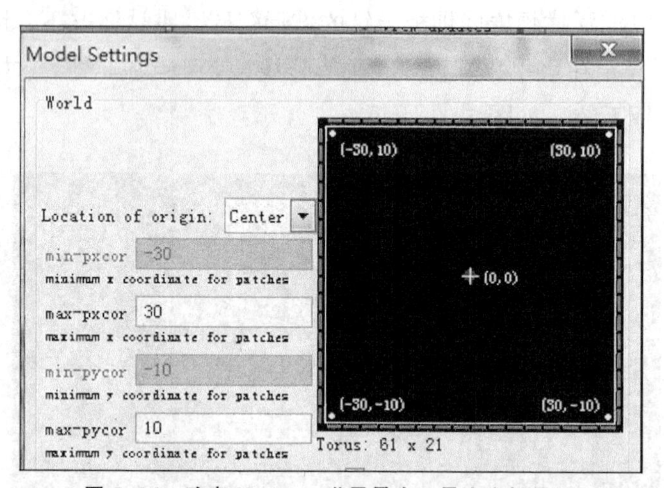

图 5-34　改变 NetLogo 世界最大、最小坐标视图

- 单击“setup”按钮，可以看到创建的新瓦片。
- 再次单击“Settings...”按钮。
- 将瓦片大小设为 20，单击“OK”按钮，如图 5-35 所示，观察视图的大小发生了什么变化，它的形状是否也发生变化。

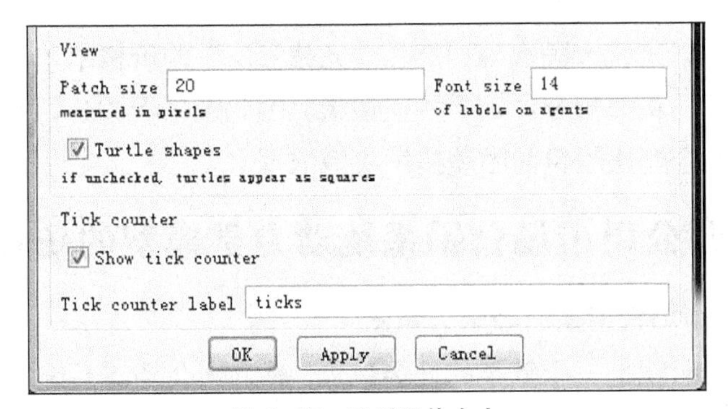

图 5-35 设置瓦片大小

在编辑视图中，可以改变其他设置，包括标签字体大小、视图使用形状（Shape）等。

5.3 企业市场营销系统动力学模型仿真案例

5.3.1 问题的提出

2000年年初，A民营公司生产出一种新型的减肥产品“光波浴房”，并向美容院、宾馆、酒楼等销售。产品进入市场初期，定价为1.2万元/台。由于市场需求量增加，A民营公司的产品不断提价，价格从原来的1.2万元/台变为1.48万元/台、1.58万元/台。与此同时，同类产品企业相继进入市场并参与竞争，其产品价格约为0.8万元/台，同类产品企业提供的产品与A民营公司的产品没有质的差异，从而导致市场消费者转向购买A民营公司竞争者的产品。面对激烈的市场竞争，A民营公司将其产品降价为1.18万元/台，并于2000年12月大幅降价，产品价格约为0.45万元/台，其投入和销售情况如表5-1所示。

表5-1 A民营公司产品“光波浴房”的投入与销售情况

月份	价格（万元）	销量（台）	广告投入（万元）	服务水平（元/台）	产品成本（万元/台）
2000年1月	1.2	2	1.2	100	0.4～0.45
2000年2月	1.2	12	1.2	100	0.4～0.45
2000年3月	1.48	32	1.2	100	0.4～0.45
2000年4月	1.58	34	1.2	100	0.4～0.45
2000年5月	1.58	28	1.2	100	0.4～0.45
2000年6月	1.58	18	1.2	100	0.4～0.45
2000年7月	1.18	14	1.2	100	0.4～0.45
2000年8月	1.18	11	1.2	100	0.4～0.45
2000年9月	1.18	10	1.2	100	0.4～0.45
2000年11月	1.18	9	1.2	100	0.4～0.45
2000年12月	0.4～0.45	8	1.2	100	0.4～0.45

自2000年12月以来，A民营公司产品“光波浴房”的价格基本与其成本相近，产品销量一直在低谷徘徊，A民营公司处于亏损边缘。因此，分析该公司产品销售的影响因素及其作用机理，可为企业摆脱目前困境提供决策依据。

5.3.2 A民营公司市场营销系统动力学模型的仿真分析

1. A民营公司市场营销系统因果关系图

众所周知，市场营销是一个复杂的社会过程，具有社会经济系统的高阶、非线性、多重反馈等特点，其运行过程具有动态特征，而系统动力学（System Dynamics，SD）恰恰能很好地处理该类社会经济系统。因此，选择SD作为建模的工具进行分析是可行的。

依据A民营公司的实际情况，可知A民营公司产品“光波浴房”的市场营销系统的因果关系如图5-36所示。

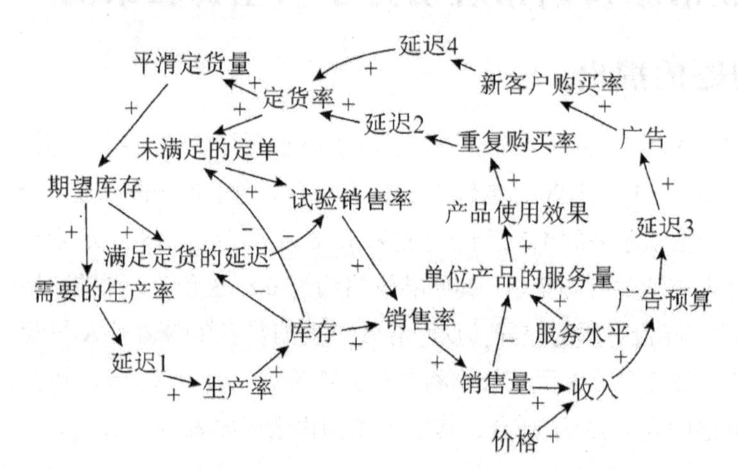

图5-36 A民营公司“光波浴房”产品市场营销系统的因果关系图

利用A民营公司的实际数据，可建立相应的SD模型。

2. 市场营销SD模型的仿真分析

在该案例中，研究的重点放在有关营销最重要的指标上，包括订货率、销售率、销售收入、广告投入和服务投入等。这些指标可以分为测试指标和评价指标两类，其中测试指标可作为该营销系统的输入指标，当改变该指标的大小时，可观察系统行为的变化，如广告投入、服务投入等；评价指标可作为系统的指示器或输出指标，如订货率、销售率、销售收入等。订货率、新客户购买率、重复购买率仿真将订货率定义为新客户购买率与重复购买率之和，新客户购买率是指广告带来的客户购买，重复购买率是指老客户的再次购买。假定模型仿真时间为100周，利用仿真软件Vensim仿真的结果如图5-37、图5-38所示。

从A民营公司产品“光波浴房”的购买率和订货率的仿真结果可以发现，“光波浴房”的订货率存在2个波峰，且第2个波峰要比第1个低，订货率与新客户购买率基本一致，重复购买率对于订货率几乎没有影响。从 A 民营公司产品“光波浴房”的销售率与销售收入的仿真结果可以发现，该产品的销售率有较大的波动，且在第 2 年波动更大，第 2 波峰也没有恢复到上年的水平。显然，订货率、销售率、销售收入等变量存在很大波动，说明系统不稳定；订货率、销售率的第 2 个波峰低于第 1 个波峰，说明销量会逐渐下降；销售收入基本上只有 1 个波峰，然后一直在低谷徘徊，说明企业现金流不理想。实际上，该企业在 2001 年年初就已退出该产品市场。上述仿真结果表明，这里建立的 SD 模型基本反映了该公司产品实际销售的行为趋势，可以认为所建立的 SD 模型是有效的。

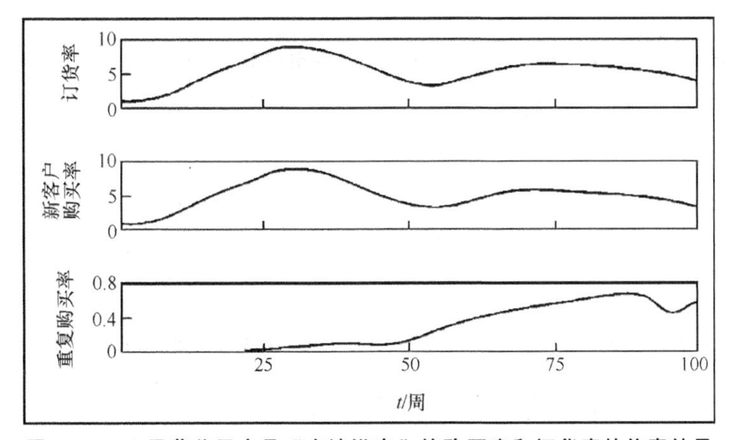

图 5-37　A 民营公司产品“光波浴房”的购买率和订货率的仿真结果

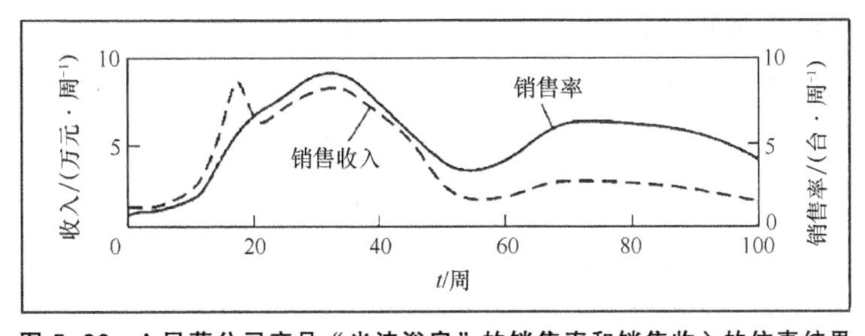

图 5-38　A 民营公司产品“光波浴房”的销售率和销售收入的仿真结果

5.3.3　A 民营公司产品“光波浴房”的市场营销策略的选择

从上述仿真结果可以看出，该公司营销系统的表现行为并不太令人满意，需要寻找合理的市场营销策略，以改善目前的局面。

1．增加该产品的广告投入，促进消费者的认知和刺激购买欲望

广告投入由 0.3 万元/周增加到 0.6 万元/周，仿真结果如图 5-39 所示。

由图 5-39 可以看出，A 民营公司产品“光波浴房”的销售率的波峰值约为 17 台，高于原来的波峰 14 台；销售收入峰值也由原来的 13 万元增加到 15 万元，但销售率、销售收入的运行形状基本不变。由图 5-39 可知，该产品的广告投入增加了 1 倍，而销售率与销售收入并没有增加 1 倍，显然，增加广告的效用是有限的。对 A 民营公司产品“光波浴房”的市场营销系统的因果关系图再分析后不难发现，对应的基本环路图如图 5-40 所示。

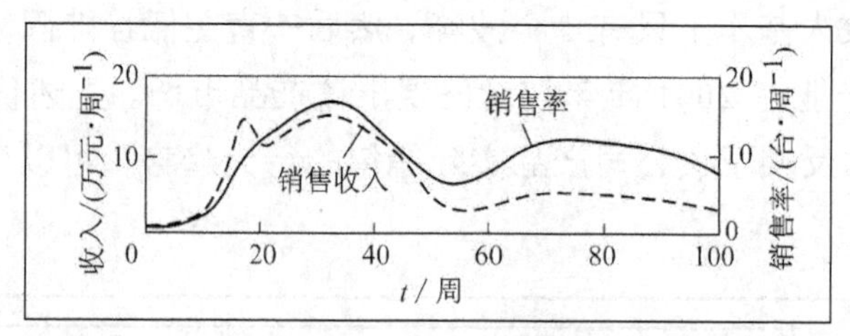

图 5-39　A 民营公司产品“光波浴房”的销售率和销售收入的仿真结果

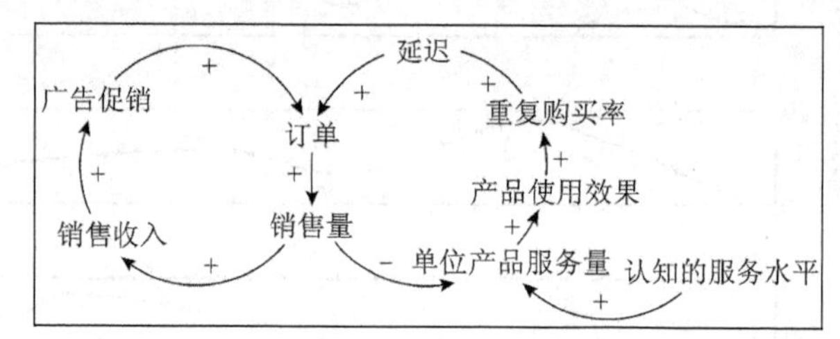

图 5-40　A 民营公司产品“光波浴房”的市场营销系统的基本环路图

由图 5-40 可以看出，该产品的服务水平处于负反馈环内，因此，提高服务水平、打破负反馈环成为 A 民营公司可选择的产品市场营销策略。

2．增加产品单位服务水平，提高消费者的购买愿望

（1）服务水平提高到 200 元/台。将服务水平由 100 元/台提高到 200 元/台，系统仿真结果如图 5-41 所示。由图 5-41 可见，该产品的订货率、销售率的波峰值约为 9 台，与原来的波峰 9 台基本一样；销售收入峰值由原来的 8.1 万元增加为 8.9 万元，但该产品的销售率、销售收入的运行形状基本不变。

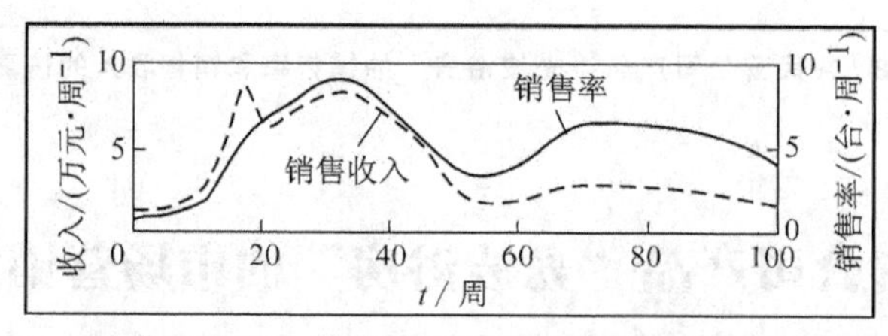

图 5-41　A 民营公司产品“光波浴房”的销售率和销售收入的仿真结果

（2）服务水平提高到 300 元/台。将服务水平提高到 300 元/台，系统仿真结果如图 5-42 所示。由图 5-42 可见，该产品销售率的第 1 个波峰值约为 10 台，第 2 个峰值为 16 台，销售收入峰值也由原来的 8.9 万元增加为 9 万元，其产品销售率的运行形状变化很大，不仅数值上升较大，效果也明显，第 2 波峰超过了第 1 个波峰，呈现明显的上升趋势。

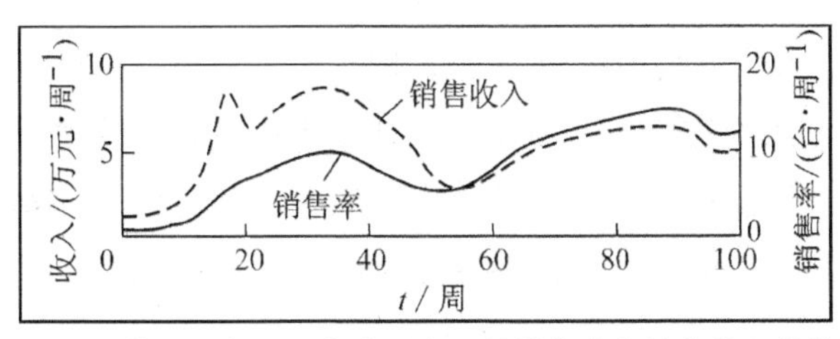

图 5-42　A 民营公司产品“光波浴房”的销售率和销售收入的仿真结果

（3）服务水平提高为 400 元/台。将服务水平提高到 400 元/台，系统仿真结果如图 5-43 所示。由图 5-43 可见，该产品销售率的第 1 个波峰为 12 台，第 2 个波峰最高超过 30 台；销售收入的第 1 个波峰为 10.6 万元，第 2 个波峰为 13.3 万元，系统行为发生了更大改变。显然，提高产品的服务水平是有效的市场营销策略。

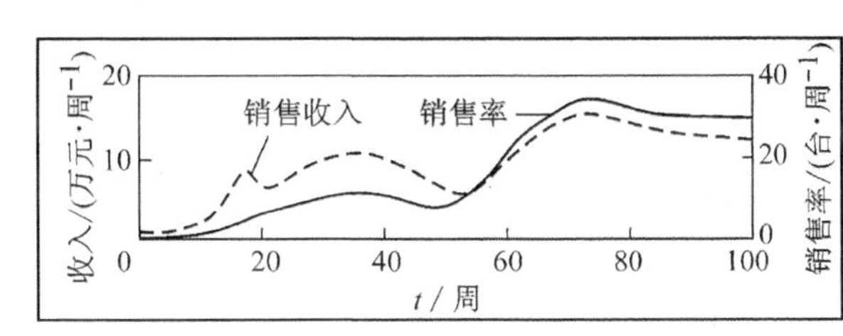

图 5-43　A 民营公司产品“光波浴房”的销售率和销售收入的仿真结果

5.4　技术创新与战略性新兴产业发展耦合关系分析与仿真分析

5.4.1　技术创新与战略性新兴产业发展耦合关系分析

近年来，随着政府不断出台有关战略性新兴产业发展的鼓励政策、扶持政策以及企业技术创新主体地位的提升，国内战略性新兴产业发展迅猛，市场前景良好，技术创新对经济、社会的带动作用越来越强。一方面，战略性新兴产业发展需要持续的技术创新，借助于技术创新促进产业发展的优势日益明显；另一方面，战略性新兴产业的蓬勃发展又为技术创新提供了创新方向和资源支撑；技术创新与战略性新兴产业发展之间存在相互交织、相互影响、相互作用的互动关系。因此，分析技术创新与战略性新兴产业发展互动关系机理，探讨技术创新与战略性新兴产业发展的相关驱动因素及其影响程度，将为政府以及产业组织制定技术创新与产业发展的政策、措施提供理论支撑。

技术创新与战略性新兴产业发展之间存在密切的互动关系；同时这两者之间的相互影响与依赖并非是直接作用的，而是通过影响其他各种因素作用的。本案例将这其中的主要动力因素总结为新兴产业 R&D 投入、产业人才储备量、战略性新兴产业发展水平、战略性新兴产业利润率、技术创新政策、产业政策、新产品研发数量、新产品销售额、国际产业技术创新能力等几个方面。可以说这些因素相互作用、彼此影响，并且又反过来受到技术创新能力以及产业发展水平的调节，最终得到技术创新与战略性新兴产业发展互动的结果。更深入地看，技术创新关系链与新兴产业发展关系链各由多重影响因素作用而成，且彼此间还存在互动关系。由此，得到图 5-44 所示的关系分析框架。

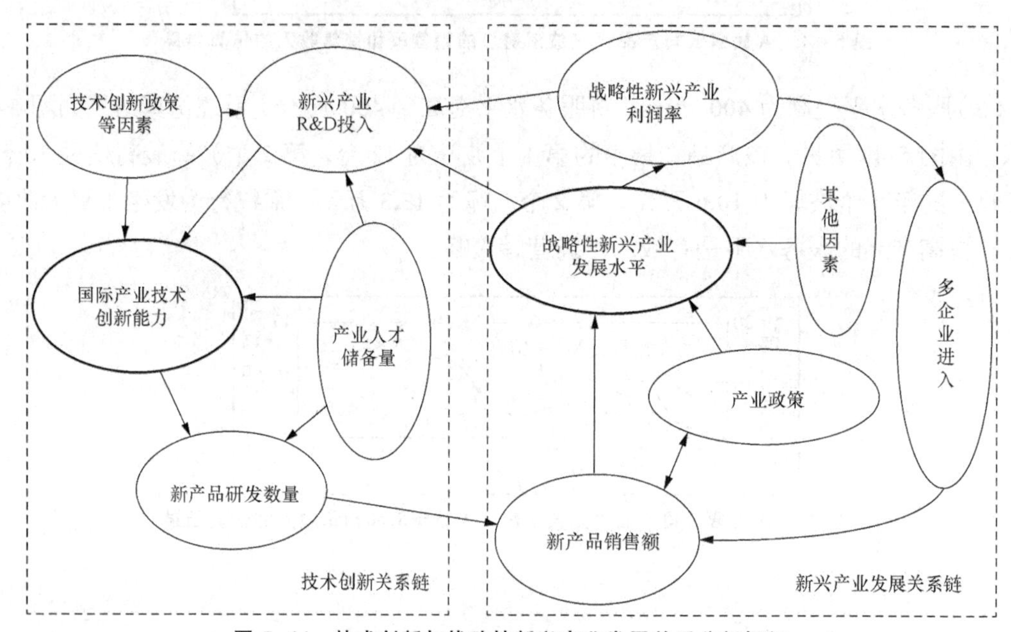

图 5-44 技术创新与战略性新兴产业发展关系分析框架

从图 5-44 可知，整个战略性新兴产业可以看作一个复杂大系统，这里面有两个相当重要的子系统，即技术创新与战略性新兴产业发展。这两个子系统彼此之间相互影响、互动关系频繁且作用复杂——不仅单个子系统的动力因素间存在相互关联的关系，而且两个子系统的动力因素之间存在相互影响的关系，并且贯穿战略性新兴产业发展进程的各个阶段。

5.4.2 技术创新与战略性新兴产业发展仿真分析

1. 数据收集

鉴于目前我国战略性新兴产业的专有数据与详细资料较少，统计口径较难统一；同时较多已有研究成果中常将高技术产业作为战略性新兴产业的替代来简化研究过程。为此，本案例查阅了 2014 年中国统计年鉴、中国高技术产业统计年鉴（2009—2014 年）以及中国区域创新能力报告等相关资料，总结梳理关于我国战略性新兴产业发展水平、技术创新成果以及资金投入等方面的基础真实数据，最终选取了“高技术产业产值、利润额、新产品开发经费支出、新产品销售收入、R&D 人员投入、R&D 经费内部支出以及有效发明专利数”等指标的相关数据来作为本书模型的基础数据项。2009—2014 年我国高技术产业生产、研发投入以及新产品产出情况如表 5-2 所示。

表 5-2　2009—2014 年我国高技术产业生产、研发投入以及新产品产出情况表

年份	高技术产业产值（亿元）	利润额（亿元）	R&D 人员投入（人/年）	R&D 经费内部支出（亿元）	新产品开发经费支出（亿元）	新产品销售收入（亿元）	有效发明专利数（件）
2009	283 277.986	27 972	320 033	774.049 85	925.074 33	12 595.000 27	31 830
2010	334 318.216	4 879.7	399 074	967.83	1 006.938 5	16 364.763	50 166
2011	393 675.177	5 244.9	426 718	1 237.806 5	1 528.030 15	20 384.520 89	67 428
2012	431 605.139	6 186.3	525 614	1 491.494	1 827.476 9	23 765.317 4	97 878
2013	472 893.21	7 233.747 9	559 229.1	1 734.366 63	2 069.497 49	29 028.837 1	115 884
2014	534 161.1	8 095	572 537	1 922.154 4	2 350.581 2	32 845.193 6	147 927

2．技术创新与战略性新兴产业发展互动的系统动力学模型流程图

首先，按照系统动力学模型流程图，确定技术创新与战略性新兴产业发展互动模型的水平变量为技术创新能力、产业发展水平、产业利润率、新产品研发数量、新产品市场销售额以及 R&D 投入，这些水平变量随着其他变量的变化而变化。其次，确定模型的速率变量为技术创新能力变化量、产业发展水平变化量、新产品研发数量增量以及 R&D 投入增量。此外，系统是随着时间的推进而产生、发展的，那么置于系统内的变量自然会因时间周期的不同而发生变化，可以说整个系统内的动力因素变量都是随着系统周期与时间的推移而发生变化的。鉴于此，本案例在建模分析时，选取 Time 作为外生变量，用于说明某些变量是直接受时间变化影响的。在此基础上，做出图 5-45 所示的技术创新与战略性新兴产业发展互动模型流程图。

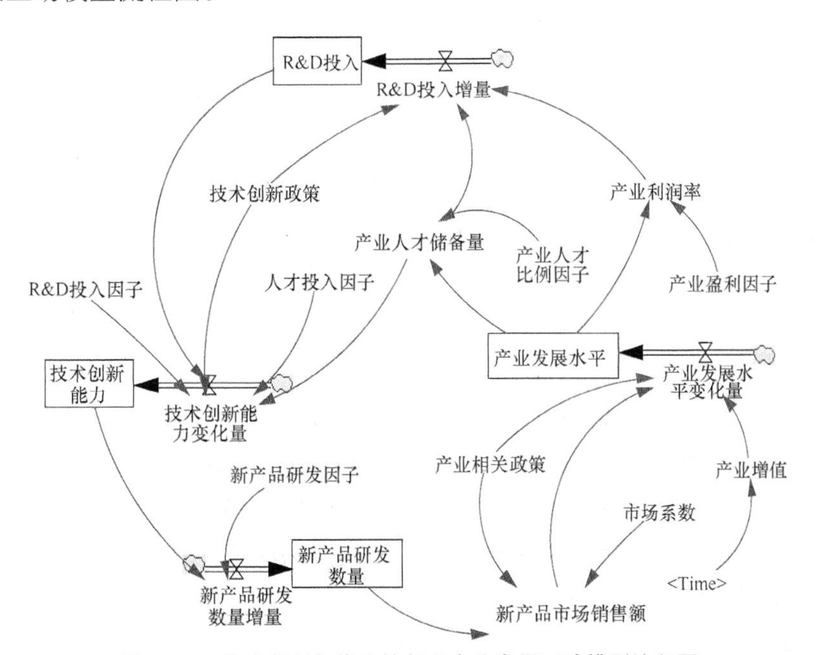

图 5-45　技术创新与战略性新兴产业发展互动模型流程图

3．基本参数值估计

上述模型中的系统状态变量初值一般是经由数据资料（如统计年鉴等）得到的。从已建立的技术创新与战略性新兴产业发展互动模型的水平变量来看，缺乏直接数据对技术创新能力和产业发展水平进行描述。本书将技术创新能力用“新产品开发经费支出”替代表示，产业发展水平用“高技术产业产值”替代表示，R&D 投入以“R&D 经费内部支出”替代表示，产业人才储备量则用“R&D 人员投入”表示。另外，本书还用“有效发明专利数”来表示新产品研发数量，用“新产品销售收入”来表示新产品市场销售额。

根据已有研究成果以及相关资料，可将产业相关政策设置为 1，表示政府出台了相应的产业政策来支持战略性新兴产业的发展；技术创新政策因子设置为 1，表示在战略性新兴推进技术创新过程中给予了一定的政策扶持；市场系数设置为 0.22，“R&D 投入”因子设置为 0.235；人才投入因子设置为 0.001 9；产业人才因子设置为 0.05；产业盈利因子设置为 0.23；新产品研发因子设置为 17.3。经过数据收集以及资料分析，可将产业发展水平的初始值设为 283 278，技术创新能力的初始值设为 925.074，R&D 投入的初始值设为 774.05，新产品研发数量的初始值设为 31 830。

4．模型初始方程

本案例建立的技术创新与战略性新兴产业发展互动模型的初始方程基本如下。

FINAL TIME = 2020　　单位：Year

The final time for the simulation.

INITIAL TIME　= 2009　单位：Year

The initial time for the simulation.

产业发展水平= INTEG (产业发展水平变化量，283278)单位：亿元

产业发展水平变化量=0.9*产业相关政策*新产品市场销售额+0.765*产业相关政策*产业增值　单位：亿元

产业利润率=产业盈利因子*产业发展水平　　单位：亿元

产业人才储备量=产业人才因子*产业发展水平　　单位：人

产业人才因子=0.05　单位：**undefined**

产业相关政策=1　　单位：**undefined**

产业盈利因子=0.23　单位：**undefined**

产业增值 = WITH LOOKUP (Time，([(2009,0)-(2020,200000)],(2009,51040.2),(2010,59357),(2011,37930),(2012,41288.1),(2013,61267.9),(2014,69440.9),(2020,110000)))　单位：**undefined**

技术创新能力= INTEG (技术创新能力变化量，925.074)　　单位：亿元

技术创新能力变化量=技术创新政策*R&D 投入因子*R&D 投入+技术创新政策因子*人才投入因子*产业人才储备量　单位：亿元

技术创新政策因子=1　　单位：**undefined**

新产品市场销售额=产业相关政策*市场系数*新产品研发数量单位：亿元

新产品研发数量=INTEG (新产品研发数量增量，31830)　　单位：件

新产品研发数量增量=新产品研发因子*技术创新能力　单位：件

新产品研发因子=17.3　　　单位：**undefined**

市场系数=0.22　　　　　单位：**undefined**

人才投入因子=0.001 9　　单位：**undefined**

R&D 投入=INTEG ("R&D 投入增量"，774.05)　　单位：亿元

R&D 投入增量=技术创新政策*0.002 5*产业人才储备量+技术创新政策*0.002 5*产业利润率

单位：亿元

R&D 投入因子=0.235　　　单位：**undefined**

SAVEPER　= 1　　　　　单位：Year [0,?]

The frequency with which output is stored.

TIME STEP　= 1　　　　单位：Year [0,?]

The time step for the simulation.

5．系统动力学模型仿真分析

系统模型对关键变量设置了初始参数，从而得到了初始仿真结果，具体分析如下。

（1）各水平变量变化趋势。技术创新与产业发展互动模型中产业发展水平、技术创新能力、R&D 投入以及新产品研发数量这几个水平变量在 2009—2020 年的变化趋势如图 5-46 所示。根据图 5-46，在仿真时间范围内，4 个状态变量的变化趋势基本一致，四者数值都有所增长，但幅度不同，其中，增幅最小的是产业发展水平，增幅相对较大的是技术创新能力。可见，产业发展水平、技术创新能力与 R&D 投入、新产品研发数量之间确实存在相互促进的关系。通过增加 R&D 投入提高技术创新能力、通过提高技术创新能力增加新产品研发数量，以及通过扩大新产品的市场提高产业发展水平等都是有效的。

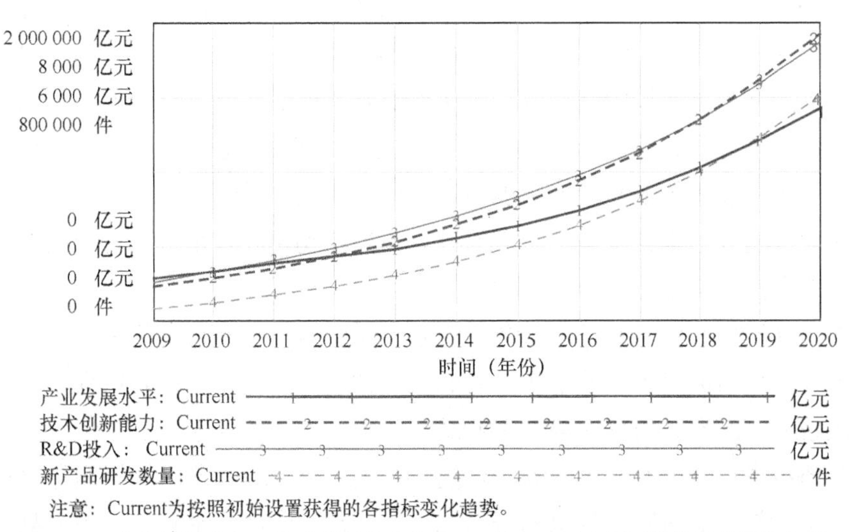

图 5-46　产业发展水平、技术创新能力与 R&D 投入、新产品研发数量的发展趋势

（2）产业发展水平与技术创新投入方面各因素的变化趋势。我国战略性新兴产业发展水平及技术创新投入方面主要因素的变化趋势如图 5-47 所示。显然，产业利润率、产业人才储备量、R&D 投入以及产业发展水平的整体变化趋势是一致的。可以说，随着产业发展水平的不断提高，产业利润率自然上升，产业发展中能有充足持续的 R&D 投入并同时吸引大量的人才，这样才能更好地形成对企业技术创新的投入。

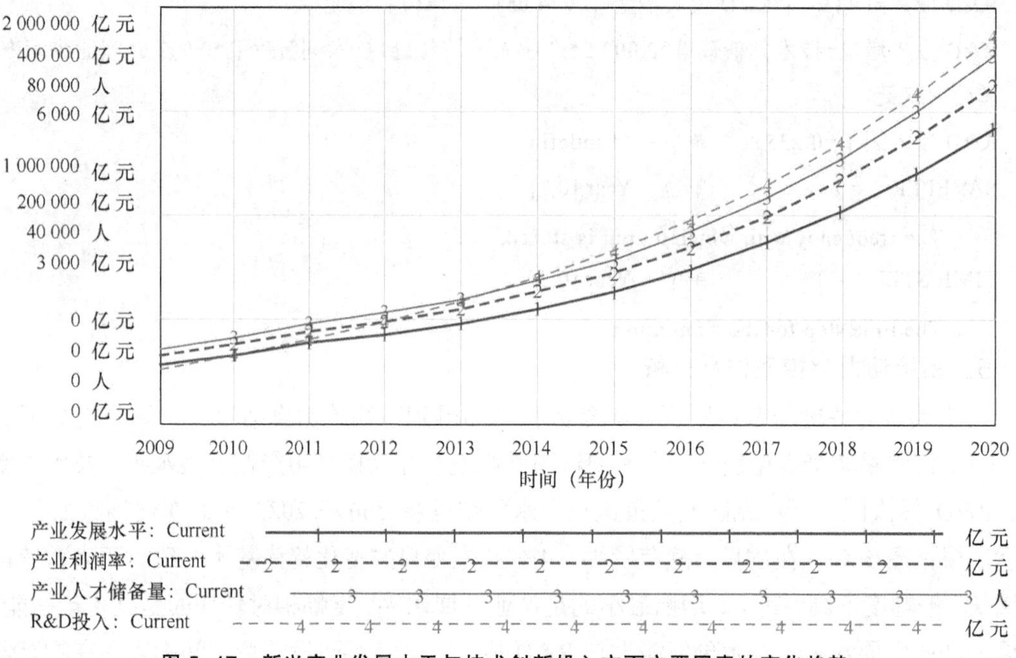

图 5-47 新兴产业发展水平与技术创新投入方面主要因素的变化趋势

（3）技术创新投入与技术创新能力方面各因素的变化趋势。技术创新投入（技术、经费和人才）、R&D 投入持续增加时，战略性新兴产业技术创新能力也会持续提升，并且提升幅度随着投入的持续增加而不断加大，如图 5-48 所示。可以说，持续进行 R&D 投入与人才供给对提升技术创新能力是有效的。从图 5-48 中可以看到，随着时间的推移，技术创新能力的增速逐渐提升，并于 2015 年开始超过了 R&D 投入以及产业人才储备量的增速。这说明，当为推动技术创新而持续增加 R&D 投入与人才供给时，技术创新能力对投入的变化更为敏感，提升速度会越来越快。所以，应当密切关注技术创新产出的各种变化，避免投资过度浪费产业资金、人力等各种资源。

（4）技术创新能力与创新成果的变化趋势。从图 5-49 中可以明显看出，技术创新能力的提升直接带来创新成果（也就是新产品的研发数量）的提升，但到后期，新产品研发数量的增速较技术创新能力的增速略微有所减缓。

（5）创新成果与产业发展水平的变化趋势。图 5-50 表明，随着技术创新能力的提升，代表创新产出的新产品研发数量也不断增加，并且增长幅度越来越高；新产品的市场扩散进一步加强，市场销售额也逐步增加，增幅逐渐低于新产品研发数量的增幅；同时产业发展水平也相应得到提升，但增幅明显低于新产品研发数量和市场销售额的增幅。这说明，新产品研发数量的提升有助于新产品在市场上的扩散，从而新产品市场销售情况越好、产业发展水平就越高；而过了战略性新兴产业发展的初期阶段，新产品市场销售和产业发展的增速都有所减缓，这时就需要依据市场情况积极调整产业结构，同时应当刺激市场对新产品的需求，以促进新产品的市场扩散与销售。

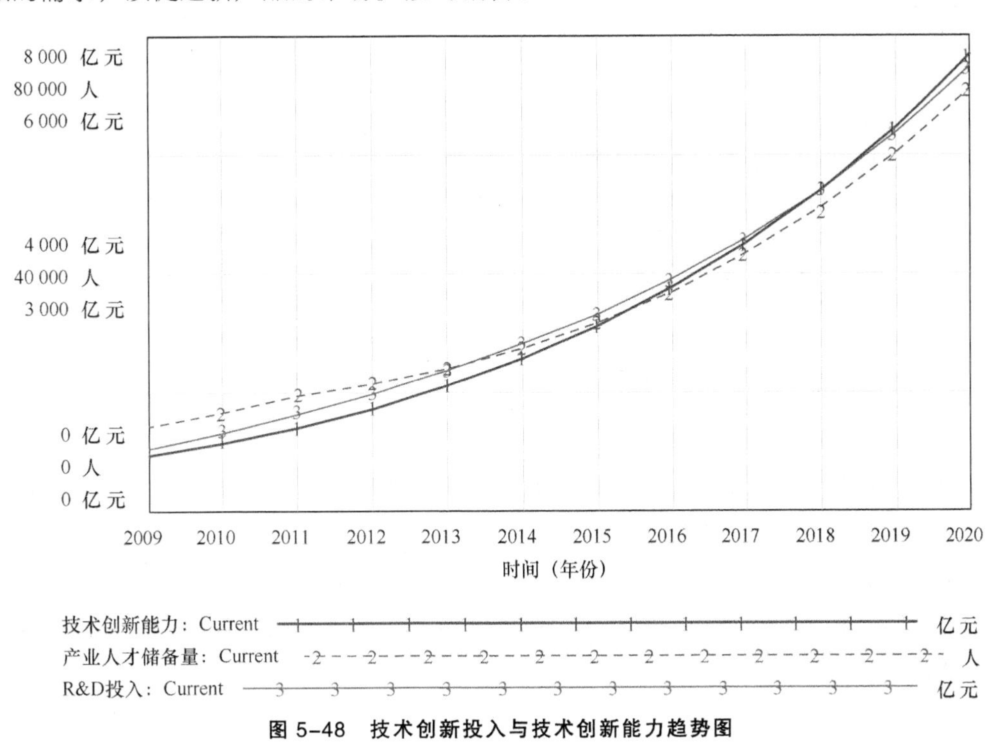

图 5-48　技术创新投入与技术创新能力趋势图

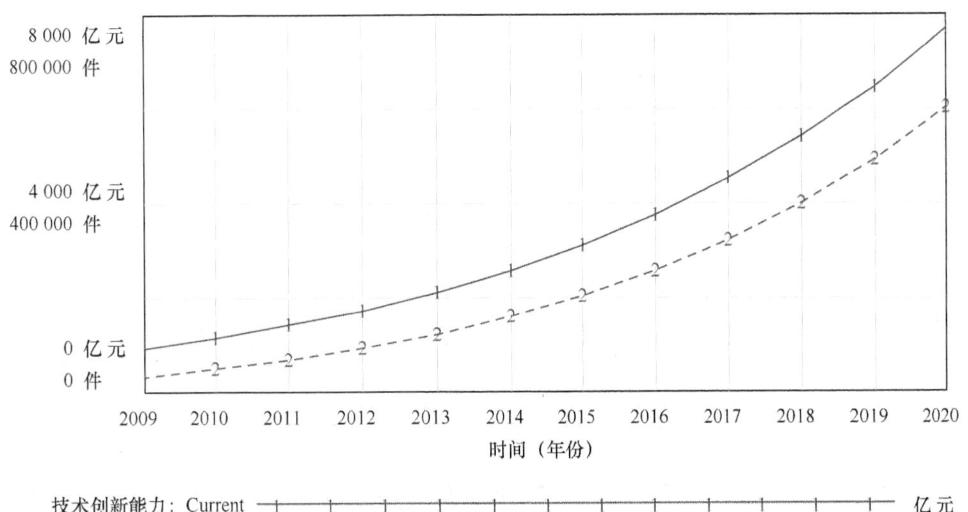

图 5-49　技术创新能力与新产品研发数量趋势图

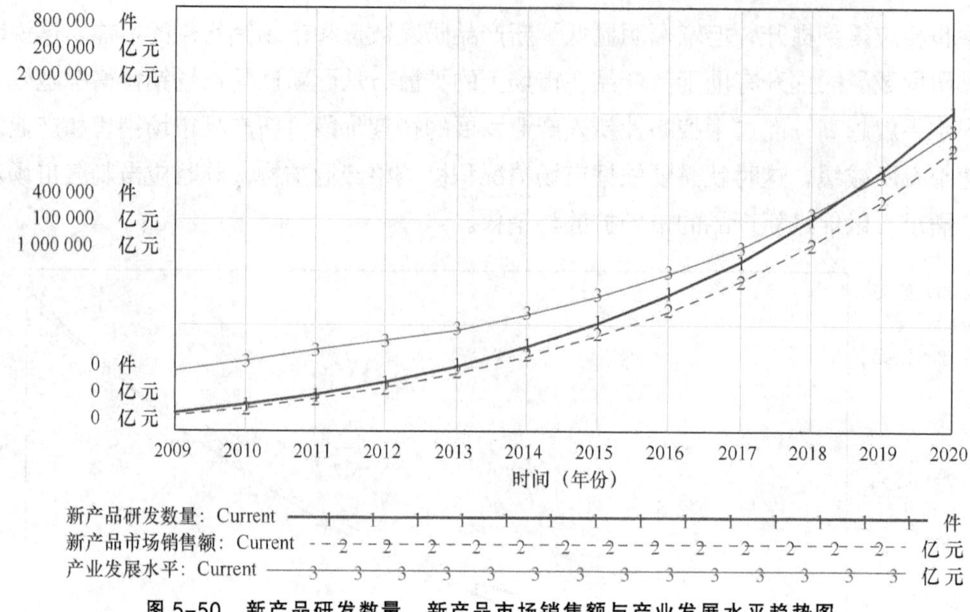

图 5-50　新产品研发数量、新产品市场销售额与产业发展水平趋势图

6．灵敏度分析

针对所建模型中某些参数的特性与影响关系，调整相关参数再进行仿真，可以研究这些变量对系统行为与结构的影响结果。

（1）增加人才投入因子和 R&D 投入因子对技术创新能力的影响。

假设系统中其他的影响力度都不变，将人才投入因子由初始的 0.001 9 上调为 0.005。在这种情况下，技术创新能力变化如图 5-51 所示。

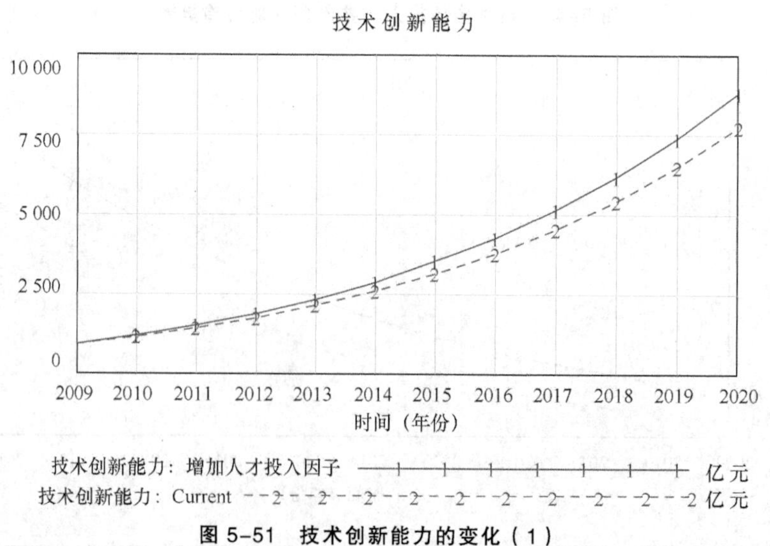

图 5-51　技术创新能力的变化（1）

从图 5-52 可以看出，增加人才投入因子时，技术创新能力相应得到了提升，同时技术创新能力也得到提升。也就是说，增加企业研发人员，对技术创新活动有积极的影响；

人才的持续性投入是顺利推进技术创新工作的重要保证。在对技术创新能力投入的 R&D 投入因子分别为 0.235 和 0.4 的情况下，技术创新能力的变化情况如图 5-52 所示。同理，增加 R&D 投入因子，对企业提高技术创新能力也有很大的帮助。

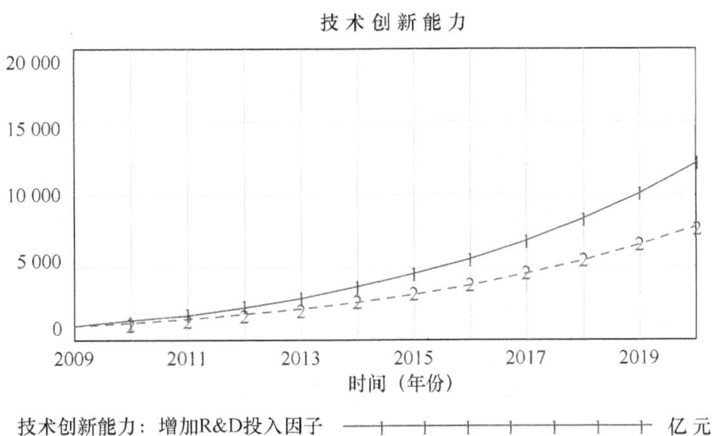

图 5-52　增加 R&D 投入因子对技术创新能力的影响

在同时增加人才投入因子和 R&D 投入因子的情况下，若将人才投入因子调整为原投入因子的两倍（即由 0.001 9 上调为 0.005），R&D 投入因子调整后小于原投入因子的两倍（由 0.235 上调为 0.4），则技术创新能力的提升效果相较于增加 R&D 投入因子时更为显著，如图 5-53 所示。

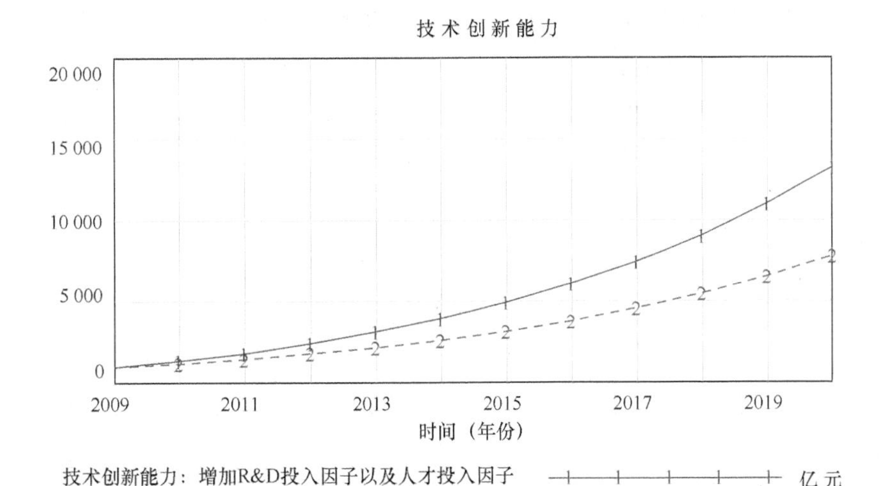

图 5-53　技术创新能力的变化（2）

在人才投入因子由 0.001 9 提高至 0.005 时，R&D 投入因子由 0.235 提高到 0.4，技术创新能力的变化情况如图 5-54 所示。

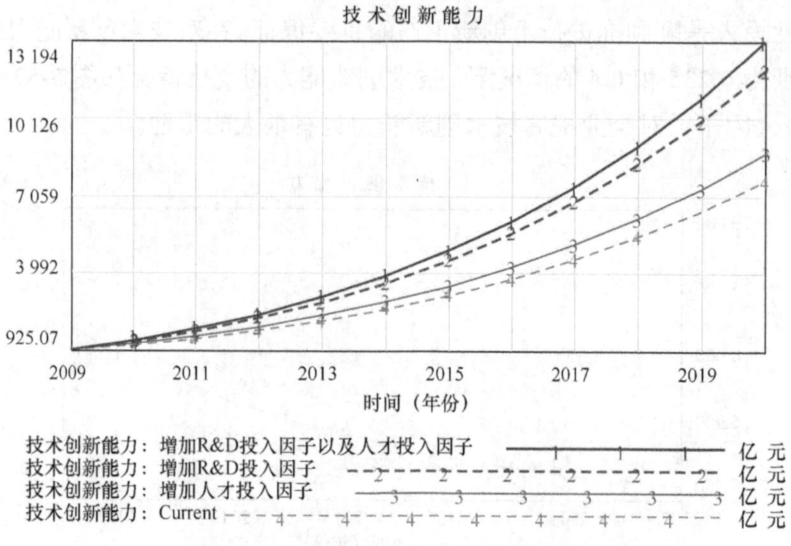

图 5-54　4 种情况下技术创新能力的变化

通过对 4 种情况（初始设置情况、增加 R&D 投入因子、增加人才投入因子、同时增加 R&D 投入和人才投入因子的情况）下，技术创新能力变化的对比可以发现，在增加人才投入因子的情况下，技术创新能力的增幅最小；在同时增加这两个投入因子的情况下，技术创新能力的幅度最大。这说明在对技术创新进行人才投入和 R&D 投入时，更侧重于增加 R&D 投入，这对提高企业技术创新能力有非常大的帮助。

（2）提高新产品研发因子对新产品研发数量的影响。

假设其他因素的影响程度都不变，加大对新产品的研发力度，将新产品研发因子提高至原设置的 1.15 倍，则新产品研发数量相应得到提升，并且在后期的增幅会更大，如图 5-55 所示，这说明持续加大新产品研发力度对技术创新产出成果的促进作用会越来越明显。

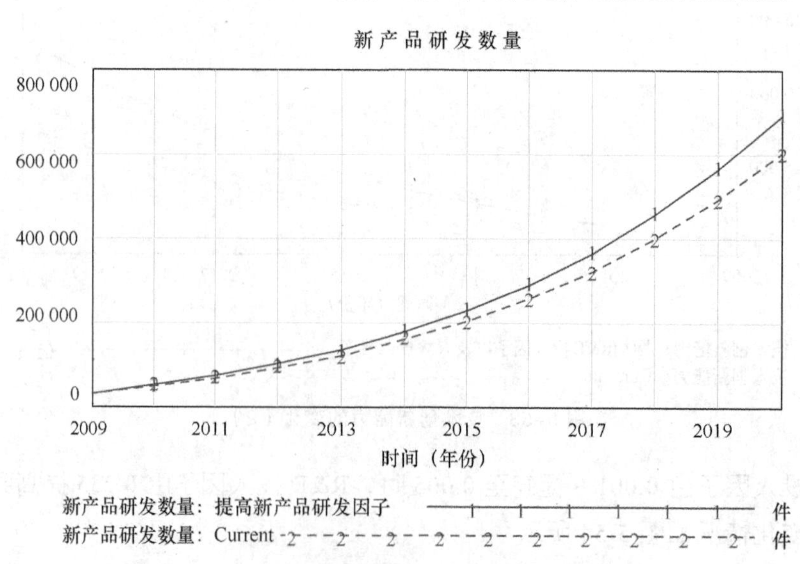

图 5-55　提高新产品研发因子对新产品研发数量的影响

上述仿真结果表明，2009—2020 年，技术创新中的 R&D 投入以及人才投入影响着企业技术创新能力，而企业技术创新能力又通过技术创新成果（即新产品的研发数量与市场扩散情况）对产业发展水平产生影响。因此，加大 R&D 投入和人才投入力度有助于提高企业技术创新能力，而将新产品有效地推向市场，不断进行产业化，则能促进产业发展水平持续提高。

值得注意的是，在仿真时间范围的后期，持续性地加强 R&D 投入和人才投入对技术创新能力、产业发展水平的提高作用更加明显，此时应当密切关注产业资源的配置与利用，避免因投资过度而造成资源浪费。

思考与练习题

1. 系统仿真在系统分析中的作用是什么？

2. 如何理解系统仿真和真实系统之间的关系？

3. 某库存系统，一年的总订货量为 3 000 件，初始值为 100 件，每月的消耗量相等（按 25 天计算），消耗速度相同，按月订货，每月缺货的天数允许为 3 天，提前期为 5 天，试画出库存随时间变化的曲线；若每件货物的保管费为 1 元，每次订货费为 5 元，每件货物短缺引起的损失费为 2 元，试画出仿真流程图，利用仿真软件求全年的总费用及订货点库存水平，并分析保管费及订货费变化对库存水平的影响。

4. 针对捕食者-被捕食者模型，选择实例建立系统动力学模型，应用 NetLogo 仿真软件进行分析。

5. 论述系统分析模型与系统动力学之间的区别与联系。

6. 论述连续系统仿真与离散事件系统仿真之间的区别与联系。

7. 对同一个动态系统问题，为什么要进行多次仿真和分析？

8. 仿真结果可靠性的判断依据是什么？

CHAPTER6

第6章
系统评价

系统评价-层次分析法

系统评价（Systematic Reviews）是对新开发的或改建的系统，根据预定的系统目标，用系统分析的方法，从技术、经济、社会、生态等方面对系统设计的各种方案进行评审和选择，以确定最优、次优或满意的系统方案。由于各个国家的社会制度、资源条件、经济发展状况、教育水平和民族传统等各不相同，因而没有统一的系统评价模式。评价项目、评价标准和评价方法也不尽相同。

6.1 系统评价概述

系统评价在系统管理工作中非常重要，尤其对各类重大管理决策是必不可少的。它是决定系统方案“命运”的重要工作，是决策的直接依据和基础。简单来说，系统评价就是全面评价系统的价值。而价值通常理解为评价主体根据其效用观点对于评价对象满足某种需求的认识，它与评价主体、评价对象所处的环境状况密切相关。因此，系统评价问题是由评价对象（What）、评价主体（Who）、评价目标（Why）、评价时期（When）、评价地点（Where）及评价方法（How）等要素（即“5W1H”）构成的问题复合体。评价对象是指接收评价的事物、行为或对象的个体或者集体。评价主体是指按照一定的标准判断评价对象价值的个人或团体。评价目标是系统评价需要解决的问题和所能发挥的作用。评价时期即系统评价在系统开发全过程中所处的阶段。评价地点有两方面的含义：一方面是指评价对象占有的和涉及的空间，或者称为评价的范围；另一方面是指评价主体观察问题的角度和高度，或称为评价的立场。评价方法将在下文介绍。

1．系统评价的步骤

（1）明确系统方案的目标体系和约束条件。

（2）确定评价项目和指标体系。

（3）制定评价方法并收集有关资料。

（4）可行性研究。

（5）技术经济评价。

（6）综合评价。

系统评价的过程要有坚实的客观基础（如对经济效益的分析计算），这是第一位的；同时，评价的最终结果在某种程度上取决于评价主体及决策者多方面的主观感受，这是由价值的特点决定的。

2．系统评价的一般程序

根据系统所处阶段，系统评价又分为事前评价、中间评价、事后评价和跟踪评价。

（1）事前评价，是在计划阶段的评价。在事前评价阶段由于没有实际的系统，一般只能参考已有资料或者用仿真的方法进行预测评价，有时也用投票表决的方法，综合人们的直观判断进行评价。

（2）中间评价，是在计划实施阶段进行的评价。该评价着重检验是否按照计划实施，例如，用计划协调技术评价工程进度。

（3）事后评价，是在系统实施即工程完成之后进行的评价。该评价主要评价系统是否达到了预期目标。因为可以测定实际系统的性能，所以做出评价较为容易。对于系统有关社会因素的定性评价，也可通过调查接触该系统的人的意见来进行。

（4）跟踪评价，是系统投入运行后，对其他方面造成的影响的评价。例如，大型水利工程完成后对生态造成的影响。

3．系统评价方法

系统评价的方法多种多样，其中比较具有代表性的方法有专家评估法、技术经济评估法、模型评估法、层次分析法等。

（1）专家评估法。由专家根据本人的知识和经验直接判断进行评价，常用的有德尔斐法、评分法、表决法和检查表法等。

（2）技术经济评估法。以价值的各种表现形式计算系统的效益来达到评价的目的，如净现值（Net Present Value，NPV）法、利润指数（Profitability Index，PI）法、内部报酬率（Internal Rate of Return，IRR）法和索别尔曼法等。

（3）模型评估法。用数学模型在计算机上仿真进行评价。例如，可采用系统动力学模型、投入产出模型、计量经济模型和经济控制论模型等数学模型。

（4）层次分析法。对系统各个方面进行定量、定性的分析进行评价。例如，成本效益分析、决策分析、风险分析、灵敏度分析、可行性分析和可靠性分析等。

4．系统评价理论

系统评价理论（System Evaluation Theory）是把评价对象看成一个系统，评价指标、评价权重、评价方法均应按系统最优的方法进行运作。评价主体通过分析系统之间和系统内部的关系，使许多纷扰复杂的问题层次化、简单化，从而达到解决问题的目的。以系统论来分析绩效评价问题，对提高评价质量无疑是很有益处的。

系统评价的基本特征有目标性、组织性、集合性、相关性、开放性和状态性等。

（1）目标性。每个系统都有特定的目标，系统中的各要素互相配合，都服从于系统的整体总目标。

（2）组织性，即系统的组织结构性。系统可分为总系统和分系统，总系统由分系统组合，各分系统又具有一定的独立性。

（3）集合性。系统是由若干个可以相互区别的要素组成的，各要素之间有明确的界限。

（4）相关性。系统内的要素是相互联系和相互作用的。

（5）开放性。系统总是存在于一定的物质环境中，它与外部环境产生物质、能量和信息的联系。

（6）状态性。系统具有静态和动态的特征。静态系统不随时间的变化而变化，是相对稳定的。动态系统随时间的推移而发生变化。任何事物都是静态和动态的统一，对系统的把握就在于对动态和静态的认识。

6.2 层次分析法

许多评价问题的评价对象属性多样、结构复杂，难以完全用定量方法或简单归结为费用、绩效或者有效度进行分析与评价，也难以在任何情况下做到使评价项目具有单一层次结构。这就需要首先建立多要素、多层次的评价系统，并采用定性和定量有机结合的方法或通过定性信息定量化的途径，使复杂的评价问题明朗化。

6.2.1 层次分析法概述

层次分析（Analytic Hierarchy Process，AHP）法是将与决策总是有关的元素分解成目标、准则、方案等层次，在此基础之上进行定性和定量分析的决策方法。具体是指将一个复杂的多目标决策问题作为一个系统，将目标分解为多个目标或准则，进而分解为多指标（或准则、约束）的若干层次，通过定性指标模糊量化方法算出层次单排序（权数）和总排序，以作为目标（多指标）、多方案优化决策的系统方法。

层次分析方法的整体过程体现了人的决策思维的基本特征，即分解、判断和综合，通过一定模式使决策思维过程规范化。它将定性判断和定量分析相结合，用数量形式表达和处理人的主观偏好，从而为科学决策提供依据。层次分析法易于在决策分析者和决策制定者之间沟通。在大部分情形下，决策制定者可直接使用 AHP 进行决策，从而大大提高决策的有效性、可靠性和可行性。从本质上讲，AHP 也是一种专家参与的决策方法，但由于它采取了层次结构与相对标度，因而比其他决策方法灵活，可以解决更加复杂的问题，其结果也更具有说服力。AHP方法特别适用于系统中某些因素缺乏定量数据或难以用完全定量分析方法处理的政策性较强或带有个人偏好的决策问题。它在武器装备发展规划、能源需求预测与选择、人才需求选拔、经济政策评价、投资项目评估、企业管理以及工程承包投标中都得到了有效应用。

美国运筹学专家、匹兹堡大学的萨蒂教授于 20 世纪 70 年代初，应用网络系统理论和多目标综合评价方法，提出了一种层次权重决策分析方法。1971 年，萨蒂为美国国防部研究了“应急计划”。1972 年，萨蒂又为美国国家科学基金研究了电力在工业部门的分配问题。1973 年，他为苏丹政府研究了苏丹运输规划。1977 年，萨蒂在第一届国际数学建模会议上发表了“无结构决策问题的缄默——层次分析法”，从而引起了人们的注意。AHP 作为一种决策方法是在 1982 年 11 月召开的中美能源、资源、环境学术会议上，由萨蒂教授的学生高兰尼柴首先向中国学者介绍的，此后在中国得到了广泛应用。

6.2.2 层次分析法的基本步骤

层次分析法是将决策问题按总目标、各层子目标、评价准则，直至具体的备择方案的顺序分解为不同的层次结构，然后用求解判断矩阵特征向量的方法，求得每一层次的各元素对上一层次某元素的优先权重，最后用加权和法递阶归并各备择方案对总目标的最终权重，其最终权重最大者即为最优方案。这里，所谓“优先权重”是一种相对的量度，它表明各备择方案在某一特点的评价准则或子目标下，优越程度的相对量度，以及各子目标对上一层目标而言重要程度的相对量度。层次分析法比较适合于具有分层交错评价指标的目标系统，而且目标值又难以定量描述的决策问题，其用法是构造判断矩阵，求出其最大特征值及其对应的特征向量 W，归一化后，即为某一层次指标对于上一层次相关指标的相对重要性（称为权值）。应用 AHP 进行决策大体可分以下 3 个步骤进行。

1．分析系统中各因素之间的关系，建立系统的递阶层次结构

（1）界定问题的性质，是否可以用定量模型描述。若是物理概念明确、物理表征清楚，则可以用精确数量模型解决；若是半结构问题或者无结构问题，层次分析法则是一种定性定量相结合的有效工具。此外，还要考虑问题是对未来的估计期望，还是对目标的选择、评价。

（2）界定问题涉及的领域是社会领域还是经济领域，是工程技术领域还是军事领域，要简单了解这些领域涉及的基本概念。

（3）界定问题的目标。正确确定决策目标是问题的关键，目标的描述要清楚、明了，不能模糊、笼统。要有总目标、分目标，分目标根据实际需要，还可再分子目标，组成一个目标层次系统，如图 6-1 所示。

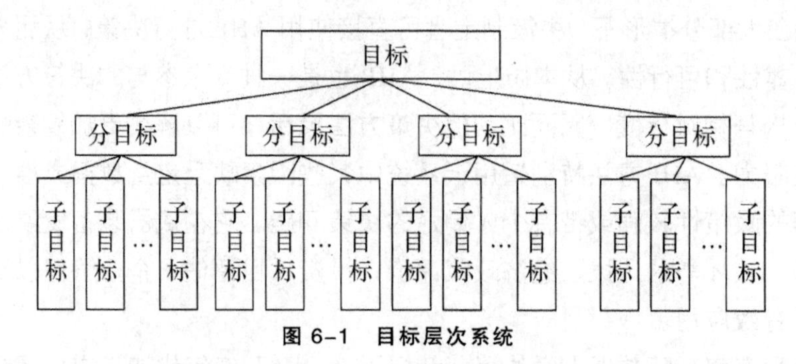

图 6-1　目标层次系统

目标系统可分为序列层次系统和递阶层次系统。图 6-1 所示就是一个序列目标层次系统，一个分目标仅与子目标的一个属集相互关联与支配。递阶层次系统如图 6-2 所示，一个分目标与下层的所有子目标交错关联与支配。递阶层次结构是 AHP 中最简单的层次结构形式。有时一个复杂问题只用递阶层次结构难以表达，这时就采用更为复杂的形式，如内部依存的递阶层次结构、反馈层次结构等，它们都是递阶层次结构的扩展形式。

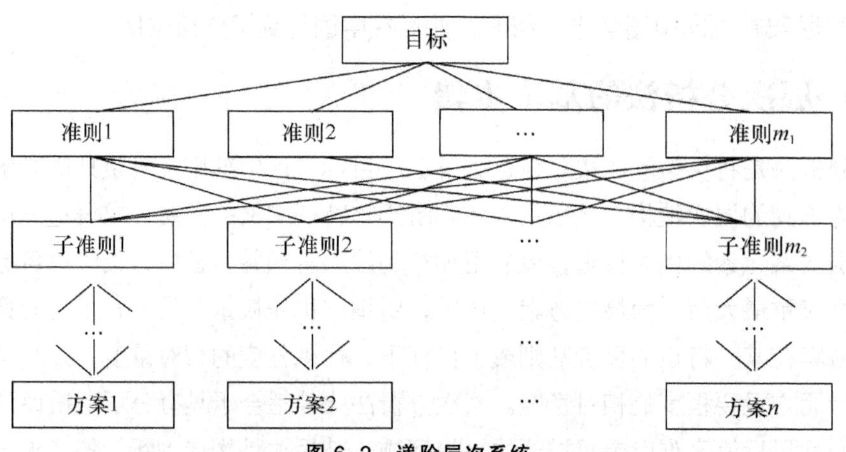

图 6-2　递阶层次系统

递阶层次结构中的层次数与问题的复杂程度和需要分析的详尽程度有关。每一个层次中各元素支配的元素一般不要超过 9 个，一个好的层次结构对于解决问题是极为重要的，因而层次结构必须建立在决策者对要面临的问题有全面、深入认识的基础上。必须弄清元素间的相互关系，以确保建立合理的层次结构。一个递阶层次结构应该具有以下特点。

（1）从上到下顺序地存在支配关系，并用直线表示。除第一层外，每个元素至少受上一层一个元素的支配；除最后一层外，每个元素至少支配下一层次的一个元素。上下层次元素的联系比同一层次中元素的联系要强很多，故认为同一层次及不相邻元素之间不存在支配关系。

（2）整个结构的层次数不受限制。

（3）最高层只有一个元素，每个元素支配的元素一般不超过9个，元素过多时可进一步分组。心理学的实验表明，大多数人对不同事物在相同属性上的差别的分辨能力在5～9级，采用1～9的标度反映大多数人的判断能力；大量的社会调查表明，1～9的标度早已被人们熟悉和应用；科学考查表明，1～9的标度已完全能标度引起人们感觉差别的各种属性。

（4）对某些具有子层次的结构可引入虚元素，使之成为递阶层次结构。

决策目标合适与否，对决策效果影响极大，迫切需要通过一定的标准来判断目标，即需要一个目标检验准则。例如，自动调节系统（自适应系统），可以通过执行中的反馈信息不断修正目标偏差；社会系统也可以不断修正目标，但需要相当长的时间才能看出效果。因此，需要从目标针对性、目标具体化、目标系统性、目标可控性、目标规范性、目标可检验性等方面分析。

① 目标针对性。目标是否有的放矢、是否切中问题的主脉，是AHP建模成功的关键之一。因此，确定目标前必须进行诊断、分析，寻找问题的根本原因。有时会出现例外，因为有些原因是无法解决的。例如，人老了是生病的原因，但这个原因目前是无法解决的。寻找原因时，还要寻找根本原因。例如，图6-3针对车队运输量下降这个问题，分析、寻找根本原因，最终归纳出根本性目标。这个决策问题，应该将更新设备作为根本性目标，以此目标构造递阶层次结构。

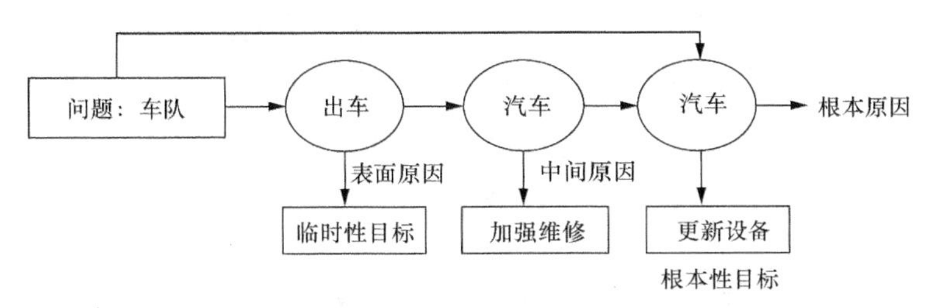

图6-3　目标针对性分析过程

② 目标具体化，词义单一化。必须有衡量目标的具体标准，例如，企业提出“3年打个翻身仗，彻底改变目前的困难局面”，这是解决问题的主导思想，但作为解决问题的目标显然不够具体、明了。提出诸如“税后利润”“总产值”作为目标就比较具体，也好评价。

③ 目标系统性。全面考虑问题，使系统处于整体协调，并同其外部环境保持和谐的最佳状态。以造水库供水力发电为例，本来只有“发电”与“灌溉”两个基本目标，但建造水库后，有可能产生一些不利影响，因而必须考虑下列因素：淹没农田、发电、生态环境、水系变化、灌溉、旅游价值等。

④ 目标可控性。可考虑人力、物力、财力、技术。这些都是实现目标可控的基本条件。

⑤ 目标规范性。目标要合理、合法。设计的目标不能违背国家的法规、政策。

⑥ 目标可检验性。目标是否合理、指标和层次结构是否合理，对决策效果影响极大。

对于社会问题的决策，最终还是得用实践结果去检验，但也不是一开始就无法控制，可以反复咨询，不断修正。

总之，社会问题涉及国家利益、社会的发展、政策的平衡，因此，要求决策科学工作者十分重视递阶层次结构的建立。构造递阶层次结构的步骤如下。

① 确定因素间的层次关联。

② 初次构造递阶层次结构。

③ 反馈专家征求意见。

④ 最终确定层次结构。

2．对同一层次的各元素关于上一层次某一准则的重要性进行两两比较，构建两两比较判断矩阵

（1）构造两两比较的判断矩阵。

（2）开展专家会议进行两两比较判断。

（3）单个专家对比较元素进行两两比较。

（4）进行 GAHP 综合。

在建立层次结构以后，上下层元素之间的隶属关系就被确定了，假定以某个层次的元素 C 为准则，所支配的下一层次的元素为 $u_1,u_2,\cdots,u_n$ 相应的权重。当 $u_1,u_2,\cdots,u_n$ 对于 C 的重要性可以直接定量（如利润多少）表示时，它们相应的权重就可以直接确定。但对于大多数问题，特别是比较复杂的问题，元素的权重不容易直接获得。这时就需要通过适当的方法导出它们的权重。AHP 所用的导出权重的方法就是两两比较的方法。

在构造两两比较矩阵时，决策者要反复回答问题：针对准则 C，两个元素 u_1 和 u_2 哪一个更重要，重要程度如何？按 1～9 的比例标度对重要程度赋值。表 6-1 列出了 1～9 的比例标度的含义。这样对于准则 C，n 个被比较元素通过两两比较构成一个判断矩阵

$$A=(a_{ij})_{n\times n} \tag{6.1}$$

式（6.1）中，a_{ij} 就是元素 u_i 与 u_j 相对于准则的重要性的比例标度。

表 6-1　1-9 比例标度的含义

标度	含义
1	表示两元素相比，具有相同的重要性
3	表示两元素相比，前者比后者稍重要
5	表示两元素相比，前者比后者明显重要
7	表示两元素相比，前者比后者强烈重要
9	表示两元素相比，前者比后者极端重要
2，4，6，8	表示上述相邻判断的中间值
倒数	表示如果元素 i 和元素 j 的重要性之比为 a_{ij}，那么元素 j 和元素 i 的重要性之比为 $a_{ji}=\frac{1}{a_{ij}}$

若 $A=(a_{ij})_{n\times n}$ 满足下列条件

$$a_{ij}\times a_{jk}=a_{ik} \tag{6.2}$$

则称判断矩阵 A 为一致性矩阵。

3．计算单一准则下元素的相对排序权重

（1）权重计算方法。根据 n 个元素 $u_1,u_2,\cdots,u_n$ 对于准则 C 的判断矩阵 A 求出它们对于准则 C 的相对权重 $w_1,w_2,\cdots,w_n$。相对权重写成向量形式，即 $W=(w_1,w_2,\cdots,w_n)^{\mathrm{T}}$。下面介绍几种常用的权重计算方法。

① 和法。取判断矩阵 n 个列向量的归一化后的算数平均值近似作为权重向量，即有

$$w_i=\frac{1}{n}\sum_{j=1}^{n}\frac{a_{ij}}{\sum_{k=1}^{n}a_{kj}},i=1,2,\cdots,n \tag{6.3}$$

类似地，还可以用行和归一化方法计算。

$$w_i=\frac{\sum_{i=1}^{n}a_{ij}}{\sum_{k=1}^{n}\sum_{j=1}^{n}a_{kj}},i=1,2,\cdots,n \tag{6.4}$$

② 根法（即几何平均法）。将 A 的各个列向量采用几何平均然后归一化，得到的列向量近似作为加权向量。

$$w_i=\frac{(\prod_{j=1}^{n}a_{ij})^{\frac{1}{n}}}{\sum_{k=1}^{n}(\prod_{j=1}^{n}a_{kj})^{\frac{1}{n}}},i=1,2,\cdots,n \tag{6.5}$$

③ 对数最小二乘法（Logarithmic Least Square Method，LLSM）。用拟合方法确定的权重向量 W，是残差平均和。

$$\sum_{1\leqslant i\leqslant j\leqslant n}\left[\log a_{ij}-\log\left(\frac{w_i}{w_j}\right)\right]^2 \tag{6.6}$$

（2）由判断矩阵计算被比较元素对于某准则的相对权重。

① 判断元素的几何平均。

$$a_{ij}=\sqrt[k]{\prod_{k=1}^{R}a_{ijk}} \tag{6.7}$$

② 排序权重的几何平均。

$$W_i=\sqrt[k]{\prod_{k=1}^{R}W_{KI}} \tag{6.8}$$

③ 排序权重的算术平均。

$$W_i=\frac{1}{K}\sum_{K=1}^{R}W_{KI} \tag{6.9}$$

（3）进行一致性检验得到各方案权重值。在判断矩阵的构造中，并不要求判断具有

传递性和一致性（这是由客观事物的复杂性与人的认识的多样性决定的），但要求判断有大体上的一致是应该的。甲比乙极端重要，乙比丙极端重要而丙又比甲极端重要的判断，一般是违反常识的。一个混乱的、经不起推敲的判断矩阵有可能导致决策的失误，而且上述各种计算排序权重的方法，当判断矩阵过于偏离一致性时，其可靠程度也就值得怀疑了。因此，需要对判断矩阵的一致性进行检验，其检验步骤如下。

① 计算一致性指标 CI。计算公式如下：

$$CI = \frac{\lambda_{\max} - n}{n-1} \tag{6.10}$$

② 查找相应的平均随机一致性指标 RI。表 6-2 给出了 1～15 阶正互反矩阵计算 1 000 个样本容量得到的平均随机一致性指标。

表 6-2　平均随机一致性指标 *RI*

矩阵阶数	1	2	3	4	5	6	7	8
RI	0	0	0.52	0.89	1.12	1.26	1.36	1.41
矩阵阶数	9	10	11	12	13	14	15	
RI	1.46	1.49	1.52	1.54	1.56	1.58	1.59	

③ 计算一致性比例 CR。计算公式如下：

$$CR = \frac{CI}{RI} \tag{6.11}$$

当 $CR<0.10$ 时，认为判断矩阵的一致性是可以接受的，否则应对判断矩阵做适当地修正。

为了讨论一致性，需要计算矩阵的最大特征根 $\lambda_{\max}$。除特征根方法外，还可用下面公式求得。

$$\lambda_{\max} \approx \sum_{i=1}^{n} \frac{(AW)_i}{nw_i} = \frac{1}{n} \sum_{i=1}^{n} \frac{\sum_{j=1}^{n} a_{ij} w_j}{w_i} \tag{6.12}$$

式（6.12）中，$(AW)_i$ 表示向量 AW 的第 i 个分量。在 AHP 实际应用中，人们普遍感到棘手的是一致性检验。比较矩阵存在固有的不一致性，使一致性检验很难一次性通过，因此，不得不调整矩阵中的元素，但其工作量很大，尤其是矩阵元素较多时，往往经过几次调整仍然无法通过。面对这个问题，有人提出放宽一致性指标，有的甚至采用回避的态度。这在很大程度上降低了 AHP 的实用性和有效性。

（4）将计算结果反馈到所需解决的问题上。若问题计算简单，仅需排序一次就可以解决。实际上，面临的问题都比较复杂，上述过程是一个多次重复的群组决策过程。

4．计算各层元素对于系统目标的合成权重，并排序

上面过程得到的是一组元素对其上一层某元素的权重向量，我们最终要得到各元素，特别是最底层中各方案对目标的排序权重，即所谓总排序权重，从而选择方案。总排序权重是自上而下地将单一准则下的权重合成。

假定已经计算出第 k-1 层上 n_{k-1} 个元素相对于总目标的排序权重 $W^{(k-1)}=(w_1^{(k-1)},w_2^{(k-1)},\cdots,w_{n_{k-1}}^{(k-1)})^{\mathrm{T}}$，以及第 k 层 n_k 个元素对于以第 k-1 层上第 j 个元素为准则的单排序向量 $P_J^{(K)}=(P_{1J}^{(K)},P_{2J}^{(K)},\cdots,P_{n_kJ}^{(K)})^{\mathrm{T}}$，其中，不受 j 元素支配的元素权重取为 0，矩阵 $P^{(K)}=(P_1^{(K)},P_2^{(K)},\cdots,P_{n_{k-1}}^{(K)})^{\mathrm{T}}$ 是 $n_k \times n_{k-1}$ 阶矩阵，表示第 k 层上元素对第 k-1 层上各元素的排序，那么第 k-1 层上元素对目标的总排序为

$$W^{(k-1)}=(w_1^{(k-1)},w_2^{(k-1)},\cdots,w_{n_{k-1}}^{(k-1)})^{\mathrm{T}}=P^{(K)}W^{(K-1)} \tag{6.13}$$

6.2.3 层次分析法的优缺点

1．层次分析法的优点

（1）层次分析法把研究对象作为一个系统，按照分解、比较判断、综合的思维方式进行决策，成为继机理分析、统计分析之后发展起来的系统分析的重要工具。在层次分析法中，系统的思想体现在不割断各个因素对结果的影响，每一层的权重设置最后都会直接或间接影响到结果，而且每个层次中的每个因素对结果的影响程度都是可量化的，非常清晰、明确。这种方法尤其可用于对无结构特性的系统评价以及多目标、多准则、多时期等的系统评价。

（2）层次分析法既不单纯追求高深数学，也不片面地注重行为、逻辑、推理，而是把定性方法与定量方法有机结合起来，使复杂的系统分解，将人们的思维过程数学化、系统化，便于人们接受，且能把多目标、多准则又难以全部量化处理的决策问题化为多层次单目标问题，通过两两比较确定同一层次元素相对上一层次元素的数量关系后，进行简单的数学运算。即使是具有中等文化程度的人，也可以了解层次分析法的基本原理和掌握它的基本步骤，计算也非常简便，并且所得结果简单明确，决策者容易了解和掌握。

（3）层次分析法所需的定量数据信息较少。层次分析法主要是从评价者对评价问题的本质、要素的理解出发，比一般的定量方法更讲求定性的分析和判断。层次分析法是一种模拟人们决策过程思维方式的一种方法，把判断各要素相对重要性的步骤留给了大脑，只保留人脑对要素的印象，从而将问题化为简单的权重进行计算。这种思想能处理许多用传统的最优化技术无法着手的实际问题。

2．层次分析法的缺点

（1）层次分析法不能为决策提供新方案。层次分析法的作用是从备选方案中选择较优者，这说明了层次分析法只能从原有方案中选取，而不能为决策者提供解决问题的新方案。

因此，在应用层次分析法时，可能因自身创造能力不足而造成从设想出来的众多方案中选择的最优方案还不如企业做出来的效果好。对于大部分决策者来说，如果一种分析工具能替决策者遴选出最优方案，并能指出该方案的不足，甚至能自动改进方案的话，这种分析工具就是比较完美的。但层次分析法还不能做到这点。

（2）层次分析法所需的定量数据较少，定性成分多，不易令人信服。科学的评价方法建立在比较严格的数学论证和完善的定量分析基础上的。由于现实世界的问题和人脑考虑问题的过程，很多时候并不能简单地用数字来说明，因而具有模拟人脑决策方式的层次分析法必然带有较多的定性色彩。应用层次分析法来做决策时，不同的人会有不同的结论。

（3）层次分析法指标过多时，数据统计量大，且权重难以确定。当我们希望解决较普遍的问题时，指标的选取数量很可能也就随之增加。指标的增加意味着要构造层次更深、数量更多、规模更庞大的判断矩阵。那么需要对许多指标进行两两比较。由于一般情况下，层次分析法的两两比较是用 1～9 来说明其相对重要性的，如果有越来越多的指标，判断每两个指标之间的重要程度可能就比较困难，甚至会对层次单排序和总排序的一致性产生影响，使一致性检验不能通过。此外，由于客观事物的复杂性或对事物认识的片面性，依据构造的判断矩阵求出的特征向量（权重）不一定是合理的。

（4）层次分析法特征值和特征向量的精确求法比较复杂。在求判断矩阵的特征值和特征向量时，所用的方法和多元统计所用的方法相同。在二阶、三阶时还比较容易处理，但随着指标的增加，阶数也随之增加，计算也变得越来越困难。克服这个缺点常用的近似计算方法有和法、幂法和根法等。

6.2.4 层次分析法在市政工程项目建设决策中的应用

某市政部门管理人员需要对修建一项市政工程项目进行决策，可选择的方案是修建通往旅游区的高速路（简称建高速路）或修建城区地铁（简称建地铁），这不仅需要考虑经济效益，还要考虑社会效益、环境效益等因素，这个决策即是多准则决策问题。

1．建立多级递阶层次结构

在市政工程项目建设决策问题中，市政管理人员希望选择不同的市政工程项目，使综合效益最高，即决策目标是“合理建设市政工程，使综合效益最高”。

实现这一目标需要考虑的主要准则有 3 个，即经济效益、社会效益和环境效益，但问题绝不是这么简单。通过深入思考，决策人员认为还必须考虑直接经济效益、间接经济效益、方便日常出行、方便假日出行、减少环境污染、改善城市面貌等因素（准则）。从相互关系上分析，这些因素隶属于主要准则，因此放在下一层次考虑，并且分属于不同准则。

假设本问题只考虑这些准则，接下来需要明确实现的决策目标，满足上述准则的方案。

根据题中所述，本问题有两个解决方案，即建高速路或建地铁。这两个方案作为措施层元素放在递阶层次结构的最下层。很明显，这两个方案与所有准则都相关。将各个层次的因素按其上下关系摆放好位置，并将它们之间的关系用连线连接起来。同时，为了方便后面的定量表示，一般从上到下用 A、B、C、D……代表不同层次，同一层次从左到右用 1、2、3、4……代表不同因素。这样构成的递阶层次结构如图 6-4 所示。

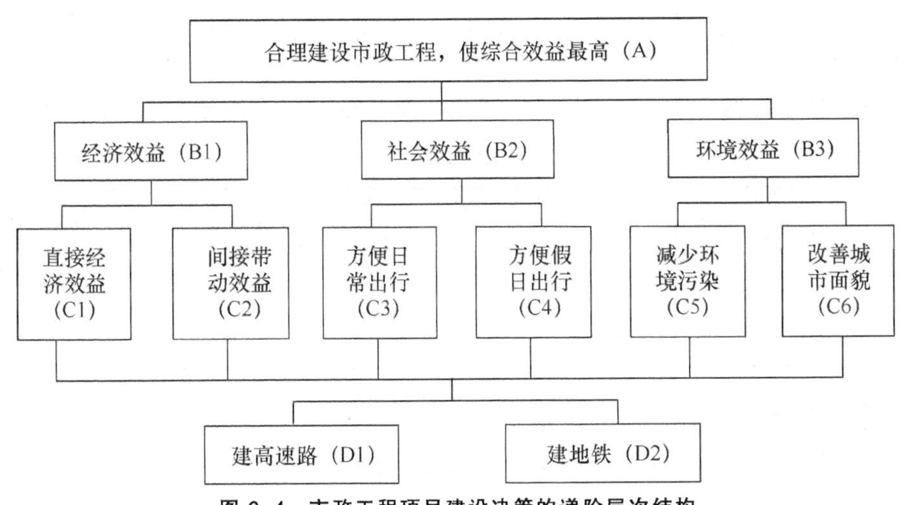

图 6-4 市政工程项目建设决策的递阶层次结构

2．构造判断矩阵，确定各因素权重

利用专家评估法，市政管理人员征求专家意见构造判断矩阵，应用根法计算权重的结果如表 6-3～表 6-12 所示。

表 6-3 A 的判断矩阵及权重

A	B1	B2	B3	单排序（权重）
B1	1	1/3	1/3	0.142 9
B2	3	1	1	0.428 6
B3	3	1	1	0.428 6
CR				0.000 0

表 6-4 B1 的判断矩阵及权重

B1	C1	C2	单排序（权重）
C1	1	1	0.50
C2	1	1	0.50

表 6-5 B2 的判断矩阵及权重

B2	C3	C4	单排序（权重）
C3	1	3	0.75
C4	1/3	1	0.25

表 6-6 B3 的判断矩阵及权重

B3	C5	C6	单排序（权重）
C5	1	3	0.75
C6	1/3	1	0.25

表 6-7 C1 的判断矩阵及权重

C1	D1	D2	单排序（权重）
D1	1	5	0.69
D2	1/5	1	0.31

表 6-8 C2 的判断矩阵及权重

C2	D1	D2	单排序（权重）
D1	1	5	0.69
D2	1/5	1	0.31

表 6-9 C3 的判断矩阵及权重

C3	D1	D2	单排序（权重）
D1	1	1/3	0.25
D2	3	1	0.75

表 6-10 C4 的判断矩阵及权重

C4	D1	D2	单排序（权重）
D1	1	5	0.69
D2	1/5	1	0.31

表 6-11 C5 的判断矩阵及权重

C5	D1	D2	单排序（权重）
D1	1	1/5	0.31
D2	5	1	0.69

表 6-12 C6 的判断矩阵及权重

C6	D1	D2	单排序（权重）
D1	1	1/3	0.25
D2	3	1	0.75

3．计算权向量及检验

所有的权向量及检验结果如表 6-13、表 6-14 所示。

表 6-13 C 层次总排序（*CR*=0.000 01）

		C1	C2	C3	C4	C5	C6
B1	0.142 9	0.5	0.5	0	0	0	0
B2	0.428 6	0	0	0.75	0.25	0	0
B3	0.428 6	0	0	0	0	0.75	0.25
权重		0.071 45	0.071 45	0.321 45	0.107 15	0.321 45	0.107 15

表 6-14 D 层次总排序（*CR*=0.000 01）

A	C1	C2	C3	C4	C5	C6	总排序（权重）
	0.071 45	0.071 45	0.321 45	0.107 15	0.321 45	0.107 15	
D1	0.69	0.69	0.25	0.69	0.31	0.25	0.379 3
D2	0.31	0.31	0.75	0.31	0.69	0.75	0.620 7
CR	0.000 0	0.000 0	0.000 0	0.000 0	0.000 0	0.000 0	

从表 6-14 可以看出，其总排序 *C.R.*<0.1，可认为判断矩阵的整体一致性是可以接受的。

4．结果分析

从方案层总排序的结果看，建地铁（D2）的权重（0.620 7）大于建高速公路（D2）的权重（0.379 3），因此，最终的决策方案是建地铁。

6.3 数据包络分析方法

数据包络分析（Data Envelopment Analysis，DEA）方法是由美国著名的运筹学家 A.Charnes 和 W.W.Cooper 等人于 1978 年提出的一种效率评价方法。经过 30 多年的发展，该方法现已经被数学、运筹学、数理经济学和管理科学交叉应用。

6.3.1 数据包络分析的含义

数据包络分析方法把单输入、单输出的工程效率概念推广到包含多输入、多输出的同类决策单元（Decision Making Unit，DMU）的有效性评价中。由于这种方法不需要主观确定每个输入输出指标的权重，可以用于处理输入和输出指标之间存在的复杂甚至是未知关系的 DMU*s*，在避免主观因素、简化算法、减少误差等方面有显著的优越性。

作为使用数学规划包括线性规划、多目标规划等模型对具有多输入、多输出的决策单元（Decision Making Unit，DMU）相对有效性（称为 DEA 有效）进行评价的一种方法，数据包络分析方法的本质是判断 DMU 是否位于生产可能集的“生产前沿面”上。生产前沿面是经济学中生产函数向多产出情况的一种推广。使用 DEA 方法和模型可以确定生产前沿面的结构、特征和构造方法，因此又可将 DEA 看作一种非参数的统计估计方法；由于 DEA 具有“天然”的经济背景，因此，依据 DEA 方法、模型和理论，可以直接利用输入和输出数据建立非参数的 DEA 模型进行经济分析；同时，使用 DEA 评价 DMU*s* 的效率时，可得到很多管理信息，现已经成为系统工程及管理科学领域一种重要的数据分析工具，吸引了众多的学者。

DEA 模型中的被评价主体是决策单元。任何一个经济系统或者生产过程都可以看作是一个人（或者一个单元）在一定范围内，通过投入一定数量的生产要素并产出一定数量的“产品”的过程。在投入一定的条件下，每个活动的目的都是使这一活动尽可能地取得最大的“效益”。任何一个“产品”从“投入”到“产出”都需要经历一系列的决策来实现，这样的人（或者单元）统一称为决策单元（Decision Making Unit，DMU）。因此，每个 DMU（第 *i* 个 DMU 常记作 DMU*i*）都表现出一定的经济意义，它具有一定的输入和输出的特点，并且通过将输入转化为输出，努力实现决策者的目标。

DMU 的概念是广义的，它可以是一个工厂，这时投入为厂房、资金、设备、原材料、技术与管理人员等，产出为各种产品。如果大学被看作是一个 DMU，则投入为教学楼、实验设备、教育资金和教职人员；产出为学校的科研成果以及各学科的人才。某种产品本身也可以视为 DMU，投入是它的成本，质量指标、售价是它的产出。

按照系统的语言，投入常称为“输入”，产出常称为“输出”。一个 DMU 就是一个将一定的“输入”转化为一定的“输出”的实体。

在许多情况下，单个 DMU 的效率值并不具备可比性。这时，我们会把同类型的 DMU

放在一起对比分析。同类型的 DMU 是指具有以下 3 个特征的 DMU 集合。

（1）具有相同的目标和任务。

（2）具有相同的外部环境。

（3）具有相同的输入/输出指标。

根据这 3 个基本特征，显然工厂和大学也不能作为同类型的 DMU，我们也不可以把大学和中学看作同类型的 DMU，不能运用 CCR 模型对它们的效率值进行对比分析。但是在外部环境和内部结构没有发生显著变化的前提条件下，同一个 DMU 不同时段的输入和产出数据可以视为同类型的 DMU。例如，一个企业 2014 年度和 2015 年度的生产活动可以看作是两个同类型的 DMU。上述特征并没有对 DMU 的规模有明确的要求，因此，一个数万人的大学与一个几千人的大学可以看作是同类型的 DMU。

需要注意的是，对于同一个 DMU，它的输入和输出并不是一成不变的，需要根据分析目的的不同进行定义。例如，为了评价一个学校的办学效益，“教师的人数”作为输入，但是在研究学校的发展时，“教师的人数”应该视为输出。这个例子说明，我们需要根据需要确定 DMU 的输入和输出，而不能随意定义。

6.3.2 CCR 和 BCC 模型及其性质

1. CCR 模型及其性质

CCR 模型是 1978 年由美国著名的运筹学家 A. Charnes（查恩斯）和 W. W. Cooper（库珀）提出的第一个 DEA 模型，自建立以来，其被认为是一种关于效率评价的新方法，为评价决策单元之间的相对效率提出了可行的方法和有效的工具。假设有 n 个决策单元，这 n 个决策单元都是具有可比性的，每个决策单元都有 m 种类型的“输入”（表示该决策单元对“资源”的耗费，类似于微观经济学中的生产要素）和 s 种类型的“输出”（它们是决策单元在消耗“资源”之后，表明“成效”的一些指标，如经济效益指标及产品质量的指标）。各决策单元的输入/输出数据如表 6-15 所示。

表 6-15 决策单元的输入/输出数据

	决策单元	1	2	…	j	…	n		
v_1	1 →	x_{11}	x_{12}	…	x_{1j}	…	x_{1n}		
v_2	2 →	x_{21}	x_{22}	…	x_{2j}	…	x_{2n}		
…	… →	…	…	…	…	…	…		
v_m	m →	x_{m1}	x_{m2}	…	x_{mj}	…	x_{mn}		
		y_{11}	y_{12}	…	y_{1j}	…	y_{1n}	→ 1	u_1
		y_{21}	y_{22}	…	y_{2j}	…	y_{2n}	→ 2	u_2
		…	…	…	…	…	…	→ …	…
		y_{s1}	y_{s2}	…	y_{sj}	…	y_{sn}	→ s	u_s

在表 6-15 中，x_{ij}为第 j 个决策单元对第 i 种输入的投入量，$x_{ij}>0$；y_{rj}为第 j 个决策单元对第 r 种输出的产出量，$y_{rj}>0$；v_i为对第 i 种输入的一种度量（或称权重）；u_r为对第 r 种输出的一种度量（或称权重），$i=1,2,\cdots,m$，$r=1,2,\cdots,s$，$j=1,2,\cdots,n$。为方便起见，记

$$X_j=(x_{1j},x_{2j},\cdots,x_{mj})^{\mathrm{T}},j=1,2\cdots,n \tag{6.14}$$

$$Y_j=(y_{1j},y_{2j},\cdots,y_{sj})^{\mathrm{T}},j=1,2\cdots,n$$

$$v=(v_1,v_2,\cdots,v_m)^{\mathrm{T}} \tag{6.15}$$

$$u=(u_1,u_2,\cdots,u_s)^{\mathrm{T}}$$

式（6.14）中的 X_j和式（6.15）中的 Y_j分别为 DMU_j的输入向量和输出向量，并均为已知数据，$j=1,2,\cdots,n$；v 和 u 分别为与 m 种投入和 s 种输出对应的权向量，为变量。各决策单元的输入/输出向量表如表 6-16 所示。

表 6-16　决策单元的输入/输出向量表

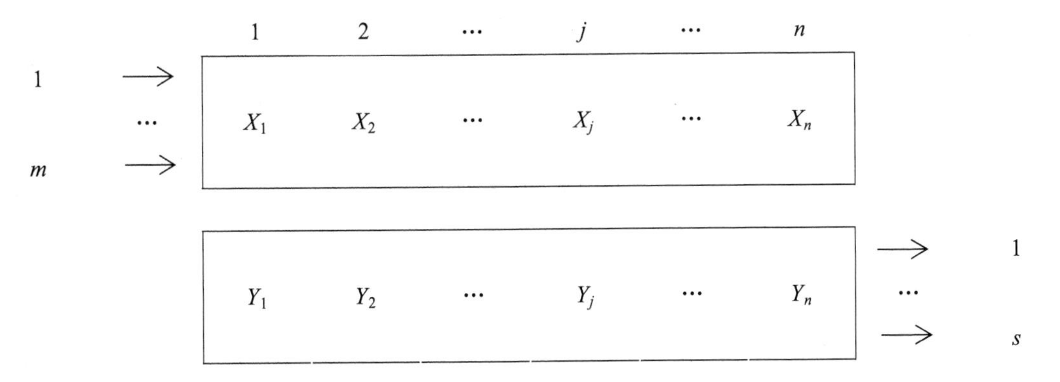

对于权重系数 $\boldsymbol{v}\in Em$ 和 $\boldsymbol{u}\in Es$（$\boldsymbol{v}$ 为 m 维实数向量，$\boldsymbol{u}$ 为 s 维实数向量），决策单元 j 的效率评价指数为

$$h_j=\frac{\sum_{r=1}^{s}u_r y_{rj}}{\sum_{i=1}^{m}v_i x_{ij}} \tag{6.16}$$

也可以通过适当地比例调节权重 $\boldsymbol{v}$ 和 $\boldsymbol{u}$，使其满足

$$h_j\leqslant 1,\ j=1,2,\cdots,n \tag{6.17}$$

式（6.16）中的效率评价指数 h_j 的含义为已知决策单元 DMU_j的输入、输出向量 X_j和 Y_j，当输入和输出向量的权重分别为 $\boldsymbol{v}$ 和 $\boldsymbol{u}$ 时，输出加权和与输入加权和之比。

在评价第 $j_o(1\leqslant j_o\leqslant n)$ 个决策单元 DMU_{j_o} 的效率时，可以权重系数 $\boldsymbol{v}$ 和 $\boldsymbol{u}$ 为变量，以第 j_o 个决策单元的效率指数为目标，令所有决策单元的效率指数

$$h_j\leqslant 1,\ j=1,2,\cdots,n \tag{6.18}$$

考虑以下的约束模型（CCR 模型）。

$$\bar{P}(CCR)\begin{cases}\max E_{j_o}=\dfrac{u^{\mathrm{T}}y_o}{v^{\mathrm{T}}x_o}\\ \text{s.t.}\ \dfrac{u^{\mathrm{T}}y_j}{v^{\mathrm{T}}x_j}\leqslant 1,\ j=1,2,\cdots,n\\ u\geqslant 0,v\geqslant 0\end{cases} \tag{6.19}$$

上述 CCR 模型最初是一个分式规划，其目标函数是分式函数，属于非线性规划问题。分式规划问题通常的解法为将分式规划转化为线性规划，再求该线性规划问题的最优解。因此，可以使用 Charnes-Cooper 变换（CC 变换），把 CCR 模型转化为一个等价的线性规划问题。令

$$t=\frac{1}{v^{\mathrm{T}}x_{j_o}},\ w=tv,\ \mu=tu \tag{6.20}$$

为方便表示，令

$$x_o=x_{j_o},y_o=y_{j_o} \tag{6.21}$$

则目标函数为

$$\mu^{\mathrm{T}}y_o=\frac{u^{\mathrm{T}}y_o}{v^{\mathrm{T}}x_o} \tag{6.22}$$

而约束为

$$\frac{\mu^{\mathrm{T}}y_j}{w^{\mathrm{T}}x_j}=\frac{u^{\mathrm{T}}y_j}{v^{\mathrm{T}}x_j}\leqslant 1,\ j=1,2,\cdots,n$$

$$w\geqslant 0,\mu\geqslant 0 \tag{6.23}$$

而由

$$t=\frac{1}{v^{\mathrm{T}}x_{j_o}} \tag{6.24}$$

可将输入加权和转化为

$$w^{\mathrm{T}}x_o=1 \tag{6.25}$$

通过 CC 变换，可将分式规划转化为如下的线性规划模型。

$$P(CCR)\begin{cases}\max\quad \mu^{\mathrm{T}}y_o=V_P\\ w^{\mathrm{T}}x_j-\mu^{\mathrm{T}}y_j\geqslant 0,\ j=1,\cdots,n\\ w^{\mathrm{T}}x_o=1\\ w\geqslant 0,\mu\geqslant 0\end{cases} \tag{6.26}$$

定义 6.1 若线性规划 $P(CCR)$的最优解 w^*，μ^*满足

$$V_P=\mu^{\mathrm{T}}y_o=1 \tag{6.27}$$

则称决策单元 DMU_o 为弱 DEA 有效（CCR）。

定义 6.2 若线性规划 $P(CCR)$的最优解中存在 $w^* > 0$，$\mu^* > 0$ 满足

$$V_P = \mu^{\mathrm{T}} y_o = 1 \tag{6.28}$$

则称决策单元 DMU_o 为 DEA 有效（CCR）。

从上述定义，可以得出满足 DEA 有效的 DMU 一定满足弱 DEA 有效，而弱 DEA 有效的 DMU 不一定满足 DEA 有效，下面看一个简单的单输入、单输出的例子。

例 6-1 表 6-17 给出了 4 个决策单元的输入/输出数据，试用 $P(CCR)$模型判断决策单元的有效性。

表 6-17 决策单元的输入/输出数据

DMU	1	2	3	4
输入	2	4	5	4
输出	2	1	3.5	3.5

对于决策单元 DMU_1，其线性规划模型 $P(CCR)$为

$$\begin{cases} \max 2\mu_1 = V_P \\ \text{s.t.}\ 2w_1 - 2\mu_1 \geqslant 0 \\ 4w_1 - \mu_1 \geqslant 0 \\ 5w_1 - 3.5\mu_1 \geqslant 0 \\ 4w_1 - 3.5\mu_1 \geqslant 0 \\ 2w_1 = 1 \\ w_1 \geqslant 0, \mu_1 \geqslant 0 \end{cases} \tag{6.29}$$

上述模型的最优解为 $w_1^* = 1/2$，$\mu_1^* = 1/2$，$V_P = 1$，由定义 6.2 知，决策单元 1 为 DEA 有效(CCR)。同理可求出决策单元 2、决策单元 3 和决策单元 4 的效率值分别为 1/4、7/10 和 7/8，为非 DEA 有效（CCR）。

2．CCR 模型的对偶模型及其有效性

线性规划 $P(CCR)$对偶模型为

$$D(CCR)\begin{cases} \min \theta = V_D \\ \text{s.t.}\ \sum_{j=1}^{n} x_j \lambda_j \leqslant \theta x_o \\ \sum_{j=1}^{n} y_j \lambda_j \leqslant y_o \\ \lambda_j \geqslant 0, j = 1, 2, \cdots, n \end{cases} \tag{6.30}$$

将松弛变量 s^- 和剩余变量 s^+ 分别引入线性规划 D（CCR），可得如下的线性规划模型。

$$\overline{D}(CCR)\begin{cases}\min\theta=V_D\\ \text{s.t.}\sum_{j=1}^{n}x_j\lambda_j+s^-=\theta x_o\\ \sum_{j=1}^{n}y_j\lambda_j-s^+=y_o\\ \lambda_j\geqslant 0,j=1,2,\cdots,n\\ s^-\geqslant 0,s^+\geqslant 0\end{cases}\quad(6.31)$$

根据线性规划的对偶理论可以得出以下结论。

定理 6.1 ①若 $\overline{D}(CCR)$ 的最优值等于 1，则决策单元 DMU_o 是弱 DEA 有效（CCR）；反之也成立。

② 若 $\overline{D}(CCR)$ 的最优值等于 1，并且它的每个最优解

$$\lambda^o=(\lambda_1^o,\lambda_2^o,\cdots,\lambda_n^o)^T,s^{-o},s^{+o},\theta^o$$

都有 $s^{-o}=0,\ s^{+o}=0$，则决策单元 DMU_o 为 DEA 有效（CCR）；反之也成立。

3．评价技术有效性的 BCC 模型

下面简要介绍 Banker 等人于 1984 年提出的另一个评价生产技术相对有效性的 DEA 模型——BCC 模型。

假设 n 个决策单元对应的输入输出数据分别为

$$X_j=(x_{1j},x_{2j},\cdots x_{mj})^T,j=1,2,\cdots,n\quad(6.32)$$

$$Y_j=(y_{1j},y_{2j},\cdots y_{sj})^T,j=1,2,\cdots,n\quad(6.33)$$

则 BCC 模型为

$$P(BCC)\begin{cases}\max\ \mu^T y_o+\mu_o=V_P\\ w^T x_j-\mu^T y_j\geqslant 0,\ j=1,\cdots,n\\ w^T x_o=1\\ w\geqslant 0,\mu\geqslant 0\end{cases}\quad(6.34)$$

上述模型的对偶规划为

$$D(BCC)\begin{cases}\min\ \theta=V_D\\ \text{s.t.}\sum_{j=1}^{n}x_j\lambda_j+s^-=\theta x_o\\ \sum_{j=1}^{n}y_j\lambda_j-s^+=y_o\\ \sum_{j=1}^{n}\lambda_j=1\\ s^-\geqslant 0,s^+\geqslant 0,\lambda_j\geqslant 0,j=1,2,\cdots,n\end{cases}\quad(6.35)$$

定义 6.3 若线性规划 P（BCC）存在最优解 w^*,μ^*,μ_o^* 满足

$$V_P=\mu^{*T}y_o+\mu_o^*=1\quad(6.36)$$

则称决策单元 DMU_o 为弱 DEA 有效（BCC）。若进而满足

$$w^* > 0, \mu^* > 0 \quad (6.37)$$

则称决策单元 DMU_o 为 DEA 有效（*BCC*）。由线性规划的对偶理论可知以下结论成立。

定理 6.2 线性规划模型 D（*BCC*）有非任意最优解 λ^*、s^{-*}、s^{+*}、θ^*，则

① $\theta^* = 1$时，决策单元 DMU_o 为弱 DEA 有效（*BCC*）；

② $\theta^* = 1$，并且 $s^{-*}=0$，$s^{+*}=0$ 时，决策单元 DMU_o 为 DEA 有效（*BCC*）。

例 6-2 本例描述的问题包含 5 个决策单元，有一个输入指标和一个输出指标，相应的输入/输出数据如表 6-18 所示。

表 6-18 决策单元的输入/输出数据

DMU	1	2	3	4	5
输入	1	3	4	2	5
输出	2	3	2	3	3.5

对于决策单元 DMU_1，其线性规划模型为

$$D(BCC)\begin{cases} \min \theta = V_D \\ \text{s.t. } \lambda_1 + 3\lambda_2 + 4\lambda_3 + 2\lambda_4 + 5\lambda_5 + s_1^- = \theta \\ 2\lambda_1 + 3\lambda_2 + 2\lambda_3 + 3\lambda_4 + 3.5\lambda_5 - s_1^+ = 2 \\ \lambda_1 + \lambda_2 + \lambda_3 + \lambda_4 + \lambda_5 = 1 \\ s^- \geqslant 0, s^+ \geqslant 0, \lambda_j \geqslant 0, j = 1,2,3,4,5 \end{cases} \quad (6.38)$$

利用运筹学中的单纯形法求解，可得到最优解为

$$\lambda^* = (1,0,0,0,0)^{\mathrm{T}}, s_1^{-*}, s_1^{+*} = 0, \theta^* = 1 \quad (6.39)$$

可以根据定理 6.2 判定决策单元 DMU_1 为 DEA 有效（*BCC*）。同样地，可以求解其他 4 个 DMU_s 的效率值。

对于决策单元 DMU_2，其线性规划模型为

$$D(BCC)\begin{cases} \min \theta = V_D \\ \text{s.t. } \lambda_1 + 3\lambda_2 + 4\lambda_3 + 2\lambda_4 + 5\lambda_5 + s_1^- = 3\theta \\ 2\lambda_1 + 3\lambda_2 + \lambda_3 + 3\lambda_4 + 3.5\lambda_5 - s_1^+ = 3 \\ \lambda_1 + \lambda_2 + \lambda_3 + \lambda_4 + \lambda_5 = 1 \\ s^- \geqslant 0, s^+ \geqslant 0, \lambda_j \geqslant 0, j = 1,2,3,4,5 \end{cases} \quad (6.40)$$

同理，可得到决策单元 DMU_2 的最优解为

$$\lambda^* = (0,1,0,0,0)^{\mathrm{T}}, s_1^{-*}, s_1^{+*} = 0, \theta^* = 1 \quad (6.41)$$

因此，决策单元 DMU_2 为 DEA 有效（*BCC*）。

接下来考查决策单元 DMU_3 是否为 DEA 有效（*BCC*）。

$$D(BCC)\begin{cases} \min \theta = V_D \\ \text{s.t. } \lambda_1 + 3\lambda_2 + 4\lambda_3 + 2\lambda_4 + 5\lambda_5 + s_1^- = 4\theta \\ 2\lambda_1 + 3\lambda_2 + 2\lambda_3 + 3\lambda_4 + 3.5\lambda_5 - s_1^+ = 2 \\ \lambda_1 + \lambda_2 + \lambda_3 + \lambda_4 + \lambda_5 = 1 \\ s^- \geqslant 0, s^+ \geqslant 0, \lambda_j \geqslant 0, j = 1,2,3,4,5 \end{cases} \quad (6.42)$$

同理，决策单元 DMU_3 的最优解为

$$\lambda^* = (1,0,0,0,0)^{\mathrm{T}}, s_1^{-*} = 3, s_1^{+*} = 0, \theta^* = 1/4 \tag{6.43}$$

因此，决策单元 DMU_3 不为 DEA 有效（*BCC*）。同理，可以得到 DMU_4 和 DMU_5 不为 DEA 有效（*BCC*）。

6.3.3 Lingo 软件及应用

1．Lingo 的主要功能特色

（1）既能求解线性规划问题，也有较强的求解非线性规划问题的能力。

（2）输入模型简单直观。

（3）运行速度快，计算能力强。

（4）内置建模语言，提供几十个内部函数，从而能以较少的语句和直观的方式描述较大规模的优化模型。

（5）将集合的概念引入编程语言，很容易将实际问题转化为 Lingo 模型。

（6）能方便与 Excel、数据库等其他软件交换数据。

2．Lingo 的语法规定

（1）求目标函数的最大值和最小值分别用 MAX=…和 MIN=…来表示。

（2）每个语句必须以分号“;”结束，每行可以有多个语句，语句可以跨行。

（3）变量名称必须以字母（A～Z）开头，由字母、数字（0～9）和下画线“_”组成，长度不超过 32 个字符，不区分大小写。

（4）可以给语句加上标号，如[OBJ]=MAX…。

（5）以“!”开头，以“;”结束的语句是注释语句。

（6）如果变量的取值范围没有特别说明，则默认所有的决策变量都非负。

（7）Lingo 模型语句以“MODEL:”开头，以“END”结束，对于比较简单的模型，这两句可以省略。

3．Lingo 基本运算符简介

（1）算术运算符。算术运算符是针对数值进行操作的，Lingo 提供了以下 5 种二元运算符。

^ 乘方

* 乘

/ 除

+ 加

- 减

Lingo 唯一的一元运算符是取反函数运算符“-”。

这些运算符的优先级由高到低为

高-（取反）

^

*和/

低 +和-

运算符的运算顺序是从左到右按照优先级高低来执行。运算的次序可以用圆括号“( )”改变。

（2）逻辑运算符。在 Lingo 中，逻辑运算符主要用于集循环函数的条件表达式中，控制函数中的哪些集成员被包含，哪些被排斥。在创建稀疏集时，逻辑运算符用在成员资格过滤器中。

Lingo 具有以下 9 种逻辑运算符。

#not#：否定该操作的逻辑值，#not#是一个一元运算符。

#eq#：若两个运算数相等，则为 true；否则为 false。

#ne#：若两个运算数不相等，则为 true；否则为 false。

#gt#：若左边的运算数严格大于右边的运算数，则为 true；否则为 false。

#ge#：若左边的运算数严格大于或等于右边的运算数，则为 true；否则为 false。

#lt#：若左边的运算符严格小于右边的运算符，则为 true；否则为 false。

#le#：若左边的运算数小于或等于右边的运算数，则为 true；否则为 false。

#and#：仅当两个参数都为 true 时，结果才为 true；否则为 false。

#or#：仅当两个参数都为 false 时，结果才为 false；否则为 true。

这些运算符的优先级由高到低为

高 #not#

#eq# #ne# #gt# #ge# #lt# #le#

低 #and# #or#

例 6-3 逻辑运算示例。

3#gt# 2 #and# 4 #gt# 2 的结果为真。

（3）关系运算符。在 Lingo 中，关系运算符主要用于模型中指定一个表达式的左边是否等于、小于等于或者大于等于右边，形成模型的一个约束条件。关系运算符与逻辑运算符#eq#、#ne#、#gt#完全不同，前者是模型中该关系运算符所指定关系为真的描述，而后者仅判断该关系是否被满足，满足为真，不满足为假。

Lingo 有 3 种关系运算符：“=”“=<”“>=”。Lingo 中还能用“<”表示小于等于关系，用“>”表示大于等于关系。Lingo 并不支持严格小于或者严格大于关系运算符。然而，如果需要严格小于或者严格大于关系，如 A 严格小于 B，即 $A<B$，那么可以把它变成如下的小于等于表达式。

$$A+\varepsilon <= B$$

式中，ε是一个小的正数，称为非阿基米德无穷小量，它的值依赖于模型中 A 小于 B 多少才算不等。下面给出以上 3 类操作符从高到低优先级。

高　#not#　-（取反）

　　^

　　*　/

　　+　-

　　#eq#　#ne#　#gt#　#ge#　#lt#　#le#

　　#and#　#or#

低　=<　=　>=

4. Lingo 的快速入门

通过上面的介绍，我们对 Lingo 有了一定的了解，那么 Lingo 的操作界面是如何的呢？这里介绍 Lingo 的操作并进行算例分析。

当在 Windows 下运行 Lingo 系统时，会得到类似图 6-5 所示的窗口。

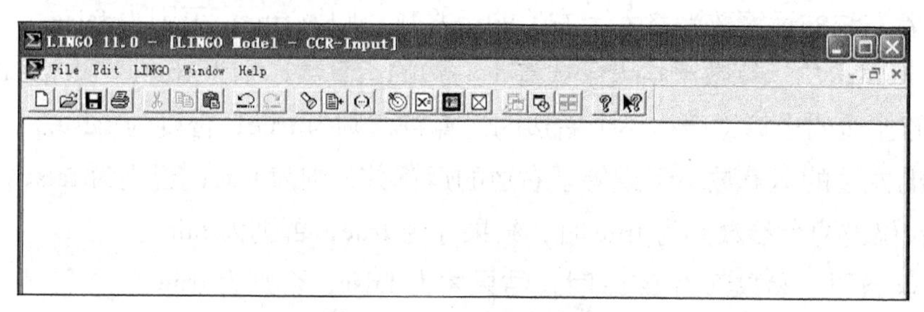

图 6–5　Lingo 运行界面

Lingo 运行界面的外层是主框架窗口，包含了所有的菜单命令和工具条，其他所有的窗口将包含在主窗口之下。主窗口内标题为 LINGO Model-LINGO1 的窗口是 LINGO 默认的模型窗口，建立的模型都要在该窗口内编码实现。具体的操作见例 6-4。

例 6-4　运用 Lingo 程序求解如下的 LP 问题。

$$\min\ 2x_1+4x_2$$
$$\text{s.t.}\ x_1+x_2\geqslant 350$$
$$x_1\geqslant 100$$
$$2x_1+x_2\leqslant 600$$
$$x_1\geqslant 0, x_2\geqslant 0$$

在模型窗口中输入如下代码。

```
min=2x1+4x2;
x1+x2>=350;
x1>=100;
2x1+x2<=600;
```

然后单击工具条上的按钮即可。

6.3.4 DEA 发展展望

作为评价具有多输入和输出的决策单元的行之有效的方法，DEA 在近 30 年取得了较大的发展，并对社会发展起到了促进作用。目前，如何突破 DEA 方法从理论研究转向应用研究成为 DEA 研究的关键。我们认为有以下几个方面值得后期持续关注和探索。

1．DEA 方法在数据挖掘和知识发现领域中的应用

尽管许多学者已经注意到 DEA 方法在数据挖掘领域中的重要应用前景，但从目前掌握的资料来看，以往直接应用 DEA 方法探讨数据挖掘方法的论文还很少见。近几年，一些学者开始了有益的尝试，已经取得了较好的进展。DEA 方法作为一种重要的数据分析和知识发现的新方法，在包括数据挖掘和知识发现在内的众多数据分析领域将会产生重要影响。

2．考虑决策单元内部结构和外部关系的 DEA 模型研究

将决策单元内部结构和外部关系纳入 DEA 模型的构造是 DEA 研究的又一重要方向。原有的 DEA 模型并不考虑决策单元的内部结构和外部关系，但许多现实问题要求对决策单元内部的“黑箱”进行分析。例如，目前提出的二阶段 DEA 模型中，具有多个子系统的 DEA 模型以及网络 DEA 模型等都是针对该类问题开展的研究。

3．DEA 方法与偏序集理论

DEA 有效单元与偏序集的关系密切，原有的 DEA 理论是以工程效率概念和生产函数理论为基础发展起来的，但应用偏序集理论不仅可以刻画 DEA 有效单元的本质特征，对 DEA 有效给出不同于 Charnes 等的原始解释，而且赋予 DEA 有效性更加广泛的含义。从偏序集的角度研究 DEA 方法不仅能丰富 DEA 方法的理论，而且有助于推广 DEA 方法。

4．基于样本单元评价的 DEA 模型

如果将评价的参照集分成决策单元集和非决策单元集两类，那么传统的 DEA 方法只能给出相对于决策单元集的信息，而无法依据任何非决策单元集进行评价。这使得 DEA 方法在众多评价问题中受到应用的限制。因此，探讨基于样本单元评价的 DEA 模型是十分必要的。

5．DEA 方法与复杂系统研究

复杂系统评价方法的研究对经济和社会发展的意义重大，但这同时也是一项十分艰巨的工作。在应用 DEA 方法评价复杂系统时，该方法既有独特的优势，也存在不足。因此，在这一方面进行更深入的研究，不仅能够补充和完善现有的复杂系统评价方法，而且有可能开辟 DEA 方法研究的新方向。例如，系统内部结构比较复杂、变量具有不同属性分类的 DEA 模型的研究等。

总之，DEA 方法是评价具有多输入多输出单元有效性的十分有效的方法。多年来，尽管 DEA 方法得到了较大的进展，但 DEA 方法的研究方兴未艾，随着研究的进一步深入，它必将在经济管理问题的评价中发挥更大的作用。

6.4 省域科技创新效率评价——基于情景依赖 DEA 和两阶段网络 DEA 模型

6.4.1 问题提出

2019 年年初，国务院办公厅发布《关于推广第二批支持创新相关改革举措的通知》，鼓励各省市在激励科技成果转化、科技金融创新方面继续改革探索，进一步强调科技创新的重要性。各省市也继续加大科技人才培养与引进，制定相关政策鼓励企业自主创新。因而，科学合理地分析评价各省市科技创新效率，对政府制定相关政策尤为重要。将科技创新分为技术投入阶段和技术市场化阶段，计算两阶段网络 DEA 整体效率，根据计算结果，采用情景依赖 DEA 方法，对其进行分层评价，对比分层结果和网络 DEA 模型分阶段效率计算结果，对各省市科技创新效率进行宏观定位和详细分析，为政策制定提供依据。

6.4.2 科技创新情境依赖 DEA 模型构建

依据两阶段网络 DEA 模型原理，可将科技创新分为相互关联的技术投入阶段和技术市场化等两阶段。在第一阶段，投入资金和人员，产生专利这一创新产品；在第二阶段，专利转化为技术市场上可经济量化的合同金额，如图 6-6 所示。

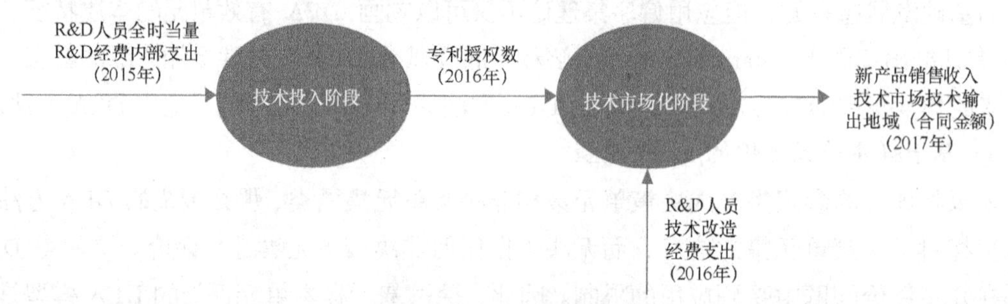

图 6-6　两阶段科技创新过程

综合现有文献研究成果，可选择 R&D 人员全时当量、R&D 经费内部支出作为第一阶段的投入，专利授权数为产出，也是第二阶段的投入，同时，第二阶段额外投入有 R&D 人员、技术改造经费支出，最终产出为新产品销售收入和技术市场技术输出地域（合同金额），最终选择的相关指标如表 6-19 所示。

表 6-19　指标选择结果

阶段	指标
技术投入阶段	投入指标：R&D 人员全时当量 R&D 经费内部支出 产出指标：专利申请授权数

续表

阶段	指标
技术市场化阶段	投入指标：专利申请授权数 R&D 人员 技术改造经费支出 产出指标：技术市场技术输出地域（合同金额） 新产品销售收入

依据《中国统计年鉴》《中国科技统计年鉴》数据，考虑到从技术投入到专利的实现，以及专利在技术市场上的商业转化都需要一定的时间，因而将考虑时间的滞后性，第一阶段 R&D 人员全时当量和 R&D 经费内部支出选择 2015 年中国 30 个省市（不包含西藏）数据，产出专利授权数和第二阶段的额外投入选择 2016 年的数据，最终技术市场技术输出地域（合同金额）和新产品销售收入选择 2017 年的数据。

设国内各省市为 DMU_j（j=1,2…,30），第一阶段投入设为 X_{ij}^1（i=1 或 2），第一阶段产出为 Z_j，第二阶段额外投入设为 X_{lj}^2（l=1 或 2），最终产出为 Y_{rj}（r=1 或 2），则对于 DMU_k 来说，两阶段网络 DEA 模型整体效率为

$$
\begin{aligned}
&\max\theta=\frac{\sum_{r=1}^{2}\mu_r Y_{rk}+\eta Z_k}{\eta Z_k+\sum_{i=1}^{2}v_i X_{ik}^1+\sum_{l=1}^{2}\tau_l X_{lk}^1}\\
&\frac{\eta Z_j}{\sum_{i=1}^{2}v_i X_{ij}^1}\leqslant 1\\
&\frac{\sum_{r=1}^{2}\mu_r Y_{rj}}{\eta Z_j+\sum_{l=1}^{2}\tau_l X_{lj}^2}\leqslant 1\eta Z_k
\end{aligned}
\qquad (6.44)
$$

式（6.44）中，$\mu_r\geqslant 0,\eta\geqslant 0,\tau_l\geqslant 0\quad(j=1,2,\cdots,30)$。

利用 Charnes-Cooper 变换，将上述非线性模型转化为等价的线性规划模型。

$$
\begin{aligned}
&\max\theta=\sum_{r=1}^{2}\mu_r Y_{rk}+\eta Z_k\\
&\eta Z_j\leqslant\sum_{i=1}^{2}v_i X_{ij}^1\\
&\sum_{r=1}^{2}\mu_r Y_{rj}\leqslant\eta Z_j+\sum_{l=1}^{2}\tau_l X_{lj}^2\\
&\eta Z_k+\sum_{i=1}^{2}v_i X_{ik}^1+\sum_{l=1}^{2}\tau_l X_{lk}^1=1
\end{aligned}
\qquad (6.45)
$$

式（6.45）中，$\mu_r\geqslant 0,\eta\geqslant 0,\tau_l\geqslant 0\quad(j=1,2,\cdots,30)$。

DMU_k效率值 θ 为 1，代表该省市科技创新活动有效；效率值 θ 小于 1 时，说明该省市科技创新活动存在不足，可以改进相关投入或产出，提高创新效率。

6.4.3 情境依赖 DEA 模型分层结果

根据两阶段网络 DEA 整体效率计算公式（6.45），采用情境依赖 DEA 模型的方法，利用 Lingo11.0 软件，对 30 个省市（自治区）创新效率计算结果进行分层，效率值为 1 的省

市为第一层，北京、广东、重庆整体效率值为 1，这些省市科技创新整体表现不错，为第一层；筛去效率值为 1 的省市，继续计算剩下各省市的效率值，天津、上海、浙江、湖北、湖南、陕西、青海这些省市效率值就为 1，为第二层；以此类推，最终第三层包含吉林、黑龙江、安徽、江西、山东、海南、甘肃；第四层为辽宁、江苏、河南、四川；第五层为河北。山西，内蒙古、广西、贵州、云南；最后一层为福建、宁夏、新疆。通过这种分层方法，各省市（自治区）的科技创新活动发展结果如表 6-20、表 6-21 所示。

表 6-20 第一到第三层分层结果

第一层分层结果				第二层分层结果				第三层分层结果			
北京	1.000	辽宁	0.691	天津	1.000	河南	0.723	吉林	1.000	河北	0.66
广东	1.000	陕西	0.657	上海	1.000	辽宁	0.709	黑龙江	1.000	贵州	0.648
重庆	1.000	河南	0.648	浙江	1.000	河北	0.647	安徽	1.000	内蒙古	0.638
天津	0.993	河北	0.591	湖北	1.000	海南	0.591	江西	1.000	福建	0.621
湖北	0.976	福建	0.572	湖南	1.000	福建	0.575	山东	1.000	山西	0.608
上海	0.972	四川	0.551	陕西	1.000	四川	0.559	海南	1.000	宁夏	0.563
海南	0.947	贵州	0.546	青海	1.000	山西	0.552	甘肃	1.000	云南	0.539
安徽	0.887	山西	0.534	安徽	0.997	贵州	0.546	辽宁	0.908	新疆	0.515
江西	0.877	海南	0.518	江西	0.971	内蒙古	0.511	江苏	0.896		
青海	0.87	宁夏	0.482	山东	0.925	甘肃	0.49	四川	0.878		
浙江	0.863	新疆	0.48	江苏	0.892	宁夏	0.482	河南	0.856		
吉林	0.85	甘肃	0.479	吉林	0.884	新疆	0.48	广西	0.825		
山东	0.818	内蒙古	0.437	广西	0.729	黑龙江	0.43				
江苏	0.815	黑龙江	0.427			云南	0.428				
广西	0.709	云南	0.427								

表 6-21 第四、第五层分层结果

第四层分层结果				第五层分层结果			
辽宁	1.000	山西	0.763	河北	1.000	云南	1.000
江苏	1.000	贵州	0.744	山西	1.000	福建	0.732
河南	1.000	福建	0.720	内蒙古	1.000	宁夏	0.686
四川	1.000	云南	0.717	广西	1.000	新疆	0.577
广西	0.944	宁夏	0.685	贵州	1.000		
河北	0.769	新疆	0.577				
内蒙古	0.768						

6.4.4 两阶段网络 DEA 模型效率评价结果

在利用两阶段网络 DEA 模型整体计算表示各省市（自治区）在科技创新活动的整体表

现的基础上，可进而计算各省市（自治区）技术投入和技术市场化两阶段的效率值。由于技术投入阶段强调以更少的投入获得更多的产出，技术市场化阶段强调获得更多的产出，因而第一阶段的技术投入阶段采用投入导向型 BCC 模型，第二阶段的技术市场化阶段采用产出导向型 BCC 模型。

依据各省市（自治区）的相关数据，如图 6-7 至图 6-10 所示，得出两阶段网络 DEA 评价结果，如表 6-22 所示。

表 6-22　两阶段网络 DEA 评价结果

技术投入阶段				技术市场化阶段			
浙江	1.000	北京	0.650	重庆	1.000	河南	0.767
江西	1.000	上海	0.570	天津	1.000	内蒙古	0.765
广东	1.000	黑龙江	0.554	山东	1.000	广西	0.751
重庆	1.000	云南	0.549	青海	1.000	辽宁	0.728
青海	1.000	甘肃	0.541	吉林	1.000	宁夏	0.704
贵州	0.847	河南	0.526	湖南	1.000	河北	0.694
福建	0.840	山东	0.522	湖北	1.000	陕西	0.655
海南	0.838	河北	0.468	海南	1.000	山西	0.613
四川	0.813	天津	0.461	广东	1.000	甘肃	0.495
陕西	0.769	湖南	0.445	北京	1.000	福建	0.473
江苏	0.768	湖北	0.445	上海	0.990	四川	0.459
新疆	0.762	辽宁	0.434	安徽	0.910	贵州	0.388
安徽	0.713	山西	0.408	江苏	0.895	新疆	0.330
宁夏	0.690	吉林	0.365	江西	0.885	云南	0.323
广西	0.688	内蒙古	0.269	浙江	0.863	黑龙江	0.289

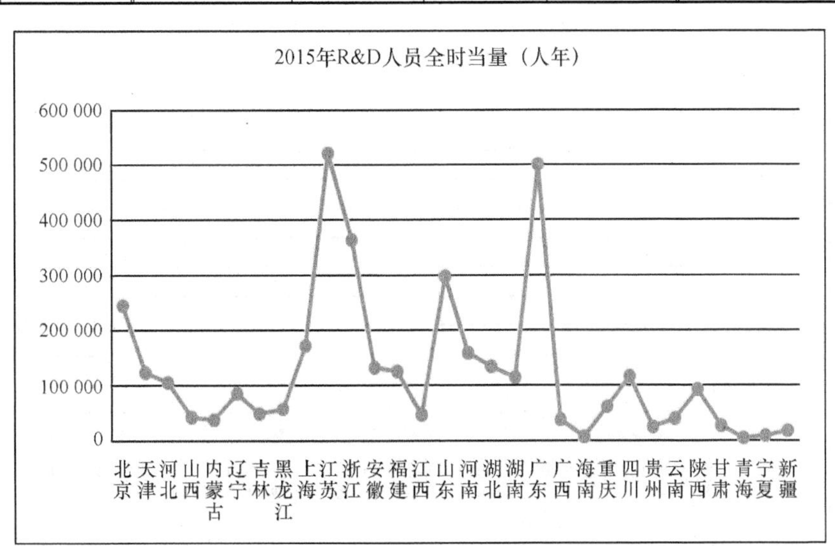

图 6-7　各省市（自治区）R&D 人员全时当量

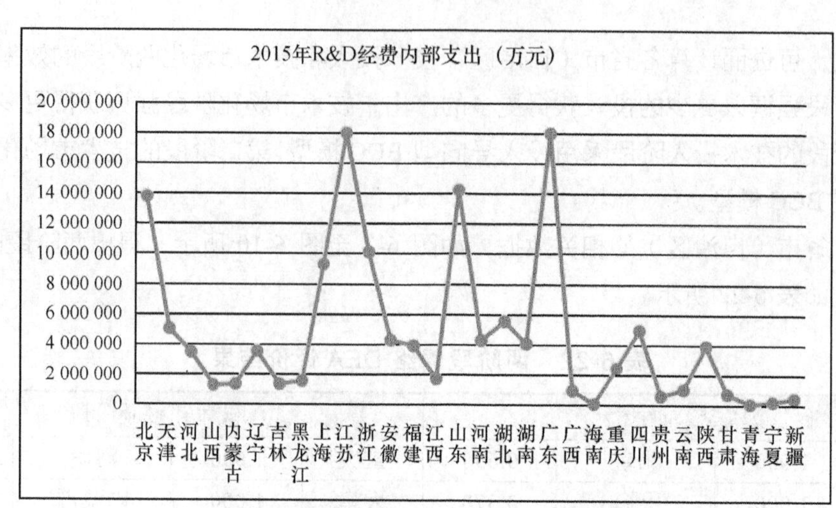

图 6-8 各省市（自治区）R&D 经费支出

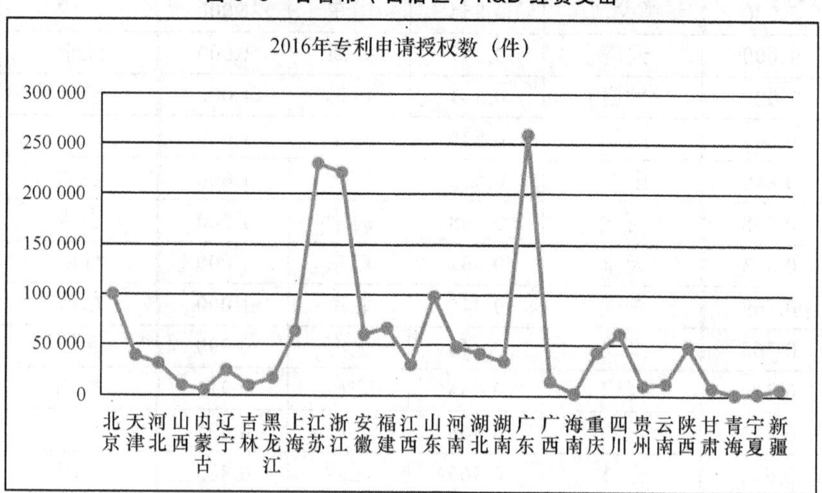

图 6-9 各省市（自治区）专利申请授权数

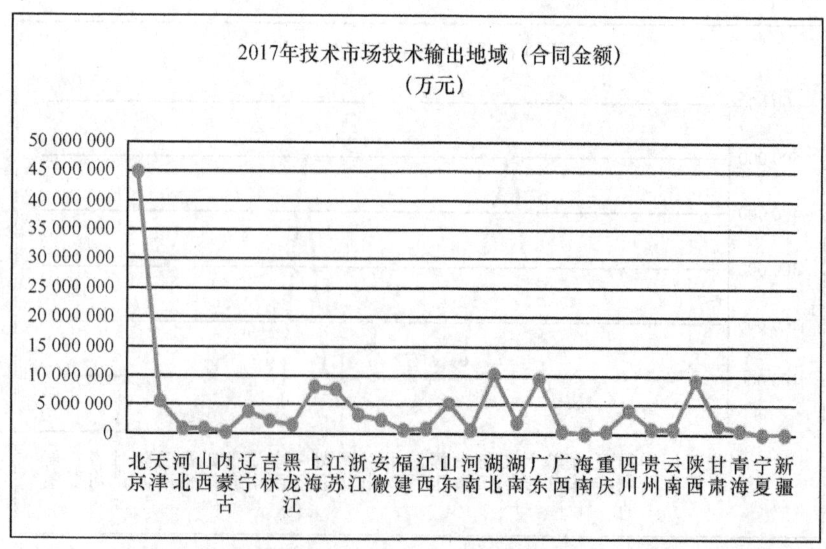

图 6-10 各省市（自治区）技术市场技术输出地域

依据表 6-22 可以发现，在技术投入阶段，表现好的省市为浙江、江西、广东、重庆、青海，表明这些省市投入的 R&D 人员和 R&D 经费获得了相当数量的专利授权数；在技术市场化阶段，表现好的省市为重庆、天津、山东、青海、吉林、湖南、湖北、海南、广东、北京，表明这些省市技术市场交易政策完备，有利于科技创新产出的商业化。

两阶段网络 DEA 评价结果如表 6-23 所示。

表 6-23　两阶段网络 DEA 评价结果

区域	技术投入阶段	技术市场化阶段	区域	技术投入阶段	技术市场化阶段
北京	0.650	1.000	河南	0.526	0.767
天津	0.461	1.000	湖北	0.445	1.000
河北	0.468	0.694	湖南	0.445	1.000
山西	0.408	0.613	广东	1.000	1.000
内蒙古	0.269	0.765	广西	0.688	0.751
辽宁	0.434	0.728	海南	0.838	1.000
吉林	0.365	1.000	重庆	1.000	1.000
黑龙江	0.554	0.289	四川	0.813	0.459
上海	0.570	0.990	贵州	0.847	0.388
江苏	0.768	0.895	云南	0.549	0.323
浙江	1.000	0.863	陕西	0.769	0.655
安徽	0.713	0.910	甘肃	0.541	0.495
福建	0.840	0.473	青海	1.000	1.000
江西	1.000	0.885	宁夏	0.690	0.704
山东	0.522	1.000	新疆	0.762	0.330

结合整体分层结果，可以看到北京市处于第一层次的分层，且技术市场化阶段的效率值为 1，但是技术投入阶段存在不足。从图 6-7～图 6-10 可以发现，北京市技术投入阶段的投入、R&D 人员全时当量和 R&D 经费内部支出均在全国前列，技术投入阶段效率值却并不理想；江苏省 R&D 人员全时当量和经费内部支出同样位于全国各省市（自治区）前列，但是江苏省在整体效率分层中处于第四层的位置，技术投入阶段与技术市场化阶段效率值分别为 0.768 和 0.895，皆存在不足。

（1）从整体效率分层结果来看，各省市（自治区）分层有聚居性特点，相邻省份陕西、湖北、湖南、浙江，以及上海均处于第二层次；内蒙古、山西、河北这 3 个相邻省份（自治区），以及相邻省份（自治区）广西、云南与贵州均处于第五层次。因此，政府应加大协同创新力度，在京津冀、江浙沪、陕甘宁、黑吉辽等区域协同发展框架下，继续拓宽协同创新技术交易市场，鼓励创新要素良好往来。

（2）各省市（自治区）技术投入与技术市场化两阶段发展不平衡。从各省市（自治区）

两阶段效率分解结果看，仅有广东、重庆、青海3个省市在技术投入及技术市场化阶段效率值皆为1，浙江与江西在技术投入阶段效率值为1，在技术市场化阶段表现欠佳，政府应该针对性地制定政策，为技术市场的成功交易提供便利；北京、天津、湖北、湖南在技术市场化阶段效率值为 1，在技术投入阶段自主科技创新表现欠佳，政府应该注意投入的冗余问题，注重高效率地创新投入；河北、山西、黑龙江、云南、新疆这5个省（自治区）在技术投入阶段和技术市场化阶段均未达到有效，且效率值较低，存在较大提升空间。因此，政府应加大创新要素的投入，为省（自治区）注入创新的根本内在动力，并积极拓宽技术市场的发展渠道。

6.5 江苏科技综合实力的系统评价

"十三五"以来，江苏省委、省政府坚持把科技创新放在优先发展的战略位置，围绕国家创新型省份建设试点工作，深入实施创新驱动发展战略，大力推进科技创新工程，创新型省份建设取得重大进展。2018年，江苏实现地区生产总值92 595.4亿元，高新技术产业产值6.78万亿元，科技进步贡献率达63%，全社会研究与发展（R&D）活动经费2 444.51亿元，地区生产总值比重超过2.64%，技术合同市场成交额2 444.51亿元，知识产权综合水平、人才综合竞争力位居全国前列，成为我国创新活力最强、创新成果最多、创新氛围最浓的省份。系统评价江苏科技综合实力，有助于发现科技创新的关键因素，便于采取有效措施，提升江苏科技发展水平。

6.5.1 科技资源及科技综合实力的内涵

资源是人类赖以生存和发展的基础。科技资源属于资源范畴，是创造科研成果，推动整个经济和社会发展的要素的集合，是科技活动的物质基础，是"第一资源"。科技资源系统是由科技人力资源、科技财力资源、科技物质资源、科技信息资源和科技组织资源等要素构成的总和，是各要素相互作用形成的一个复杂的有机整体。在科技资源系统这一整体构成中，科技人力资源包括了各类专业技术人员（专业技术人员、科技活动人员、科技管理人员、科技辅助人员）和研究生等，其中，各类专业技术人员的规模、构成和发展趋势等是研究科技人力资源的主要内容；科技财力资源主要是指科技经费中 R&D 经费及其占国内生产总值的比重，主要包括投入科技活动的财政拨款、自筹资金、银行贷款和各种捐赠资金，是评价科技综合力的主要指标；科技物质资源主要是指用于科学技术研究活动的仪器、设施、设备和原材料的总和；科技信息资源主要是指为科学技术研究活动提供信息情报的图书资料、信息（数据库）以及中介咨询机构的总和，包括文献、资料、数据、档案等。从生产这个角度看，为科技生产准备的已经获得的科研成果，包括论文、专著、专利、成果等，也是科技信息资源的一种；科技组织资源是指政府科研机构、企业研究机构、高等院校及其研究机构、非营利研究机构及相应研究机构的总和。

在科技资源系统的诸多要素中，最重要的是科技人力资源和科技财力资源。从经济学的角度来看，科技人力资源是生产者、消费者和劳动对象三者的统一，不仅具有人力资源的主观能动性，而且具有很强的创造性。特别是科技人力资源具有很强的创造性这一点，对科技人力资源的“生产”、生存和发展有重要的作用。科技人力资源作为人力资源的一个特殊群体，具有人力资源的共性，诸如自然属性及社会属性的双重性、再生性、增值性等，是今天和未来世界最重要的一种人力资源。科技财力资源作为资本资源的一类，是人力资源作用于自然资源的产物。在不同的体制、机制和政策作用下，科技人力资源和科技财力资源之间的不同组合方式，会产生不同的资源配置效率，从而影响社会的经济、科技、财力资源的作用。各类专业技术人员作为人力资源的一类，自然需要工资、劳务费维持生存；各类专业技术人员从事的创造性劳动，特别是探索未知的活动，需要“垫支”经费购买仪器设备、实验性原材料、图书资料以及进行国内外学术交流等，因而只有相当的财力与之相匹配，才能促使各类专业技术人员的高创新性、高智力性从潜力变成现实生产力。科技财力资源的作用和科技人力资源的特性是密切相关的。显然，科技资源是一种特殊形式的资源，具有独特的特点。

（1）增值性。科技资源中的科技人力资源包括高学历或者虽然没有高学历，但是具有中高级职称的专业技术人员，因此，科技资源融入了人类的智力因素，具有较强的社会性和规模效应，与其他资源的使用不同，科技资源的投入往往能够产生大大超过其自身价值的价值。

（2）长效性。科技资源的长效性首先表现在科技资源不像其他资源的使用是一次性的，它可以反复、长期使用；其次，科技资源从投入到最终取得经济效益需要相对较长的过程。

（3）高创新性。科技人力资源中的研究开发人员具有很强的创新性，所开发的高附加值的新产品、新工艺在社会和经济发展中非常重要，甚至改变人类进程。

（4）高流动性。各类专业技术人员的高智力性、高创新性促使其在市场中具有很强的流动性。

科技综合实力是一个国家和地区的科技资源投入能力、科技经济实力、科技管理能力、科研和技术开发能力的综合反映，是衡量一定时期内社会生产和利用科技知识能力的尺度。在科学技术迅速发展的今天，对区域科技综合实力做出科学的比较和评价，有利于客观、准确地认识和测度地区的科学技术实力；对科学技术发展形成的科技能力、生产能力以及科技发展对经济、社会发展的影响作用，以及某一时期的综合水平，给出具有科学依据的数量标准；把握科技实力，特别是科技投入产出的现实水平，了解区域科学技术应用的深度和广度，以及科技综合实力历史发展变化情况，便于找出科技发展中的差距和存在的问题。对区域科技发展不平衡的状况进行客观分析，对于正确制定区域科技发展的战略，明确区域科技发展的目标、方向、任务、重点，具有重要的现实意义。

现有科技综合实力研究结果表明，科技人力投入能力、科技财力投入能力和科研物质投入能力是科技综合实力评价的重要组成部分。科技活动的人力投入标志着一个地区的科技发展水平，是衡量一个地区科技进步程度和经济增长能力的重要因素；科技活动的财力投入是影响区域科技实力的主要因素之一；科研物质投入能力能够反映科技活动的“硬件”水平，是科技活动得以进行的重要物质基础。此外，科技管理能力也是科技综合实力的重要组成部分，良好的科技管理能力有助于提高科技人员的工作积极性，促进科学研究的进程，加快科技成果产业转化过程。科技综合实力体现了在现有科技发展环境和条件下，进行科技投入、开展科技活动、取得科技产出的总体水平与能力，是一个总量指标，是依据评价科技进步监测的规模指标（是绝对量而不是相对量）进行无量纲化处理后，加权综合而成的指标体系。

6.5.2 江苏省科技综合实力评价指标体系的构建

1．科技综合实力评价指标体系构建的原则

（1）完备性原则。完备性要求科技综合实力评价指标体系的信息量既必要，又充分，即多一个测评指标会造成信息重叠和浪费，少一个指标会造成信息不充分。这样组成的科技综合实力评价指标体系才能够客观反映科技运行的特点,充分体现科技发展的内在规律,准确反映科技所处的水平。

（2）可比性原则。科技综合实力评价指标体系的可比性包括两个方面内容：一方面尽量选择可比性较强的相对指标；另一方面是人均指标及每一个指标的含义、统计口径和范围、计算方法和取得的途径等应尽量一致。

（3）弱相关性原则。在科技综合实力评价指标体系中，每个指标都具有较强的鉴别能力，即每个指标之间是不相关的，从而使每个指标的作用得以充分发挥。这样的指标体系是最理想的。但事实上，因为科技发展中的所有指标是不可能完全不相关的，所以在选择指标过程中，尽量选择弱相关的指标，应避免选择高度相关的指标。

（4）可行性原则。科技综合实力评价指标体系的可行性包括以下三个方面。

① 测评指标可计量性，即这些测评指标可以用具体数字来描述；

② 测评指标的可操作性，即在选择具体测评指标时，既要考虑指标体系的完整、科学，又要从实际出发，充分考虑资料取得的可能性，不管指标如何重要，如不可能取得统一、全面的资料，可用相近指标来代替或舍弃；

③ 测评指标体系中指标数的合理性，即指标不宜过多、过细，否则会给资料的收集、整理和计算带来很大的困难，使分析无从下手。

2．科技综合实力评价指标的选择

已有的科技综合实力研究成果表明，科技投入是科技发展的前提和基础，科技活动过程是科技工作的实践阶段，科技产出是科技活动成败的重要标志；投入、活动、产出 3 个方面代表了科学技术过程中 3 个有机联系的不同阶段，每个阶段的评价指标应当不同，3 个方面综合起来进行评价可以合理反映科学技术发展全过程的水平和实力。因此，可从投入、活动、产出 3 个方面研究科技综合实力评价指标。

（1）科技投入。科技投入包括科技人员投入和经费投入指标。科技投入是科技发展、增强科技实力的基本前提。科技投入中的科技人员是第一生产力的开拓者和代表者，是科技创新的主体，是开展科学技术进步活动的核心力量。科技人员的数量和素质是衡量科技综合实力的重要基础指标，通常用科技人员总数和每万人中科技人员数作为重要的评价指标。科技人员担负着科学发现、知识进步和科技创新的重任，是科技活动的主要人力因素，其人数的总量和相对量是表征科技人力的重要指标，其中，规模以上企业是区域创新的主体，企业专业技术人才的数量直接影响企业新产品的研发能力，是技术产业化的有生力量。

科技投入中的经费投入是进行科技活动的基础。科技要获得新的发展，资金投入为重要的支撑条件，而且资金投入的总量和相对量是表征科技实力的重要指标。资金投入包括资金投入总量、科技人员人均经费数量和研究与开发经费。研究与发展发展（R&D）是为了增进知识以及利用这些知识开创新的用途而进行的系统的创造性工作。其中，研究与发展经费（R&D）是指投入基础研究、应用研究和试验发展这 3 类科技活动的经费，它直接反映了区域科技活动的能力及其活动状况，直接影响科技成果的获得；特别是企业研发投入的规模，直接影响企业的市场竞争力和持续发展能力。因此区域 R&D 经费总量、R&D 经费占区域国内生产总值的比重、规模以上企业 R&D 经费与其占主营业务收入比重也是衡量区域投入规模和科技实力的重要指标。此外，地方政府科技拨款占地方财政支出的比例也反映了地方政府对科技的重视程度，对科技综合实力的提升有显著的影响。

（2）科技活动。包括各类科研课题（项目）数量和人均承担量、在校大学生数量指标。科技活动是科技工作的实践阶段，是与科技知识的产生、发展、传播和应用密切相关的活动。科技活动的深度和广度在一定程度上揭示了科技实力的强弱。科研机构、高等院校和大中型企业是从事科学研究和技术开发的主体，是进行科技攻关的基层单位，也是科技活动的主要承担者；科学研究和技术开发、推广是科技活动的主要内容；各类科研课题（项目）数量和每万名科技活动人员课题数等反映了科研的规模和强度，也是反映区域科技实力的重要指标。在校大学生数量是未来科学家和工程师的后备力量，是科技人力资源的组成部分，因而成为衡量科技实力的重要潜在指标。

（3）科技产出。科技产出是指科技直接产出、科技产业化的能力，反映了区域科技创新能力和科技活动的活跃程度，体现了科技实力的强弱。科技直接产出包括科技论文、专利数、技术市场成交额和科技进步。其中，科技论文是在科技刊物上发表的最初的科学研究成果，科技论文的数量和质量是科技产出（尤其是基础研究和应用研究产出）度量的重要指标之一；专利数是获得专利权的创造发明的数量，反映技术水平，表明区域的技术创新能力。专利数包括发明专利数和专利授权数。技术市场成交额反映了技术的创新和消化吸收能力，也是衡量区域科技综合实力的重要指标。科学技术对社会发展和经济增长有巨大的推动作用，科技进步对经济增长的作用体现在科技进步贡献率，因此科技进步贡献率也是对科技综合实力水平的反映。在科技产业化能力方面，可选择两个指标，即每百万人口新产品销售收入和每百万人口高技术产品产值。

将科技综合实力按照科技投入、科技活动和科技产出这 3 个部分，依据数据来源的具体情况和指标设计的科学性、合理性、可比性和可操作性原则，建立江苏省科技综合实力评价指标体系以及权重计算结果，如表 6-24 所示。

表 6-24　江苏省科技综合实力评价指标体系与权重

<table>
<tr><td rowspan="19">科技综合实力</td><td rowspan="9">科技投入（0.47）</td><td rowspan="4">人力投入（0.55）</td><td colspan="2">科技人员数（0.24）</td></tr>
<tr><td colspan="2">每万人口中科技人员数（0.16）</td></tr>
<tr><td colspan="2">规模以上工业企业科技人员总数（0.36）</td></tr>
<tr><td colspan="2">每万人规模以上工业企业科技人员数（0.24）</td></tr>
<tr><td rowspan="5">经费投入（0.45）</td><td colspan="2">规模以上工业企业 R&D 经费内部支出总额（0.24）</td></tr>
<tr><td colspan="2">规模以上工业企业 R&D 经费内部支出占主营业务收入比重（0.18）</td></tr>
<tr><td colspan="2">R&D 经费（0.24）</td></tr>
<tr><td colspan="2">R&D/GDP 比值（0.18）</td></tr>
<tr><td colspan="2">地方科技财政拨款占地方财政支出比例（0.16）</td></tr>
<tr><td rowspan="4">科技活动（0.12）</td><td rowspan="2">课题情况（0.5）</td><td colspan="2">科研课题数（0.6）</td></tr>
<tr><td colspan="2">每万名科技活动人员课题数（0.4）</td></tr>
<tr><td rowspan="2">人才培养（0.5）</td><td colspan="2">在校大学生数（0.6）</td></tr>
<tr><td colspan="2">每万人口中在校大学生数（0.4）</td></tr>
<tr><td rowspan="6">科技产出（0.41）</td><td rowspan="4">科技直接产出（0.63）</td><td rowspan="2">专利（0.3）</td><td>专利批准数（0.4）</td></tr>
<tr><td>发明专利数（0.6）</td></tr>
<tr><td colspan="2">技术市场成交额（0.2）</td></tr>
<tr><td>科技进步（0.5）</td><td>技术进步贡献率（1）</td></tr>
<tr><td rowspan="2">科技产业化能力（0.37）</td><td colspan="2">每百万人口新产品销售收入（0.5）</td></tr>
<tr><td colspan="2">每百万人口高技术产品产值（0.5）</td></tr>
</table>

6.5.3 江苏省科技综合实力评价

1．数据收集和处理

依据江苏省科技统计年鉴和江苏省统计年鉴，收集的相关数据如表 6-25 至表 6-27 所示。

表 6-25 科技投入指标情况

年份	人力投入				经费投入					
	各类专业技术人员（万人）	每万人专业技术人员数（人/万人）	规模以上工业企业科技人员总数（万人）	每万人规模以上工业企业科技人员数（人/万人）	规模以上工业企业R&D经费内部支出总额（亿元）	规模以上工业企业R&D经费内部支出占主营业务收入比重%	R&D经费（亿元）	R&D经费占GDP的比重%	地方财政支出（亿元）	地方科技财政拨款占地方财政支出比例%
2010	73.69	93.64	40.51	51.47	551.35	0.6	857.9	2.07	150.35	2.41
2011	81.62	103.33	64.46	81.6	964.39	0.901	1 065.55	2.17	213.4	3.03
2012	98.23	124.02	77.69	98.09	1 080.31	0.905	1 287.9	2.38	257.24	3.3
2013	109.46	137.86	82.93	104.45	1 239.57	0.937	1 487.4	2.51	302.59	3.88
2014	117.98	148.21	88.53	111.21	1 376.54	0.97	1 630	2.51	327.1	3.86
2015	118.43	148.47	87.26	109.4	1 506.51	1.02	1 801.23	2.53	371.96	3.84
2016	118.42	148.05	84.98	106.24	1 657.54	1.06	2 026.87	2.62	381.02	3.82
2017	119.34	148.63	87.26	108.67	1 833.88	1.23	2 260.06	2.63	436.14	4.11

表 6-26 科技活动指标情况

年份	科研课题		人才培养	
	总数	每万名科技活动人员课题数	在校大学生数（万人）	每万人在校大学生数（人）
2010	71 815	974.555 6	177.49	225.546 2
2011	79 100	969.125 2	179.38	227.097 8
2012	97 602	993.606 8	181.07	228.624 3
2013	107 690	983.829 7	183.04	230.543 8
2014	118 467	1 004.12 8	184.93	232.322 4
2015	122 629	1 035.456	187.13	234.607 5
2016	138 251	1 167.46 3	190.74	238.466 7
2017	150 951	1 264.88 2	194.46	242.188 0

表 6-27 科技产出指标情况

年份	科技直接产出				科技产业化能力	
	专利数		科技进步	技术市场成交额	每百万人口新产品销售收入（亿元/百万人）	每百万人口高技术产品出口销售收入（亿元/百万人）
	发明专利数（万件）	专利批准数（万件）	科技进步贡献率%	技术合同贸易额（万元）		
2010	0.72	13.83	54.12	317.05	9 387.21	30 354.8
2011	1.1	20	55.2	463.1	15 009.98	38 377.8
2012	1.6	27	56.5	532	17 845.42	45 041.5
2013	1.7	23.96	57.2	585.6	19 714.21	51 899.1
2014	2	20	59	655.3	23 540.93	57 277.28
2015	3.6	25.03	60	700	24 463.27	61 373.61
2016	4.09	23.1	61	728	28 084.67	67 124.65
2017	4.15	22.71	62	872.9	28 579.02	67 863.74

为确保测评数据可比，在具体指数计算中，必须对原始数据进行同趋化处理和无量纲化处理。数据同趋化处理主要解决不同趋向的数据加总问题，即处理现有的各种综合测评中的“逆指标”。数据无量纲化处理主要解决不同性质的数据可比问题。数据同趋化处理较简单，一般可采取取倒数或赋负值的方法。数据无量纲化处理相对较复杂，最常用的方法有标准化和指数化两种。采用标准化处理方法，数据的标准化处理主要是以指标的总体平均值为标准进行数学处理，其结果是以 d_o 为中心的数据。定量数据要化为无量纲的，可采用式（6.46）、式（6.47）处理。

对于越大越优的指标，$\sigma_{kj}=\dfrac{d_{kj}}{\max d_{kj}}$ （6.46）

对于越小越优的指标，$\sigma_{kj}=\dfrac{\min d_{kj}}{d_{kj}}$ （6.47）

当指标为适度的规格，即指标太高、太低都不合适时，可用中心指标测度，即

$$\sigma_{kj}=\frac{\min(d_{kj},d_{o})}{\max(d_{kj},d_{o})} \tag{6.48}$$

2．科技综合实力评价指标权重的确定

在评价指标体系中，确定各指标的权重十分重要，各指标的权重反映了评价指标对评价对象的相对重要程度。指标权重就是对某个指标影响科技综合实力水平的程度做出数量上的明确界定，其确定方法一般有主观赋权法和客观赋权法两种。主观赋权法是根

据各个指标的主观重视程度进行赋权，包括排序法、专家赋权法、环比评分法、层次分析法（Analytic Hierarchy Process，AHP）等。这里采用专家赋权法。

3．江苏省科技综合实力评价

依据前述的指标权重确定和数据处理，可计算科技综合实力指数，公式为

$$Y=\sum_{i=1}^{N} y_i=\sum_{i=1}^{N} z_i t_i \qquad (6.49)$$

式（6.49）中，Y 为科技综合实力值；y_i 为第 i 个指标的指数；z_i 为第 i 个指标经无量纲化处理后的数据；t_i 为第 i 个指标的权重；N 为指标总数。江苏省科技综合实力评价结果及指数变化趋势分别如表 6-28、图 6-11 所示。

表 6-28　江苏省科技综合实力评价结果

年份	科技投入部分		科技活动部分		科技产出部分		科技综合实力指数
	人力投入	经费投入	课题	人才培养	科技直接产出	科技产业化能力	
2010	0.525	0.344	0.593	0.920	0.486	0.388	0.484
2011	0.713	0.489	0.621	0.928	0.633	0.545	0.627
2012	0.858	0.539	0.702	0.936	0.747	0.644	0.725
2013	0.931	0.608	0.739	0.945	0.759	0.727	0.776
2014	0.996	0.645	0.788	0.954	0.782	0.834	0.827
2015	0.989	0.687	0.815	0.965	0.897	0.880	0.873
2016	0.972	0.736	0.918	0.982	0.915	0.986	0.907
2017	0.989	0.82	1	1	1	1	0.959

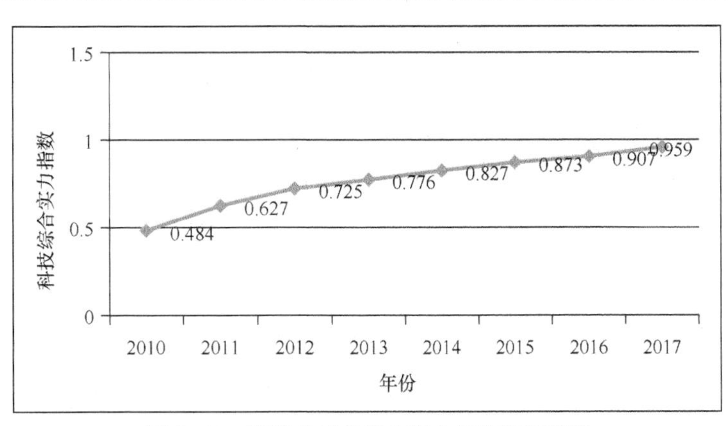

图 6-11　江苏省科技综合实力指数变化趋势

从表 6-28 不难看出，江苏科技综合实力呈缓慢上升趋势，其中，科技的经费投入、人

员的总量及科技资源在高校和企业的配置状况对科技综合实力水平的影响很大；科技资源是科技活动的人力、财力、信息的综合，单个科技资源指标很难确切反映科技综合实力的状况，科技资源综合效能发挥程度则对区域科技综合实力及其发展后劲影响很大。

思考与练习题

1. 系统评价原则有哪些？各有什么特点？
2. 系统评价的目标和任务是什么？
3. 系统综合评价可从哪几个方面进行？
4. 系统评价可按哪几种方式进行分类？
5. 系统评价的步骤是什么？
6. 系统评价方法有哪些？各适用于哪些情况？

CHAPTER7

第7章 系统工程应用综合案例

系统工程是一门新兴的学科，其思想和方法来自各个行业和领域，也能应用于各个行业和领域。

7.1 山猫与野兔之间的生长关系的系统分析

在加拿大北部哈得孙湾草原地带生长着许多野兔，同时还有许多山猫，山猫靠吃野兔为生。从19世纪初开始，它们的数量经历了数次大的变化，大起大落，周期大约为24年。生态学家的研究表明，生物种群这种周期性的变化是捕食者（山猫）与被捕食者（野兔）之间相互制约的结果。如何确定野兔、山猫的相互依存关系以及它们数量的动态变化规律呢？

7.1.1 山猫与野兔之间的生长关系模型的构建

1．山猫与野兔之间的生长关系机理分析

根据复杂性系统科学学者的研究，山猫和野兔之间的关系可以表征为有5个反馈环的系统。该系统只包括野兔、山猫两个主要因素，这两要素的依存关系为山猫以野兔作为生存的食物来源。如果山猫增多，则每年捕食的野兔增多，野兔就会变得越来越少；因为食物减少，山猫就会又减少。随着山猫的减少，野兔就又将逐渐增多；野兔的增多不是无限的，而是受环境容纳量的限制。因为除了自然相互依存、相互制约，还考虑到人类狩猎的需要，所以把人类对野兔和山猫的猎捕因素也纳入模型考虑，从而得图 7-1 所示的因果系统图。

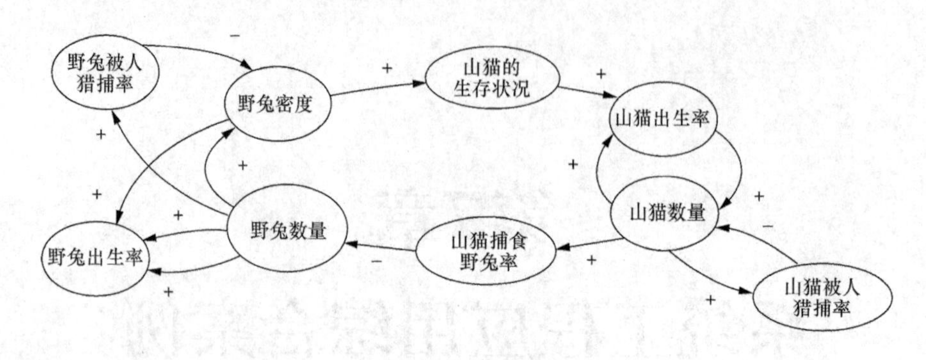

图 7-1　野兔与山猫的因果系统图

2．山猫与野兔之间的生长关系模型

山猫和野兔之间的关系为捕食关系，兔子的总数和山猫的总数都受两部分的影响：一部分是自身之间资源的竞争，另一部分是对方数目的影响。假设某时刻，兔子的数目为 $N(t)$，山猫的数目为 $Ns(t)$。

在没有山猫的情况下，假定野兔自然状况下的数目为 $Q(t)$，野兔的自然生存率为 $r(t)$（包括出生率、存活率、死亡率等野兔个体的生存情况）。由于草原资源有限，当野兔少时，相对个体野兔而言，生存的空间就较大，因此数目增长得较快；而当野兔较多时，相对个体野兔的空间就较小，兔子数目增长得较慢。设草原上最多能容纳的野兔的数目为 $K(t)$，则在自然情况下，野兔的增长率为

$$\frac{\mathrm{d}Q(t)}{\mathrm{d}t}=r(t)\left[1-\frac{N(t)}{K(t)}\right]N(t) \tag{7.1}$$

同理，考虑山猫在野兔数目充分情况下的自然增长率。设山猫的数目为 $Qs(t)$，山猫的自然生存率为 $rs(t)$，野兔容纳的山猫的数目是 $Ks(t)$，则山猫的自然增长率为

$$\frac{\mathrm{d}Qs(t)}{\mathrm{d}t}=rs(t)\left[1-\frac{Ns(t)}{Ks(t)}\right]Ns(t) \tag{7.2}$$

在考虑山猫与野兔之间的相互关系的情况下，当山猫多时，野兔被捕的机会较大，野兔的数目下降得较快，而当山猫少时，野兔被捕的机会较小，野兔的数目下降得较慢。当野兔较多时，山猫捕食相对容易一些，因此山猫增长得较快，而当野兔较少时，山猫捕食较费劲，山猫增长得较慢。设山猫在受野兔数目下的影响因素率为 bs，而野兔在受山猫数目下的影响因素率为 sb（山猫与野兔之间为捕食关系，它们之间的相互影响率互为相反数，且影响率与山猫对野兔的捕食量有关），由此可得出它们在各自受对方影响下的个体增长率为

$$\frac{\mathrm{d}Q(t)}{\mathrm{d}t}=r(t)\left[1-\frac{N(t)}{K(t)}\right]N(t)-bs\times N(t)Ns(t) \tag{7.3}$$

$$\frac{\mathrm{d}Qs(t)}{\mathrm{d}t}=rs(t)\left[1-\frac{Ns(t)}{Ks(t)}\right]Ns(t)+bs\times N(t)Ns(t)$$

7.1.2 山猫与野兔之间的生长关系系统动力学模型及仿真分析

1．系统动力学流程图

假定 RABBIT—野兔数（只）；RNBR—野兔纯出生率（只/年）；INRAB—模拟开始时的野兔数；TRNBF—野兔纯出生率因子；RDEN—野兔密度；CC—自然容纳野兔的能力（只）；RKL—山猫捕食野兔的速率（只/年）；RTRA—野兔被人猎捕率（只/年）；FRABTR—野兔被人猎捕系数（1/年）；TRKPL—每头山猫一年内捕食的野兔数（只/头·年，由表函数给出）；TLNBF—山猫纯出生率因子；LYNX—山猫数（头）；INLYNX—模拟开始时的山猫数；LNBR—山猫纯出生率（头/年）；RDDIC—山猫生存底线；LTRAP—山猫饿死率（由表函数给出）；LSUBR—山猫的生存状况因子；FLNXTR—山猫被人猎捕系数（头/年），则野兔与山猫之间的生长关系系统动力学流程如图 7-2 所示。

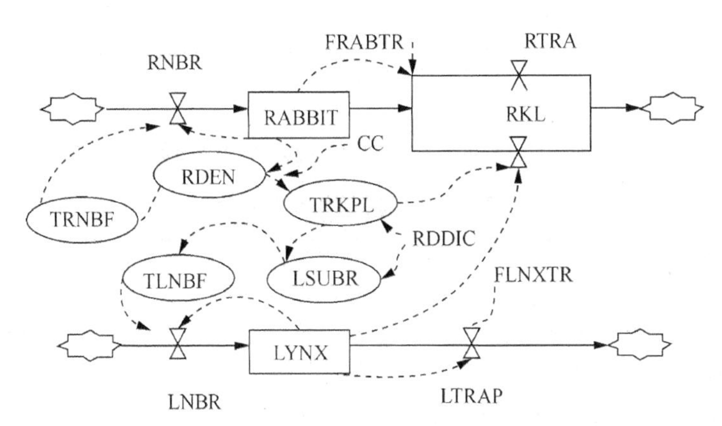

图 7-2 野兔与山猫之间的生长关系系统动力学流程图

2．变量之间关系分析

根据上述流程图对各变量间的关系进行仔细研究，可得出各变量间的关系如下。

（1）野兔数.*K*=野兔数.*J*+（*DT*）×（野兔纯出生率－山猫捕食野兔率－野兔被人猎捕率）。

（2）初始野兔数 50 000。

（3）野兔出生率.*K*=野兔数.*K*×野兔纯出生率因子。假设野兔密度与其出生率之间关系如表 7-1 所示。

表 7-1 野兔密度与其出生率之间关系

野兔密度	0	0.25	0.5	0.75	1	1.25
野兔出生率因子	1.50	2.40	2.20	1.10	0.00	-1.00

（4）山猫捕食野兔速率.*KL*=山猫数.*K*×每头山猫一年内捕食的野兔数。假设野兔密度与山猫捕获之间关系如表 7-2 所示。

表 7-2　野兔密度与山猫捕获之间关系

野兔密度	0	0.25	0.5	0.75	1	1.25
每只山猫年捕食野兔数	0.00	150	250	325	375	400

（5）野兔密度.*K*=野兔数.*K*/*CC*；*CC*=100 000。

（6）野兔被人猎捕数.*KL*=野兔数.*K*×野兔被人猎捕系数。

（7）山猫数.*K*=山猫数.*J*+(*DT*)×（山猫纯出生率−山猫饿死率−山猫被人猎捕率）。

（8）山猫纯出生率.*KL*=山猫数.*K*×山猫纯出生率因子。假设山猫生存状况因子与其出生率之间关系如表 7-3 所示。

表 7-3　山猫生存状况因子与其出生率之间关系

山猫生存状况因子	0	0.5	1	1.5	2
山猫出生率因子	−4.0	−0.6	0.0	0.3	0.5

（9）山猫生存状况因子.*K*=每头山猫一年内捕食野兔数.*K*/生存至少捕食野兔数（假定为 200 只）。

（10）山猫初始数为 1 150。假设山猫饿死率如表 7-4 所示。

表 7-4　山猫饿死率关系表

野兔密度	0	0.25	0.5	0.75	1	1.25
山猫饿死率	0.5	0.4	0.3	0.2	0.1	0.05

（11）山猫被人猎捕率.*KL*=山猫数.*K*×山猫被人猎捕系数。

3．系统动力学模型编程及仿真结果

```
NOTE   ……………………………………………………………
NOTE   NAME  -  RABBIT  - LYNX   MODEL
NOTE   AUTHOR  - WILLIAM   SHAFFER
NOTE   RABBIT   SECTOR
L      RABBIT.  K = RABBIT.  J + (DT) (RNBR.  JK - RKL.  X. JK  - RTRA.  JK)
N      RABBIT = INRAB
NOTE   RABBITS ( RABBITS )
C      INRAB = 50 000
NOTE   INTITAL   RABBITS ( RABBITS )
R      RNBR.  KL = (RABBIT.  K)(RNBF.  K)
NOTE   RABBIT   NET   BIRTHS (RABBITS / YEAR)
```

```
A      RNBF. K = TABLE ( TRNBF,RDEN.K,0 , 1.25 ,0.25 )
NOTE   RABBIT   NET   BIRTHS   FACTOR( 1 / YEAR)
T      TRNBF =1.50/2.40/2.20/1.10/0.00/-1.00
R      RTRA.  KL = (RABBIT.  K)(FRABTR)
NOTE   RABBITS    TRAPPED (RABBITS / YEAR)
C      FRABTR = 0.0
NOTE   FRACTION   OF   RABBITS   TRAPPED ( 1/YEAR)
NOTE   LYNX   SECTOR
L      LYNX.  K =LYNX.  J +(DT)(LNBR.  JK  – LTRAP.  KL - FLNXTR.  KL)
N      LYNX = INLYNX
NOTE   LYNX (LYNX)
C      INLYNX =1 150
NOTE   INITIAL   LYNX (LYNX)
R      LNBR.  KL = (LYNX.K)(LNBF.K)
NOTE   LYNX   NET   BIRTHS   (LYNX /YEAR)
A      LNBF.  K = TABLE (TLNBF.  LSUBR.  K, 0, 2, 0.5)
NOTE   LYNX   NET   BIRTH   FACTOR (1 /YEAR)
T      TLNBF    = – 4.0 / – 0.6 /0.0 /0.3 /0.5
A      LTRAP.KL=TABLE(LTRAP.RDEN.K, 0 , 1.25 ,0.25 )
NOTE   TABLE   FOR   LYNX   NET   BIRTH   FACTOR
T      LTRAP   =   0.5 /0.4 /0.3 /0.2/0.1/0.05
A      LSUBR.  K =TRKPL.  K / RDDIC
NOTE   LYNX   SUBSISTENCE RATIO
NOTE   REQUERED   RABBITS PER   LYNX   FOR   SUBSISTENCE
NOTE   (RABBITS /LYNX – YEAR)
R      FLNXTR.  KL =(LYNX.  K)(FLNXTR)
NOTE   LYNX   TRAPPED (LYNX /YEAR)
C      FLNXTR=0.0
NOTE   FRACTION   OF   LYNX   TRAPPED ( 1/ YEAR)
NOTE
NOTE   CONTROL   STATEMENTS
NOTE
SPEC   DT=0.125 /LENGTH=30 /PLTPER=0.5
PLOT   RABBIT =R /LYNX =L(5, 25)
OPT    TXI = 20
RUN
```

依据上述 DYNAMO 编程，在不考虑野兔和山猫被人猎捕的情况下，野兔与山猫的数量变化趋势的仿真结果如图 7-3 所示。

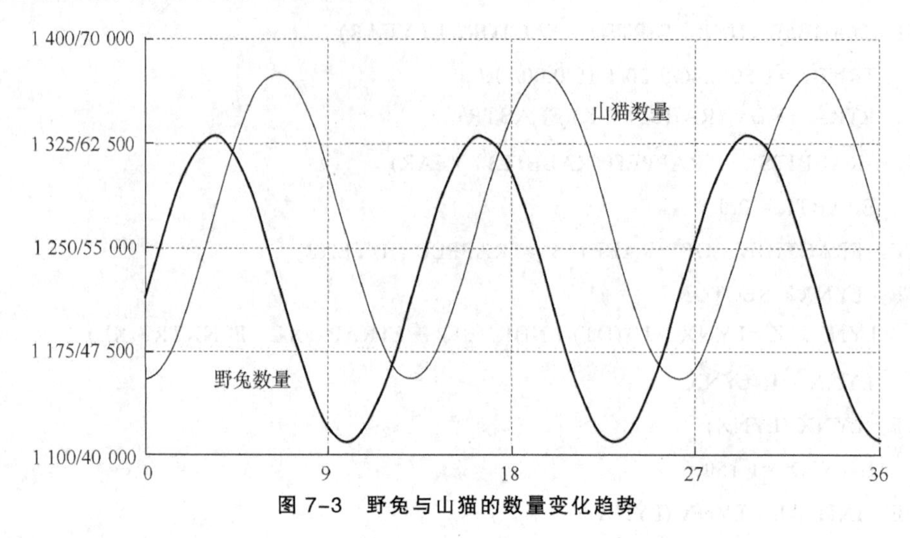

图 7-3 野兔与山猫的数量变化趋势

从图 7-3 可以看出，山猫与野兔的数量呈现一种周期性的规则震荡。当野兔的数量增加时，山猫容易捕食到野兔，饿死的概率下降，造成山猫的数量显著上升。但当野兔密度增加时，野兔被山猫捕获的概率增加，最终造成野兔的数量减少，随后导致山猫不容易再捕食到野兔，造成山猫死亡率上升，山猫的数量减少，如此反复循环。

7.2 社会网络下战略性新兴产品扩散仿真分析

7.2.1 社会网络下战略性新兴产品网络模型

战略性新兴产业是指掌握关键核心技术，具有市场需求前景，具备资源消耗低、带动系数大、就业机会多、综合效益好等特点的新兴产业。中国共产党第十七届五中全会明确指出，要加快发展战略性新兴产业，实现我国“稳增长”和“调结构”的战略目标。当前，我国已经确立了以新能源、新材料、节能环保、生物医药、信息网络和高端制造为发展方向的战略性新兴产业，战略性新兴产业的产品已开始在市场上投放销售。

战略性新兴产业产品不同于传统产业产品，它包含科技性、知识性、创新性和新颖性，例如，新能源、新材料和节能环保等产品，消费者更多的是通过周围群体了解并购买和使用，因此构建社会关系网络，研究在社会网络下影响消费者购买产品的因素，以及消费者之间的相互作用对产品扩散的影响，可以发现不同因素对新产品扩散的影响程度。

按照 BASS 模型，新产品进入市场受外部及内部两因素影响，可假设消费者购买新产品受社会网络中周围群体影响以及广告影响购买新产品的概率为 U_1，消费者自身因素影响购买新产品的概率为 U_2，社会网络下战略性新兴产品客户群演化可以通过消费者个体转移来表现，而个体间的转移过程可近似抽象为图 7-4 所示的过程。

图 7-4 中的节点 1，2，3，4 分别表示 4 个不同客户群中的消费者，A，B，C，D 表示

4种产品，其中，A，B，C为同功能不同品牌的“旧产品”，D为战略性新兴产品。α_1，α_2表示节点3对周围邻居的不同影响力；β表示节点1对节点2消费者的影响力；δ_1，δ_2，δ_4表示广告对节点1，2，4的不同影响力。

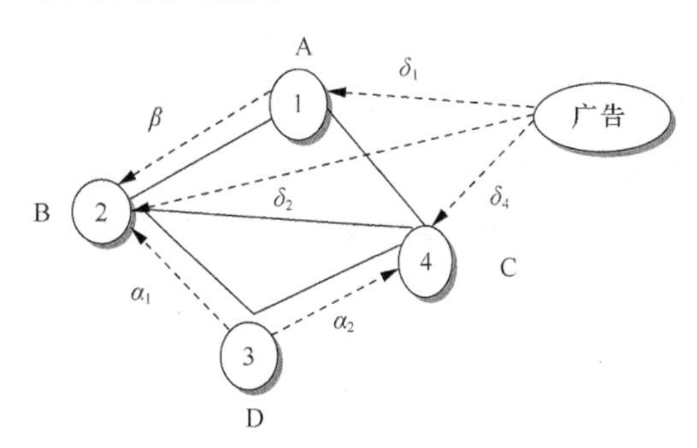

图7-4　战略性新兴产品的个体转移过程

1．外部因素 U_1 的鉴定

消费者受周围群体影响主要表现为以下两个方面。

（1）周围战略性新兴产品使用群体向消费者推荐某新产品，而周围群体推荐分为两种情形：建议购买和不建议购买。

（2）从众效应，当消费者观察到周围大部分群体在使用某款新兴产品时，该消费者也会去使用。

考虑在一个社会网络中，产品存在网络效应价值，即当网络中越多的用户使用该产品时，产品的效用价值就越大。因此考虑t时刻消费者受周围使用群体推荐以及广告影响而购买所能得到的产品效用$U_1(t)$为

$$U_1(t)=a\frac{\sum\limits_{j\in m(t)}\alpha_{j\to i}(t)+\beta_{j\to i}(t)}{m(t)}+b\frac{\sum N_i(t)}{k_i}+c\delta_i(t) \tag{7.4}$$

式（7.4）中，$\alpha_{j\to i}(t)$表示t时刻消费者i的某个邻居个体j建议消费者i购买新产品的影响力，a取[0,1]的随机值，a取值越大，表示周围邻居建议购买的影响力越大。$\beta_{j'\to i}(t)$表示t时刻消费者i的某个邻居个体j'不建议消费者i购买新产品的影响力，β取[−1,0]的随机值，β取值越接近−1，表示周围邻居不建议购买的影响力越大。$m(t)$表示t时刻向消费者i推荐的总人数，$N_i(t)$表示t时刻与消费者i周围使用新产品的邻居总数，k_i表示消费者i周围邻居总数，$\delta_i(t)$表示t时刻广告对消费者i的影响力，δ取[0,1]的随机值，δ取值越大，表示广告对消费者的影响力越大。a,b,c是权重系数，这里取$a=b=c$。

2．内部因素 U_2 的鉴定

消费者购买新产品除了与周围群体因素相关，还与自身因素相关。对于消费者购买战略性新兴产品的自身因素，我们考虑消费者偏好和购买产品所获得的期望效益。期望效益考虑消费者购买战略性新兴产品的价格期望P_E和消费者购买的时间收益，Goldenberg等提出的从消费者采用过程的视角将产品扩散分为3个阶段：早期采用（0～16%）、中期采用（16%～

50%）和后期采用（50%～95%），每个阶段的划分依据是市场中有多少消费者采用了该商品。对于战略性新兴产品而言，整个社会网络中使用的人越多，产品的效用价值越大，消费者购买的概率就越高，则消费者受自身因素影响购买产品的概率 U_2 的函数表达式为

$$U_2 = r_i \times (dP_E + gT) \tag{7.5}$$

式（7.5）中，r_i 表示消费者 i 的偏好，$r_i \in [0,1]$，其值越高，表示消费者对新产品的偏好越大；$P_E \in [0,1]$，T 表示不同时段购买产品获得的时间效益，d，g 是权重系数，这里取 d=g=0.5 反映消费者购买新产品的价格期望等于时间收益。因此消费者购买新产品的总体概率函数表达式为

$$U = \frac{2U_1U_2}{U_1 + U_2} \tag{7.6}$$

根据上述规则，我们假设在社会网络中，消费者对正在使用的旧产品存在一个满意概率 U'，那么消费者购买决策行为分别为 $U' > U$ 时，消费者不购买新产品；$U' \leqslant U$ 时，消费者购买新产品。

7.2.2 社会网络下战略性新兴产品仿真结果及分析

采用滚雪球的方法构建了一个包含 1 000 个节点的社会关系网络，考虑静态网络下，网络中周围群体的建议、个体从众效应、广告、消费者偏好和购买产品的期望效益对新产品扩散的影响。同时考虑动态网络下，周围群体的建议和个体从众效应对新产品扩散的影响。对于动态网络，我们认为网络中的一些消费者个体是随机游走的，在某个时刻，这些消费者与网络中其他个体产生交互形成连接关系。假定社会网络中已存在 3 种不同品牌的旧产品：A，B 和 C，且产品市场份额 B 较大于 A 和 C，而 A 和 C 的市场份额相当。同时，我们认为 B 产品是大品牌产品，消费者对 3 个品牌产品的平均偏好基本为 $\overline{r_B} > \overline{r_A} \approx \overline{r_C}$，且社会网络中不管是哪个品牌，都存在一部分忠实消费者，他们对该品牌的产品偏好比较大。在仿真过程中，随机选择网络中的一个消费者个体作为初始产品使用者，同时随机选取若干个节点作为购买后的推荐影响个体。

1．周围群体对消费者购买决策的影响

根据式（7.4），控制社会网络中消费者对战略性新兴产品的整体偏好平均值 $\overline{r} = 0.5$，广告对消费者整体的平均影响力 $\overline{\delta} = 0.5$，随机赋予网络中每个个体心理价格值 P_E，研究网络群体的建议对消费者购买决策的影响。在仿真过程中，随机赋予周围邻居个体 j 对消费者 i 建议购买的影响力值 $\alpha_{j \to i}(t)$，同时随机赋予周围邻居个体 j'对消费者 i 不建议购买的影响力值 $\beta_{j' \to i}(t)$。分别考虑社会网络群体中建议购买数大于和小于不建议购买数这几种情况，分别构成情形 1～情景 4，其中情形 1（静态网络下周围群体建议购买数大于不建议购买数时）、情形 2（静态网络下周围群体建议购买数小于不建议购买数时）、情形 3（动态网络下周围群体建议购买数大于不建议购买数时）、情形 4（动态网络下周围群体建议购买数小于不建议购买数时）等场景，仿真结果分别如图 7-5 至图 7-8 所示。

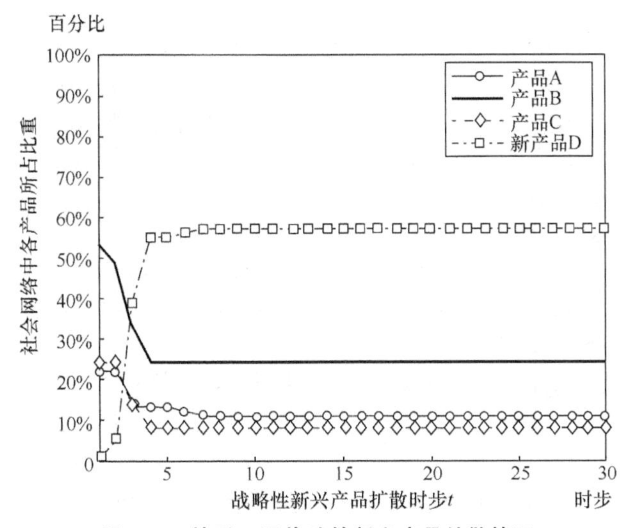

图 7-5 情形 1 下战略性新兴产品扩散情况

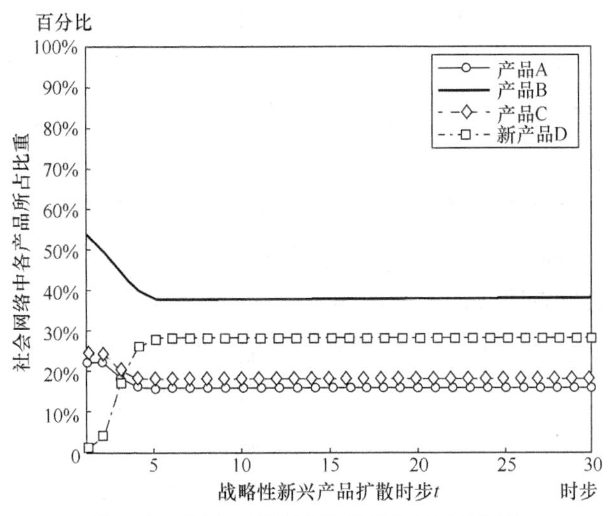

图 7-6 情形 2 下战略性新兴产品扩散情况

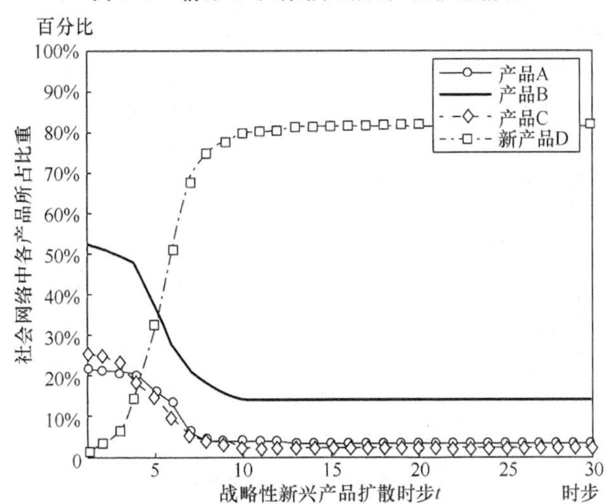

图 7-7 情形 3 下战略性新兴产品扩散情况

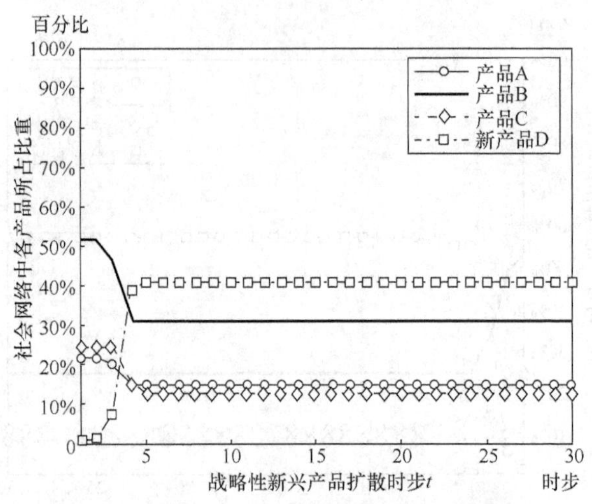

图 7-8 情形 4 下战略性新兴产品扩散情况

从图 7-5～图 7-8 可以看出，社会网络中周围群体的建议对消费者购买决策起显著的影响作用。不管是小市场消费者还是大市场消费者，他们均受到周围群体的影响而购买产品。在动态网络中，存在部分消费者随机游走，使得他们受周围群体影响的范围扩大，从而对消费者的购买决策产生更大的影响。战略性新兴产品不同于传统产品，它蕴含科技性、知识性、新颖性和创新性，部分消费者仅靠自我认知无法做出购买决策，但是当消费者周围有熟人朋友购买使用新兴产品，并向消费者推荐时，那么消费者很可能受影响而去购买。

2．广告效应对消费者购买决策的影响

在静态网络中，控制社会网络中消费者整体偏好的平均值 $\bar{r}=0.5$，社会网络中周围群体对消费者购买建议的影响力，使建议购买和不建议购买对消费者的影响相互抵消，随机赋予网络中每个个体心理价格值 P_E，研究广告影响力 δ 对消费者购买决策的影响。仿真中每个个体受广告的影响力 δ 是不同的，但控制网络中消费者整体受广告影响的平均值，使其分别等于 0.3 和 0.8。仿真结果如图 7-9 和图 7-10 所示。

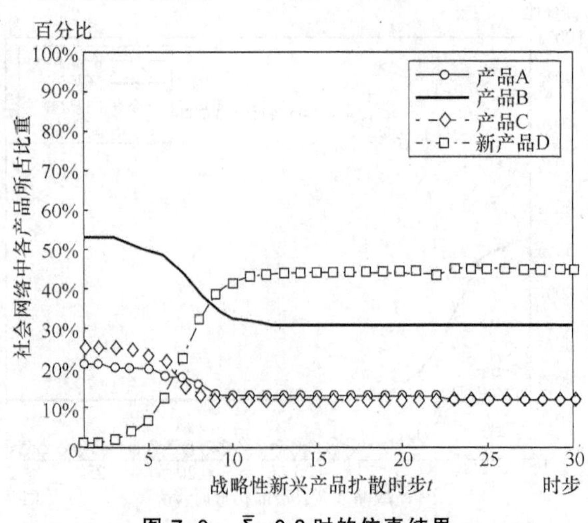

图 7-9 $\bar{\delta}=0.3$ 时的仿真结果

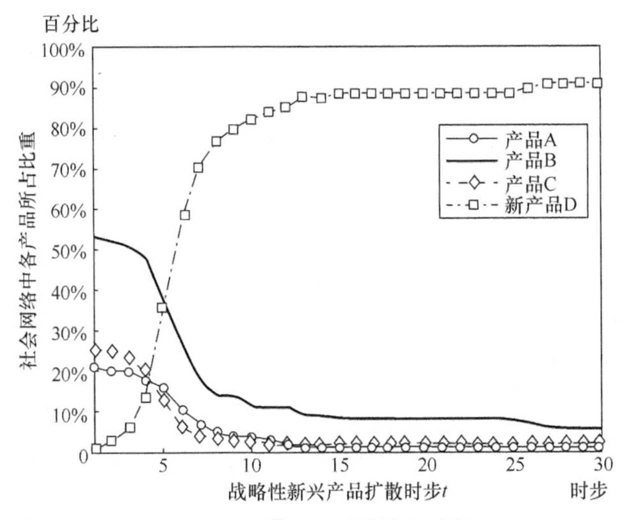

图 7-10　$\bar{\delta}$ =0.8 时的仿真结果

从图 7-9 和图 7-10 我们可以看到，受广告影响，新兴产品扩散比例增加且扩散时间缩短。同时在社会网络中，消费者之间相互影响作用并不弱于广告对消费者的影响作用。这与现实相吻合，很多消费者是因为周围群体使用而去使用。

3．网络中“意见领袖”对消费者购买产品的影响

在社会网络中常常存在“明星”个体，他们拥有众多的邻居节点和较高的影响力。仿真过程中分别选取静态网络中一个影响力（简称度）较大的节点和一个度很小的节点作为初始新兴产品使用扩散者，赋予度大的节点对周围群体的影响力为 0.8，度小的节点对周围群体的影响力为 0.3。控制社会网络中周围群体对消费者购买建议的影响力，使建议购买和不建议购买对消费者的影响相互抵消，消费者整体受广告影响的平均值$\bar{\delta}=0.5$，消费者整体偏好的平均值$\bar{r}=0.5$，仿真结果如图 7-11 和图 7-12 所示。

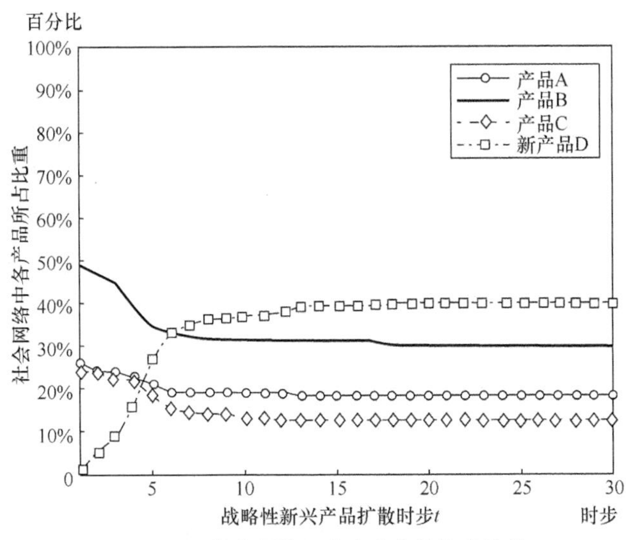

图 7-11　静态网络下度小节点的仿真结果

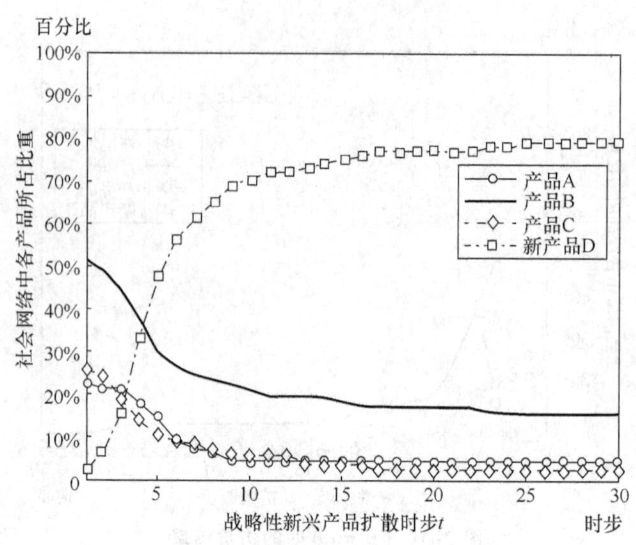

图 7-12　静态网络下度大节点的仿真结果

从图 7-12 可以看到，当社会网络中的初始推荐影响个体为“明星”个体时，“明星”个体使得新产品扩散速率更快，消费者更容易转向新兴产品的使用。

上述研究表明，相对于静态网络，在动态网络中，新兴产品扩散速率更快；广告对消费者影响力的大小以及消费者对新兴产品偏好的大小，均影响产品的扩散范围和速率；社会网络中的“意见领袖”有助于产品扩散。

参考文献

[1] 汪应洛. 系统工程[M]. 4 版. 北京：机械工业出版社，2011.

[2] 赵雪岩，李卫华，孙鹏. 系统建模与仿真[M]. 北京：国防工业出版社，2015.

[3] 钟永光，贾晓菁，钱颖等. 系统动力学[M]. 2 版. 北京：科学出版社，2013.

[4] [美]斯特曼・J D. 商务动态分析方法：对复杂系统的系统思考与建模[M]. 朱岩，钟永光，等，译. 北京：清华大学出版社，2008.

[5] 张炳江. 层次分析法及其应用案例[M]. 北京：电子工业出版社，2014.

[6] 孙宏才. 网络层次分析法与决策科学[M]. 北京：国防工业出版社，2011.

[7] 郭齐胜. 系统建模[M]. 北京：国防工业出版社，2006.

[8] 汪应洛. 系统工程理论、方法和应用[M]. 北京：高等教育出版社，1992.

[9] 汪应洛. 系统工程导论[M]. 北京：机械工业出版社，1982.

[10] 魏权龄. 数据包络分析[M]. 北京：科学出版社，2004.

[11] 盛昭翰，朱乔，吴广谋. DEA 理论、方法与应用[M]. 北京：科学出版社，1996.

[12] 郁滨. 系统工程理论[M]. 合肥：中国科学技术大学出版社，2009.

[13] 谭跃进，陈英武，罗鹏程. 系统工程原理(第 2 版)[M]. 北京：科学出版社，2018.

[14] [美]Andrew P.Sage. 系统工程导论[M]. 胡保生，等，译. 西安：西安交通大学出版社，2006.

[15] 李宝山，王水莲. 管理系统工程[M]. 北京：清华大学出版社，2010.

[16] 周德群，贺峥光. 系统工程概论（第 3 版）[M]. 北京：科学出版社，2018.

[17] Charnes A，Cooper W W，Rhodes E. Measuring the efficiency of decision making units[J]. European Journal of Operational Research, 1978, 2（6）: 429-444.

[18] Banker R D, Charnes A, Cooper W W. Some models for estimating technical and scale inefficiencies in data envelopment analysis[J]. Management Science, 1984, 30（9）: 1078-1092.

[19] Kao C, Hwang S N. Efficiency decomposition in two-stage data envelopment analysis: An application to non-life insurance companies in Taiwan[J]. European Journal of Operational Research, 2008, 185（1）: 418-429.

[20] Yang Y, Ma B, Koike M. Efficiency-measuring DEA model for production system with k independent sub-systems[J]. Journal of the Operations Research Society of Japan, 2000, 43（3）: 343-3.

[21] 曾嵘. 中国电信固定电话业务生命周期研究[D]. 南京邮电大学硕士论文，2012.

[22] 王俊杰. 基于霍尔三维系统的中国保险营销系统开发研究[D]. 东南大学硕士论文，2005.

[23] 蓝亚. 技术创新与战略性新兴产业发展互动模型及其仿真分析[D]. 南京邮电大

学硕士论文，2016.

[24] 沈舒南，卢子芳. 技术创新与战略性新兴产业发展关系分析及对策研究——以江苏为例[J]. 科技与经济，2017（3）：21-25.

[25] 卢子芳，刘凯，朱恒民，蓝亚. 社会网络下战略性新兴产业产品扩散研究[J]. 系统仿真学报，2016（12）：3029-3039.

[26] 白红桥. 市场营销系统动力学模型仿真研究——某企业案例[J]. 系统工程理论与实践，2006，15（2）：185-188.